Python asyncio 并发编程

[英] 马修·福勒(Matthew Fowler) 著

殷海英 译

清華大學出版社

北 京

北京市版权局著作权合同登记号 图字：01-2022-4390

Matthew Fowler
Python Concurrency with asyncio
EISBN: 978-1-61729-866-0

图书在版编目(CIP)数据

Python asyncio 并发编程/(英)马修 • 福勒(Matthew Fowler)著；殷海英译. —北京：清华大学出版社，2023.1

书名原文：Python Concurrency with asyncio
ISBN 978-7-302-62283-3

I. ①P… II. ①马… ②殷… III. ①软件工具—程序设计 IV. ①TP311.561

中国版本图书馆 CIP 数据核字(2022)第 253162 号

责任编辑：王 军
装帧设计：孔祥峰
责任校对：成凤进
责任印制：曹婉颖

出版发行：清华大学出版社
网 址：http://www.tup.com.cn，http://www.wqbook.com
地 址：北京清华大学学研大厦 A 座 邮 编：100084
社 总 机：010-83470000 邮 购：010-62786544
投稿与读者服务：010-62776969，c-service@tup.tsinghua.edu.cn
质 量 反 馈：010-62772015，zhiliang@tup.tsinghua.edu.cn
印 装 者：小森印刷霸州有限公司
经 销：全国新华书店
开 本：170mm×240mm 印 张：25.5 字 数：511 千字
版 次：2023 年 1 月第 1 版 印 次：2023 年 1 月第 1 次印刷
定 价：128.00 元

产品编号：096110-01

致我美丽的妻子 Kathy，感谢你一直陪伴在我身边。

译 者 序

在十多年前，我刚开始在当地大学中讲授 Python 入门课程。那时，在 36 个学时中，为大家介绍了 Python 的语法及基础知识，并使用课程中介绍的技术实现了很多有趣的数据分析示例。当时，我和同学们都是在旧式笔记本型计算机上完成这些示例，由于使用的模拟数据较少，即便使用的计算机硬件配置较低，似乎一切都能正常运行。随着后续为计算机专业和金融专业开设的数据科学相关课程中，我们所操作的数据规模不断膨胀，也不再使用笔记本型计算机完成工作。在云时代，我们与 AWS 以及其他公有云服务商合作，从那里得到了很多用于教学的计算资源。工作中经常需要创建带有 16 个计算核心、64GB 内存及 1TB SSD 存储的计算环境，我们发现，即便使用了多个 CPU 计算核心，但系统中往往只有一个计算核心在工作，而其他计算核心都处于空闲状态，这极大地浪费了计算资源。我和学生探索其中的原因，这是由于 Python 天生的“缺陷”造成的，我们尝试了很多可以让应用程序并行运行的解决方案。在 2012 年秋天，Python 发布了 3.3 版本，这个版本中引入了 asyncio 软件库，可通过它实现单线程的并发编程；在 Python 3.4 中，asyncio 已成为标准库的一部分。通过 asyncio，我们可在服务器(比如 Web 服务器)上实现大量的 I/O 并发操作，从而提升应用程序的效率。

在本书中，通过 14 章的内容，由浅入深地介绍如何通过 asyncio 实现并发编程，并使用一个贯穿全书的示例，介绍如何使用 asyncio 在服务器与客户端之间进行并发通信。看着这个示例由简单变得复杂，在掌握相关知识的同时，也给自己带来了不小的成就感。作为 Python 和数据科学的教学人员，我建议你在阅读本书时，认真学习书中的示例，并在自己的计算机上运行本书附带的程序，这将让你更好地理解本书所介绍的内容。别担心，本书使用的示例对计算机的要求并不高；我在完成相关练习时，使用的是 2015 年在拉斯维加斯的 Best buy 购买的 MacBook Pro，配置 i5 CPU、8GB 内存及 128GB SSD，使用这样的机器运行本书的示例代码毫无压力。

最后，我要感谢清华大学出版社的王军老师，感谢他对我的信任与支持，感谢他帮我出版多本有关高性能计算、数据科学、云计算的书籍。同时要感谢我的学生闫禹树，感谢他帮助我完成书稿的校对及代码的测试。

殷海英

加利福尼亚州埃尔赛贡多市

关 于 作 者

Matthew Fowler 拥有近 20 年的软件工程经验，曾任软件架构师、工程总监等多个职位。他起初为科学应用程序编写软件，然后转向全栈 Web 开发和分布式系统，最终领导多个开发人员和管理人员团队为拥有数千万用户的电子商务网站编写应用程序及构建系统。他与妻子 Kathy 住在马萨诸塞州的列克星敦。

致　谢

首先，我想感谢妻子 Kathy，当我不确定某件事是否有意义时，她总是在我身边提供帮助，在整个写作过程中她都非常支持我。也要感谢我的狗 Dug，它总是在我附近丢球，提醒我停止写作，去休息一下。

接下来，我要感谢编辑 Doug Rudder，以及技术审稿人 Robert Wenner。他们的反馈是非常宝贵的，帮助我按时完成这本书，并提高了本书的质量，确保我的代码和解释的正确性，并让一切通俗易懂。

致所有评论者：Alexey Vyskubov、Andy Miles、Charles M. Shelton、Chris Viner、Christopher Kottmyer、Clifford Thurber、Dan Sheikh、David Cabrero、Didier Garcia、Dimitrios Kouzis-Loukas、Eli Mayost、Gary Bake、Gonzalo Gabriel Jiménez Fuentes、Gregory A. Lussier、James Liu、Jeremy Chen、Kent R. Spillner、Lakshmi Narayanan Narasimhan、Leonardo Taccari、Matthias Busch、Pavel Filatov、Phillip Sorensen、Richard Vaughan、Sanjeev Kilarapu、Simeon Leyzerzon、Simon Tschöke、Simone Sguazza、Sumit K. Singh、Viron Dadala、William Jamir Silva 和 Zoheb Ainapore，他们的建议帮助这本书变得更好。

最后，我要感谢过去几年我遇到的多位老师、同事和导师。我从他们那里学到了很多，也成长了很多。我们在一起的经历，为我创作这本书，以及事业的成功提供了诸多帮助。没有你们，就不会有我今天的成就。感谢你们！

序

大概在 20 年前，我开始从事软件工程工作，编写了一个由 MATLAB、C++和 VB.NET 代码组成的系统，用于控制和分析来自质谱仪与其他实验室设备的数据。看到仅使用一行代码即可让程序按照预想的方式运行，那种兴奋感一直萦绕在我的脑海中，从那时起，我就知道软件工程将是我的未来职业。多年来，我逐渐转向 API 开发和分布式系统，主要专注于 Java 和 Scala，并在此过程中学习了大量的 Python 内容。

我在 2015 年左右开始学习 Python，主要使用一个机器学习 pipeline，该 pipeline 收集传感器数据，并使用这些数据来预测传感器佩戴者的睡眠、运动等活动。当时，这个机器学习过程非常缓慢，以至于给客户造成困扰。我解决这个问题的方法之一就是利用并发性。当我深入研究 Python 并发编程的相关知识时，我发现这与我在 Java 世界中所熟悉的事物相比，有些事物很难探索和学习。为什么多线程不能像 Java 那样工作呢？使用多进程是否更有意义？新引入的 asyncio 会带来怎样的效果呢？什么是全局解释器锁，它为什么存在？关于 Python 中并发这一主题的书籍并不多，大多数知识分散在各种文档中，只有少数几个博客介绍相关内容。到今天，事情并没有太大的改变。虽然我们有更多的资源，但总体情况仍然是稀缺的、不连贯的，并且对于新手来说，并发技术表现得不是十分友好。

在 asyncio 仍处于起步阶段时，就已成为 Python 的一个重要模块。现在，除了多线程和多进程之外，单线程并发模型和协程是 Python 中并发性的核心组件。这意味着 Python 中的并发环境变得更大、更复杂，而对于那些想要学习它的人来说，仍然没有全面的学习资源可用。

我写这本书的动机是填补 Python 领域中并发主题(特别是异步和单线程并发)的空白。我想让所有开发人员都能更容易地接触到复杂且文档不足的单线程并发主题。我还想写一本书来增进开发人员对 Python 之外并发主题的一般理解。像 Node.js 这样的框架和像 Kotlin 这样的语言都有单线程并发模型与协程，所以从本书获得的知识也有利于在这些领域的学习。我希望本书能给开发人员的日常工作提供帮助——不仅在 Python 领域，而是在所有并发编程领域。

前　言

《Python asyncio 并发编程》旨在介绍如何在 Python 中利用并行技术提高应用程序的性能、吞吐量和响应能力。本书首先关注并行的核心主题，解释 asyncio 的单线程并发模型是如何工作的，以及协程和 async/await 语法的工作原理。然后介绍并发的实际应用，例如并行发出多个 Web 请求或数据库查询、管理线程和进程、构建 Web 应用程序，以及处理同步问题。

目标读者

本书适用于希望在现有或新的 Python 应用程序中，更好地理解和使用并发技术的中高级开发人员。本书的立足于在于通过通俗易懂的语言解释复杂的并发技术。你不需要拥有并发经验，当然，如果你拥有这方面的经验，可以更快地理解书中的内容。在本书中，我们将介绍很多知识(从基于 Web 的 API 到命令行应用程序)，帮助开发人员解决工作中遇到的许多问题。

内容路线图

本书一共 14 章，前几章介绍基础知识，后几章将介绍更多高级主题。

- **第 1 章**：专注于 Python 中的基本并发知识。将介绍什么是 CPU 密集型和 I/O 密集型工作负载，并介绍 asyncio 的单线程并发模型的工作原理。
- **第 2 章**：重点介绍 asyncio 协程的基础知识，以及如何使用 async/await 语法来构建使用并发的应用程序。
- **第 3 章**：重点介绍非阻塞套接字和选择器如何工作，以及如何使用 asyncio 构建 echo 服务器。
- **第 4 章**：重点介绍如何同时发出多个 Web 请求。通过本章的学习，我们将进一步了解关于并发运行协同程序的核心 asyncio API。

- **第 5 章**：重点介绍如何使用连接池同时进行多个数据库查询。还将介绍数据库上下文中的异步上下文管理器和异步生成器。
- **第 6 章**：专注于 multiprocessing 库，特别是如何将它与 asyncio 结合，来处理 CPU 密集型工作。将构建一个 map/reduce 应用程序来介绍它的工作方法。
- **第 7 章**：专注于多线程，特别是如何将它与 asyncio 结合来处理阻塞 I/O。这对于没有原生 asyncio 支持但仍然可以从并发中受益的库很有帮助。
- **第 8 章**：着重介绍网络流和协议。将使用网络流和协议来创建一个能同时处理多个用户聊天的服务器和客户端。
- **第 9 章**：主要介绍异步驱动的 Web 应用程序和 ASGI(异步服务器网关接口)。将探索一些 ASGI 框架，并讨论如何使用它们构建 Web API。还将探索 WebSocket。
- **第 10 章**：描述如何使用基于 asyncio 的 Web API 来构建微服务架构。
- **第 11 章**：重点讨论单线程并发同步问题，以及如何解决这些问题。将深入研究锁、信号量、事件和条件。
- **第 12 章**：重点关注异步队列。将使用异步队列来构建一个 Web 应用程序，该应用程序可以即时响应客户端请求，尽管需要在后台执行耗时的工作。
- **第 13 章**：专注于创建和管理子进程，展示如何读取和写入数据。
- **第 14 章**：专注于高级主题，例如强制事件循环迭代、上下文变量和创建自己的事件循环。这些信息对于 asyncio API 设计者和那些对 asyncio 事件循环的内部运作流程感兴趣的人十分有帮助。

对于读者来说，你应该仔细阅读前四章的内容，从而全面了解 asyncio 的工作原理、如何构建第一个真正的应用程序，以及如何使用核心 asyncio API 来并行运行协同程序(将在第 4 章中介绍)。此后，你可以根据自己的兴趣来阅读本书。

关于代码

本书包含许多代码示例，包括编号的代码清单。一些代码清单在同一章后面的清单中被重用，有些则在多个章节中被重用。对于跨多个章节重用的代码，将假定你已经创建了一个名为 util 的模块(你将在第 2 章中创建它)。对于每个单独的代码清单，假设你为该章创建了一个名为 chapter_{*chapter_number*}的模块，然后将代码放入格式为 listing_{*chapter_number*}_{*listing_number*}的 Python 文件中。例如，第 2 章中清单 2-2 的代码将位于一个名为 chapter_2 的模块中，该模块保存在名为 listing_2_2.py 的文件中。

书中多处提到性能数字，例如程序完成的时间或每秒完成的 Web 请求。本书中的代码示例运行在配备 2.4GHz 8 核 Intel Core i9 处理器和 32GB 2667 MHz DDR4 RAM 的 2019 MacBook Pro 上，并进行了基准测试，使用千兆无线互联网连接。根据你运行的机器，这些数字会有所不同，加速或改进的因素也会有所不同。

本书中使用的代码可通过扫描封底二维码下载。

关于封面插图

封面上的人物是 Paysanne du Marquisat de Bade，即巴登侯爵府的农妇，取自 Jacques Grasset de Saint-Sauveur 于 1797 年出版的一本书。每张插画都是手工绘制和上色的。

在几个世纪前，很容易通过人们的穿着来确定他们住在哪里，确定他们的职业或社会地位。曼宁出版社用表现几个世纪前地区文化丰富多样性的插图作为书籍封面，反映计算机行业的创造性，并让这些珍贵的插图重新焕发生机。

目　录

第1章 asyncio简介

本章内容：

- asyncio 及其优势
- 并发、并行、线程和进程
- 全局解释器锁及其对并发性的影响
- 非阻塞套接字如何仅用一个线程实现并发
- 基于事件循环并发的工作原理

许多应用程序，尤其在当今的 Web 应用程序领域，严重依赖 I/O 操作。这些类型的操作包括从 Internet 下载网页的内容、通过网络与一组微服务进行通信，或者针对 MySQL 或 Postgres 等数据库同时运行多个查询。Web 请求或与微服务的通信可能需要数百毫秒，如果网络很慢，甚至可能需要几秒钟。数据库查询可能耗费大量时间，尤其是在该数据库处于高负载或查询很复杂的情况下。Web 服务器可能需要同时处理数百或数千个请求。

一次发出许多这样的 I/O 请求会导致严重的性能问题。如果像在顺序运行的应用程序中那样一个接一个地执行这些请求，将看到复合的性能影响。例如，如果正在编写一个需要下载 100 个网页或执行 100 个查询的应用程序，每个查询需要 1 秒的执行时间，那么应用程序将至少需要 100 秒才能运行完成。但是，如果利用并发性，同时启动下载和等待，理论上可在短短 1 秒内完成这些操作。

asyncio 最初是在 Python 3.4 中引入的，作为在多线程和多处理之外，处理这些高度并发工作负载的另一种方式。对于使用 I/O 操作的应用程序来说，适当地利用这个库可以极大地提高性能和资源利用率，并可同时启动许多长时间运行的任务。

在本章中，我们将学习并发的基础知识，以便更好地理解如何使用 Python 和 asyncio 库实现并发。我们将了解 CPU 密集型工作和 I/O 密集型工作之间的差异，从而了解哪种并发模型更适合某些特定需求。还将了解进程和线程的基本知识，以及 Python 中由全局解释器锁(GIL)引起的独特的并发性挑战。最后，我们将了解如何利用带有事件循环的非阻塞 I/O 概念来仅使用一个 Python 进程或线程实现并发。这是 asyncio 的主要并发模型。

1.1　什么是 asyncio

在同步应用程序中，代码按顺序运行。下一行代码在前一行代码完成后立即运行，并且一次只发生一件事。该模型适用于许多应用程序。但是，如果一行代码运行特别慢怎么办？这种情况下，这个运行很慢的代码行之后的其他所有代码都将被卡住，必须等待该行代码执行完成。这些潜在的运行较慢的代码行可能会阻止应用程序运行任何其他代码。许多人在操作图形界面应用程序时遇到过这种情况，我们在界面上四处单击，直到应用程序冻结卡死，出现一个微调器或一个无响应的用户界面。这是一个应用程序被阻止导致糟糕用户体验的示例。

尽管任何操作都可以阻塞应用程序，如果它花费的时间足够长，许多应用程序会阻塞等待 I/O。I/O 是指计算机的输入和输出设备，例如键盘、硬盘驱动器，以及最常见的网卡。这些操作等待用户输入内容或从基于 Web 的 API 检索内容。在同步应用程序中(相对异步应用程序而言)，我们将等待这些操作完成，然后才能运行其他操作。这可能导致性能和响应性问题，因为我们只能在同一时间运行一个长时间的操作，并且该操作将阻止应用程序执行其他任何操作。

此问题的一种解决方案是引入并发性。简单来说，并发意味着允许同时处理多个任务。在并发 I/O 的情况下，允许同时发出多个 Web 请求或允许多个客户端同时连接到 Web 服务器。

有几种方法可以在 Python 中实现这种并发性。Python 生态系统的最新成员之一是 asyncio 库。asyncio 是异步 I/O 的缩写。它是一个 Python 库，允许使用异步编程模型运行代码。这让我们可以一次处理多个 I/O 操作，同时仍然允许应用程序保持对外界的响应。

那么，什么是异步编程呢？这意味着一个特定的长时间运行的任务可以在后台运行，与主应用程序分开。系统可以自由地执行不依赖于该任务的其他工作，而不是阻止其他所有应用程序代码等待该长时间运行的任务完成。一旦长时间运行的任务完成，会收到它已经完成的通知，以便对结果进行处理。

在 Python 3.4 中，asyncio 首先引入了装饰器和生成器通过 yield from 来定义协程。协程是一种方法，当有一个可能长时间运行的任务时，它可以暂停，然后在任务完成时恢复。在 Python 3.5 中，当关键字 async 和 await 被显式添加到语言中时，该语言实现了对协程和异步编程的顶级支持。这种语法在 C#和 JavaScript 等其他编程语言中很常见，使异步代码看起来像是同步运行的。这样异步代码易于阅读和理解，因为它看起来像大多数软件工程师熟悉的顺序流。asyncio 是一个库，使用称为单线程事件循环的并发模型以异步方式执行这些协程。

虽然 asyncio 的名字可能会让我们认为这个库只适用于 I/O 操作，但它也可通过与多线程和多处理进行互操作来处理其他类型的操作。通过这种互操作性，可使用线程和进程的 async 与 await 语法，使这些工作流更容易理解。这意味着这个库不仅适用于基于 I/O 的并发性，还可以用于 CPU 密集型代码。为更好地理解 asyncio 可以帮助我们处理何种类型的工作负载，以及哪种并发模型最适合哪种并发类型，下面探索 I/O 密集型和 CPU 密集型操作之间的差异。

1.2 什么是 I/O 密集型和 CPU 密集型

将一个操作称为 I/O 密集型或 CPU 密集型时，指的是阻止该操作更快地运行的限制因素。这意味着，如果提高操作所绑定的对象的性能，该操作将在更短时间内完成。

在 CPU 密集型操作的情况下，如果 CPU 更强大，它将更快地完成任务，例如将其时钟速度从 2GHz 提高到 3GHz。在 I/O 密集型操作的情况下，如果 I/O 设备能在更短的时间内处理更多数据，程序将变得更快。这可通过 ISP 增加网络带宽或升级到更快的网卡来实现。

CPU 密集型操作通常是 Python 中的计算和处理代码，例如计算 pi 的数值，或者应用业务逻辑循环遍历字典的内容。在 I/O 密集型操作中，大部分时间将花在等待网络或其他 I/O 设备上，例如向 Web 服务器发出请求或从机器的硬盘驱动器读取文件。

代码清单 1-1 I/O 密集型和 CPU 密集型操作

```
import requests

response = requests.get('https:/ / www .example .com')   ◄── I/O 密集型 Web 请求

items = response.headers.items()

headers = [f'{key}: {header}' for key, header in items]  ◄── CPU 密集型 响应处理
```

```
formatted_headers = '\n'.join(headers)     ◄── CPU 密集型
                                               字符串连接
with open('headers.txt', 'w') as file:
    file.write(formatted_headers)     ◄── I/O 密集型
                                          磁盘写入
```

I/O 密集型和 CPU 密集型操作通常并存。我们首先发出一个 I/O 密集型请求来下载 https://www.example.com 的内容。一旦得到响应，将执行一个 CPU 密集型循环来格式化响应的标头，并将它们转换为一个由换行符分隔的字符串。然后打开一个文件，并将字符串写入该文件，这两种操作都是 I/O 密集型操作。

异步 I/O 允许在执行 I/O 操作时暂停特定程序的执行，可在后台等待初始 I/O 完成时运行其他代码。这允许同时执行许多 I/O 操作，从而潜在地加快应用程序的运行速度。

1.3 了解并发、并行和多任务处理

为了更好地理解并发如何帮助应用程序更好地运行，首先应学习并充分理解并发编程的术语。本节，我们将学习更多关于并发的含义，以及 asyncio 如何使用一个称为多任务的概念来实现它。并发性和并行性是两个概念，可以帮助我们理解安排和执行各种任务、方法与驱动动作的例程。

1.3.1 并发

当我们说两个任务并发时，是指这些任务同时发生。例如，一个面包师要烘焙两种不同的蛋糕。要烘焙这些蛋糕，需要预热烤箱。根据烤箱和烘焙温度的不同，预热可能需要几十分钟，但不需要等烤箱完成预热后才开始其他工作，比如把面粉、糖和鸡蛋混合在一起。在烤箱预热过程中，我们可以做其他工作，直到烤箱发出提示音，告诉我们它已经预热完成了。

我们也不需要限制自己在完成第一个蛋糕之后才开始做第二个蛋糕。开始做蛋糕面糊，将其放进搅拌机，当第一团面糊搅拌完毕，就开始准备第二团面糊。在这个模型中，同时在不同的任务之间切换。这种任务之间的切换(烤箱加热时做其他事情，在两个不同的蛋糕之间切换)是并发行为。

1.3.2 并行

虽然并发意味着多个任务同时进行，但并不意味着它们并行运行。当我们说某事并行运行时，意思是不仅有两个或多个任务同时发生，而且它们在同时执行。回到蛋糕烘焙示例，假设有第二个面包师的帮助。这种情况下，第一个面包师可以制作第一个蛋糕，而第二个面包师同时制作第二个蛋糕。两个人同时制作面糊属于并行运行，因为有两个不同的任务同时运行(如图 1-1 所示)。

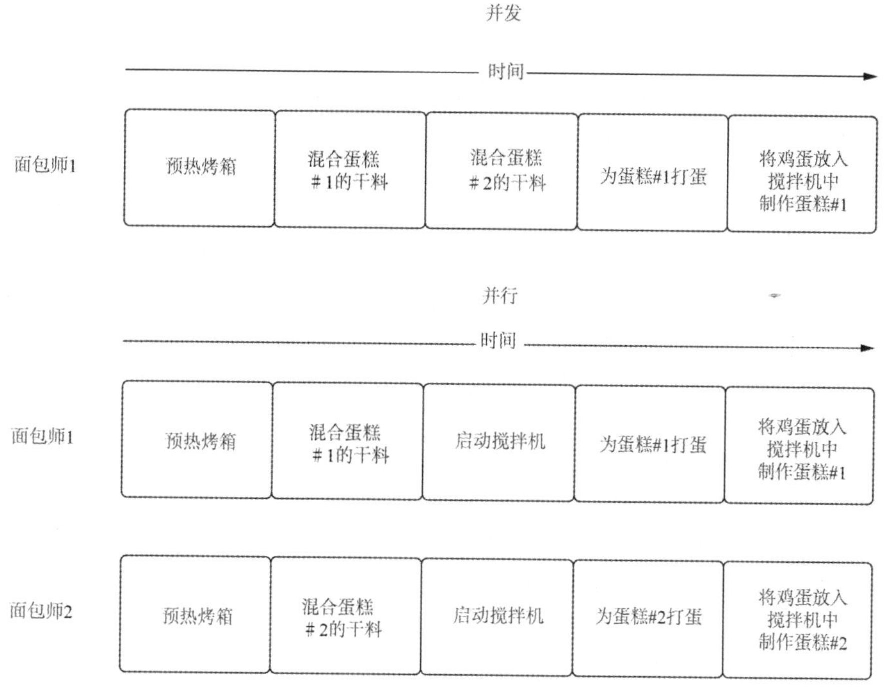

图 1-1　使用并发，有多个任务同时发生，但在特定时间点，只有一个任务在运行。使用并行，有多个任务同时发生，并且在特定时间点有多个任务同时运行

回到操作系统和应用程序，想象有两个应用程序在运行。在只有并发的系统中，可以在这些应用程序之间切换，先让一个应用程序运行一会儿，然后让另一个应用程序运行一会儿。如果切换的速度足够快，就会出现两件事同时发生的现象(或者说是假象)。在一个并行的系统中，两个应用程序同时运行，系统同时全力运行两个任务，而不是在两个任务之间来回切换。

并发和并行的概念相似(如图 1-2 所示)，并且经常容易混淆，一定要对它们之间的区别有清楚的认识。

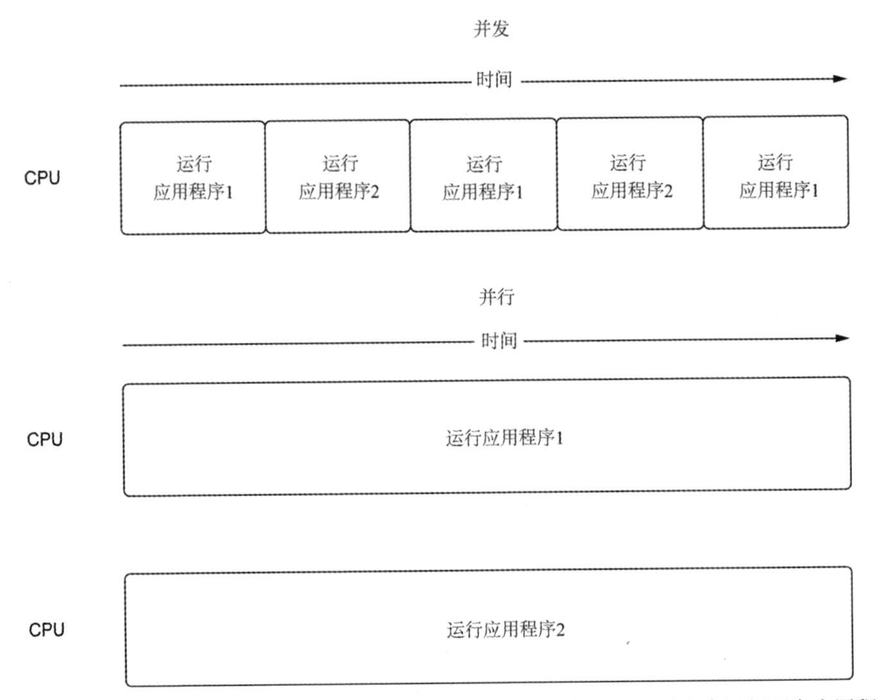

图 1-2 并发系统中，可在两个应用程序之间切换。并行系统中，可同时全力运行两个应用程序

1.3.3 并行与并发的区别

并发关注的是可以彼此独立发生的多个任务。可以在只有一个内核的 CPU 上实现并发，因为该操作将采用抢占式多任务(在下一节中定义)在任务之间切换。然而，并行性意味必须同时执行两个或多个任务。在只具有一个核心的机器上，这是不可能的。为使这成为可能，我们需要一个可同时运行多个任务的多核 CPU。

虽然并行意味着并发，但并发并不总是意味着并行。在多核机器上运行的多线程应用程序既是并发的又是并行的。在此设置中，同时运行多个任务，并有多个内核独立执行与这些任务相关的代码。但是，通过多任务处理，可同时执行多个任务，而在给定时间只有一个任务在执行。

1.3.4 什么是多任务

多任务处理在当今世界无处不在。人们一边做早餐一边看电视，一边接电话一边等水烧开来泡茶。甚至在旅行途中，人们也可以多任务处理，例如在搭乘飞机时读自己喜欢的书。本节讨论两种主要的多任务处理：抢占式多任务处理和协同多任务处理。

抢占式多任务处理

在这个模型中，由操作系统决定如何通过一个称为时间片的过程，在当前正在执行的任务之间切换。当操作系统在任务之间切换时，我们称之为抢占。

这种机制如何在后台工作取决于操作系统本身。它主要是通过使用多个线程或多个进程来实现的。

协同多任务处理

在这个模型中，不是依赖操作系统来决定何时在当前正在执行的任务之间切换，而是在应用程序中显式地编写代码，可让其他任务先去运行。应用程序中的任务在它们协同的模型中运行，明确地说："先暂停我的任务一段时间，让其他任务先执行。"

1.3.5 协同多任务处理的优势

asyncio 使用协同多任务来实现并发性。当应用程序达到可以等待一段时间以返回结果的时间点时，在代码中显式地标记它。这允许其他代码在等待结果返回后台时运行。一旦标记的任务完成，应用程序就"醒来"并继续执行该任务。这是一种并发形式，因为可同时启动多个任务，但重要的是，这不是并行模式，因为它们不会同时执行代码。

协同多任务处理优于抢占式多任务处理。首先，协同式多任务处理的资源密集度较低。当操作系统需要在运行线程或进程之间切换时，将涉及上下文切换。上下文切换是密集操作，因为操作系统只有保存有关正在运行的进程或线程的信息才能重新进行加载。

1.4 了解进程、线程、多线程和多处理

为更好地了解 Python 中并发的工作原理，首先需要了解线程和进程如何工作的基础知识，然后研究如何将它们用于多线程和多处理以同时执行任务。让我们从进程和线程的定义开始学习。

1.4.1 进程

进程是具有其他应用程序无法访问的内存空间的应用程序运行状态。创建 Python 进程的一个例子是运行一个简单的"hello world"应用程序或在命令行输入 python 来启动 REPL(读取 eval 输出循环)。

多个进程可以在一台机器上运行。如果有一台拥有多核 CPU 的机器，就可以同时执行多个进程。在只有一个内核的 CPU 上，仍可通过时间片，同时运行多个应用程序。当操作系统使用时间片时，它会在一段时间后自动切换下一个进程并运行它。确定何时发生此切换的算法因操作系统而异。

1.4.2 线程

线程可以被认为是轻量级进程。此外，它们是操作系统可以管理的最小结构。它们不像进程那样有自己的内存空间。相反，它们共享创建进程的内存。线程与创建它们的进程关联。一个进程总是至少有一个与之关联的线程，通常称为主线程。一个进程还可以创建其他线程，通常称为工作线程或后台线程。这些线程可与主线程同时执行其他工作。线程很像进程，可以在多核 CPU 上并行运行，操作系统也可通过时间片在它们之间切换。当运行一个普通的 Python 应用程序时，会创建一个进程以及一个负责运行 Python 应用程序的主线程。

代码清单 1-2 简单 Python 应用程序中的进程和线程

```
import os
import threading

print(f'Python process running with process id: {os.getpid()}')
total_threads = threading.active_count()
thread_name = threading.current_thread().name

print(f'Python is currently running {total_threads} thread(s)')
print(f'The current thread is {thread_name}')
```

图 1-3 中勾勒出代码清单 1-2 的进程。我们创建一个简单的应用程序来展示主线程的基础知识。首先获取进程 ID(进程的唯一标识符)并输出它，以证明确实有一个专用进程正在运行。然后，获取正在运行的线程的活动计数以及当前线程的名称，以表明正在运行一个线程——主线程。虽然每次运行此代码时进程 ID 都是不同的，但运行代码清单 1-2 将给出如下输出：

```
Python process running with process id: 98230
Python currently running 1 thread(s)
The current thread is MainThread
```

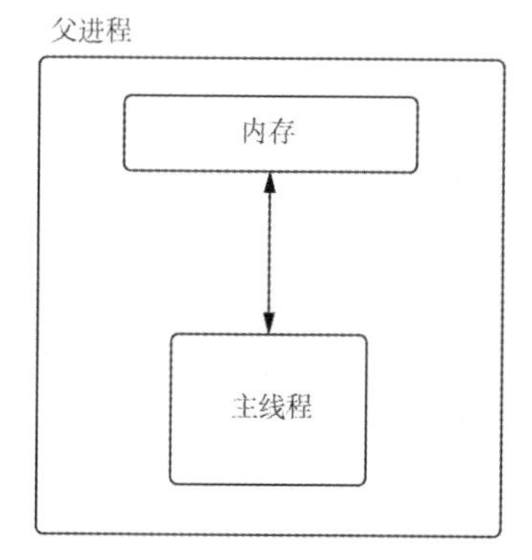

图 1-3　带有一个主线程(从内存中读取数据)的进程

进程还可创建共享主进程内存的其他线程。这些线程可通过所谓的多线程技术同时完成其他工作。

代码清单 1-3　创建多线程 Python 应用程序

```
import threading

def hello_from_thread():
    print(f'Hello from thread {threading.current_thread()}!')

hello_thread = threading.Thread(target=hello_from_thread)
hello_thread.start()

total_threads = threading.active_count()
thread_name = threading.current_thread().name

print(f'Python is currently running {total_threads} thread(s)')
print(f'The current thread is {thread_name}')

hello_thread.join()
```

图 1-4 中描绘出代码清单 1-3 的进程和线程。创建一个方法来输出当前线程的名称，然后创建一个线程来运行该方法。再调用线程的 start 方法开始运行它。最后调用 join 方法。join 会让程序暂停，直到启动的线程完成。如果运行前面的代码，将看到如下输出：

```
Hello from thread <Thread(Thread-1, started 123145541312512)>!
Python is currently running 2 thread(s)
```

```
The current thread is MainThread
```

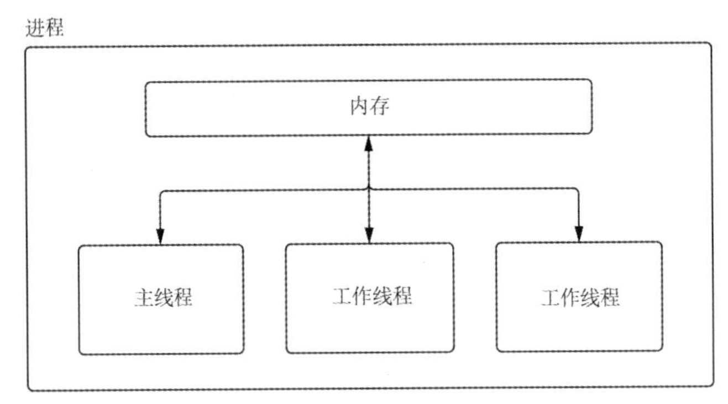

图 1-4 具有两个工作线程和一个主线程的多线程程序，所有线程共享进程的内存

请注意，在运行此命令时，你可能会看到来自线程的 hello，而 Python 当前正在运行 2 个线程消息在同一行输出。这是一个竞态条件，我们将在下一节以及第 6 章和第 7 章中对此进行深入探讨。

多线程应用程序是在许多编程语言中，实现并发的常用方法。然而，在 Python 中利用线程的并发性存在一些挑战。多线程仅对 I/O 密集型工作有用，因为会受到全局解释器锁的限制，这将在 1.5 节中讨论。

多线程并不是实现并发的唯一方法，还可创建多个进程来同时工作。这称为多处理。在多处理中，父进程创建一个或多个由它管理的子进程。然后可将任务分配给子进程。

Python 提供了多处理模块来处理这个问题。它的 API 类似于 threading 模块的 API。首先创建一个带有 target 函数的进程。然后调用 start 方法来执行它，最后调用 join 方法等待它完成运行。

代码清单 1-4 创建多个进程

```
import multiprocessing
import os

def hello_from_process():
    print(f'Hello from child process {os.getpid()}!')

if __name__ == '__main__':
    hello_process = multiprocessing.Process(target=hello_from_process)
    hello_process.start()
    print(f'Hello from parent process {os.getpid()}')
```

```
    hello_process.join()
```

图 1-5 中描绘出代码清单 1-4 的进程和线程。我们创建一个输出其进程 ID 的子进程，还输出父进程 ID 以证明正在运行不同的进程。对于 CPU 密集型工作，多处理通常是最佳选择。

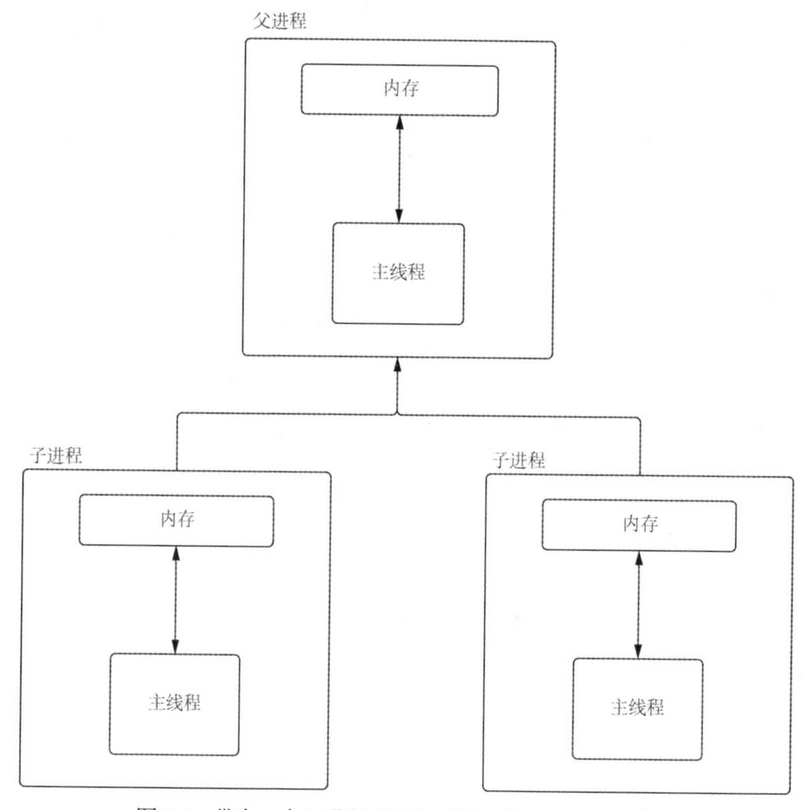

图 1-5　带有一个父进程和两个子进程的多处理应用程序

多线程和多处理似乎是启用 Python 并发的最佳选择。然而，这些并发模型的强大功能受到 Python 的一个实现细节——全局解释器锁的限制。

1.5　理解全局解释器锁

全局解释器锁的缩写是 GIL，读作 gill，是 Python 社区中一个有争议的话题。简而言之，GIL 阻止一个 Python 进程在任何给定时间执行多个 Python 字节码指令。这意味着即使在多核机器上有多个线程，Python 进程一次也只能有一个线程运行 Python 代码。在拥有多核 CPU 的环境中，这对于希望利用多线程来提高应用程序性能的

Python 开发人员来说是一个重大挑战。

注意

多处理可以同时运行多个字节码指令，因为每个 Python 进程都有自己的 GIL。

那么，为什么 GIL 会存在呢？答案在于 CPython 管理内存的方式。在 CPython 中，内存主要由称为“引用计数”的进程管理。引用计数通过跟踪当前谁需要访问特定的 Python 对象(如整数、字典或列表)来工作。引用计数的值是一个整数，用于跟踪有多少地方引用了该特定对象。当某处不再需要该引用的对象时，引用计数的值会减少，而当其他人需要该对象时，它会增加。当引用计数为零时，没有人引用该对象，可将其从内存中删除。

什么是 CPython?

CPython 是 Python 的参考实现。通过参考实现(语言的标准实现)，Python 被用作语言正确行为的参考。Python 还有其他实现，例如用于在 Java 虚拟机上运行的 Jython 和为.NET 框架设计的 IronPython。

与线程的冲突源于 CPython 中的实现不是线程安全的。当我们说 CPython 不是线程安全时，意指如果两个或多个线程修改一个共享变量，该变量可能以意外状态结束。这种意外状态取决于线程访问变量的顺序，通常称为竞态条件。当两个线程需要同时引用一个 Python 对象时，可能出现竞态条件。

如图 1-6 所示，如果两个线程同时增加引用计数，可能遇到一个线程导致引用计数为零的情况，而对象仍在被另一个线程使用。当尝试读取可能被删除的内存数据时，可能导致应用程序崩溃。

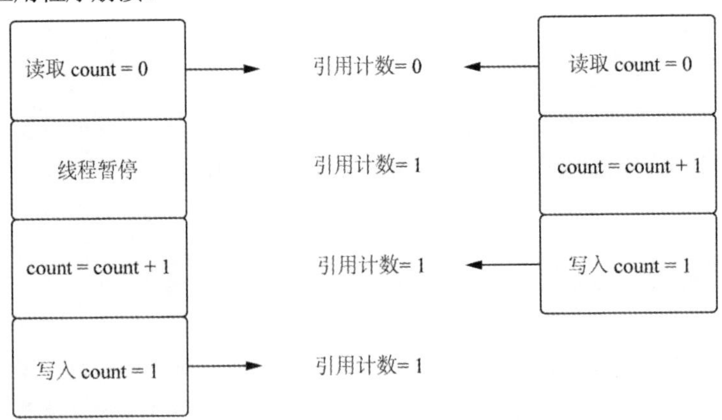

图 1-6　竞态条件示例，两个线程试图同时增加引用计数，得到的不是期望值 2，而是 1

为了演示 GIL 对多线程编程的影响，让我们来看看计算斐波那契数列中第 n 个数的 CPU 密集型任务。下面将使用一个相当慢的算法来演示一个耗时的操作。更好的解决方案应该是利用内存或数学算法来提高性能。

代码清单 1-5　生成斐波那契数列并计算时间

```
import time


def print_fib(number: int) -> None:
    def fib(n: int) -> int:
        if n == 1:
            return 0
        elif n == 2:
            return 1
        else:
            return fib(n - 1) + fib(n - 2)

    print(f'fib({number}) is {fib(number)}')

def fibs_no_threading():
    print_fib(40)
    print_fib(41)

start = time.time()

fibs_no_threading()

end = time.time()

print(f'Completed in {end - start:.4f} seconds.')
```

这个实现使用递归，总体上是一个较慢的算法，需要指数级 $O(2^N)$时间才能完成。如果需要输出两个斐波那契数列，那么同步调用它们，并为结果计时是很容易的，就像在前面的代码清单中所做的那样。

根据运行的 CPU 的速度，将看到不同的时序，但运行代码清单 1-5 中的代码将产生如下的输出：

```
fib(40) is 63245986
fib(41) is 102334155
Completed in 65.1516 seconds.
```

这是一个相当长的计算，但对 print_fib 的函数调用是相互独立的。这意味着它们可放在多个线程中，理论上 CPU 的多个内核可同时运行，从而加快应用程序的运行速度。

代码清单 1-6 多线程的斐波那契数列

```
import threading
import time

def print_fib(number: int) -> None:
    def fib(n: int) -> int:
        if n == 1:
            return 0
        elif n == 2:
            return 1
        else:
            return fib(n - 1) + fib(n - 2)

def fibs_with_threads():
    fortieth_thread = threading.Thread(target=print_fib, args=(40,))
    forty_first_thread = threading.Thread(target=print_fib, args=(41,))

    fortieth_thread.start()
    forty_first_thread.start()

    fortieth_thread.join()
    forty_first_thread.join()

start_threads = time.time()

fibs_with_threads()

end_threads = time.time()

print(f'Threads took {end_threads - start_threads:.4f} seconds.')
```

在代码清单 1-6 中，我们创建了两个线程，一个用于计算 fib(40)，一个用于计算 fib(41)，并通过在每个线程上调用 start()来同时启动它们。然后调用 join()，这将导致主程序等待线程完成。鉴于同时开始计算 fib(40)和 fib(41)，并同时执行它们，你会认为可看到合理的加速。但即使在多核 CPU 的机器上，看到的结果依旧如下所示，没有加速。

```
fib(40) is 63245986
fib(41) is 102334155
Threads took 66.1059 seconds.
```

线程版应用程序花费了几乎相同的时间。事实上，它甚至慢了一点！这几乎完全是由 GIL 以及创建和管理线程所产生的开销造成的。虽然线程确实是并发运行的，但由于锁的缘故，一次只允许其中一个线程运行 Python 代码。这使另一个线程处于等待状态，直到第一个线程执行完成，完全否定了多个线程的价值。

1.5.1　GIL 会释放吗

基于前面的例子，你可能想知道 Python 中的线程是否会发生并发，因为 GIL 会阻止并发运行两行 Python 代码。然而，GIL 并不是永远保持不变的，所以还可以通过多线程提升性能。

当 I/O 操作发生时，全局解释器锁被释放。这让我们可在涉及 I/O 时，使用多个线程来执行并发工作，但不用于 CPU 密集型的 Python 代码本身(某些情况下，有一些值得注意的例外情况会为 CPU 密集型工作释放 GIL，我们将在后续章节中讨论这些问题)。为说明这一点，让我们观察一个读取网页状态代码的例子。

代码清单 1-7　同步读取状态码

```
import time
import requests

def read_example() -> None:
    response = requests.get('https://www.example.com')
    print(response.status_code)

sync_start = time.time()

read_example()
read_example()

sync_end = time.time()
```

```
print(f'Running synchronously took {sync_end - sync_start:.4f} seconds.')
```

在代码清单 1-7 中，我们检索 example.com 的内容并输出状态代码两次。根据网络连接速度和我们的位置，当运行这段代码时，将看到如下的输出：

```
200
200
Running synchronously took 0.2306 seconds.
```

现在已经有了一个同步版本的基线，可编写一个多线程版本进行比较。在多线程版本中，为尝试同时运行它们，将为对 example.com 的每个请求创建一个线程。

代码清单 1-8 通过多线程读取状态码

```
import time
import threading
import requests

def read_example() -> None:
    response = requests.get('https://www.example.com')
    print(response.status_code)

thread_1 = threading.Thread(target=read_example)
thread_2 = threading.Thread(target=read_example)

thread_start = time.time()

thread_1.start()
thread_2.start()

print('All threads running!')

thread_1.join()
thread_2.join()

thread_end = time.time()

print(f'Running with threads took {thread_end - thread_start:.4f} seconds.')
```

执行代码清单 1-8 时，会看到如下的输出，这同样取决于网络连接条件和地理位置：

```
All threads running!
200
200
Running with threads took 0.0977 seconds.
```

这大约比不使用多线程的原始版本快两倍，因为几乎在同一时间运行了两个请求！当然，根据你的网络连接情况和机器配置，你将看到不同的结果，但数字的变化比例应该与上面的示例相似。

那么，如何为 I/O 释放 GIL 而不是为 CPU 密集型操作释放 GIL 呢？答案在于在后台进行的系统调用。对于 I/O 而言，低级系统调用在 Python 运行时之外。这允许 GIL 被释放，因为它不直接与 Python 对象交互。这种情况下，GIL 只有在接收到的数据被转换回 Python 对象时才会被重新获取。然后，在操作系统级别，I/O 操作并发执行。这个模型提供了并发，但没有提供并行。在其他语言(如 Java 或 C++)中，可在多核机器上获得真正的并行，因为它们没有 GIL，可同时执行。然而，在 Python 中，由于 GIL 的存在，我们能做的就是并行化 I/O 操作，而且在给定时间内只有一段 Python 代码在执行。

1.5.2 asyncio 和 GIL

asyncio 利用 I/O 操作释放 GIL 来提供并发性，即使只有一个线程也是如此。当使用 asyncio 时，创建了名为协程的对象。协程可被认为是在执行一个轻量级线程。就像我们可让多个线程同时运行，每个线程都有自己的并发 I/O 操作一样，也可让多个协程一起运行。在等待 I/O 密集型的协程完成时，仍可执行其他 Python 代码，从而提供并发性。需要注意，asyncio 并没有绕过 GIL，而且仍然受制于 GIL。如果有一个 CPU 密集型任务，仍然需要使用多个进程来并发地执行它(这可以通过 asyncio 本身完成)。否则，将导致应用程序的性能问题。现在我们知道了仅使用一个线程就可以实现 I/O 的并发性，下面深入了解如何使用非阻塞套接字实现并发性。

1.6 单线程并发

在上一节中，我们介绍了多线程作为一种实现 I/O 操作并发性的机制。但是，我们不需要多线程来实现这种并发性。可在一个进程和一个线程的范围内完成这一切。

我们利用了这样一个事实，即在系统级别，I/O 操作可以并发完成。为更好地理解这一点，需要深入研究套接字是如何工作的，特别是非阻塞套接字是如何工作的。

什么是套接字

套接字(socket)是通过网络发送和接收数据的低级抽象，是在服务器之间传输数据的基础。套接字支持两种主要操作：发送字节和接收字节。我们将字节写入套接字，然后将其发送到一个远程地址，通常是某种类型的服务器。一旦发送了这些字节，就等待服务器将其响应写回套接字。一旦这些字节被发送回套接字，就可以读取结果。

套接字是一个低级概念，如果你把它们看作邮箱，就很容易理解了。你可以把信放在邮箱里，然后信差拿起信，并递送到收件人的邮箱。收件人打开邮箱，打开信。根据内容的不同，收件人可能给你回信。在这个类比中，可将字母看作想要发送的数据或字节，将信件放入邮箱的操作看作将字节写入套接字，将打开邮箱读取信件的操作看作从套接字读取字节，将信件载体看作互联网上的传输机制(将数据路由到正确地址)。

在前面看到的从 example.com 获取内容的情况下，打开一个连接到 example.com 服务器的套接字。然后编写一个请求来获取该套接字的内容，并等待服务器返回结果：在本例中，是 Web 页面的 HTML。图 1-7 中显示了进出服务器的字节流。

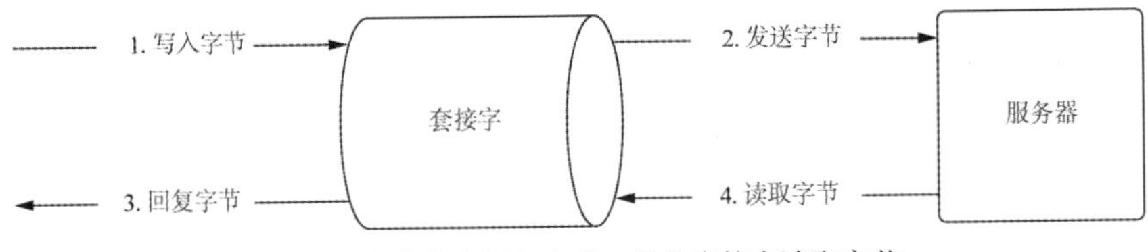

图 1-7　向套接字写入字节，并从套接字读取字节

套接字在默认情况下是阻塞的。简单地说，这意味着等待服务器回复数据时，会停止应用程序或阻塞它，直到获得数据并进行读取。因此，应用程序停止运行任何其他任务，直到从服务器获取数据、发生错误或出现超时。

在操作系统级别，不需要使用阻塞。套接字可在非阻塞模式下运行。在非阻塞模式下，当我们向套接字写入字节时，可以直接触发，而不必在意写入或读取操作，应用程序可以继续执行其他任务。之后，可让操作系统告知：我们收到了字节，并开始处理它。这使得应用程序可在等待字节返回的同时做任意数量的其他事情。不再阻塞和等待数据的返回，而让程序响应更迅速，让操作系统通知何时有数据可供操作。

在后台，这是由几个不同的事件通知系统执行的，具体取决于我们运行的操作系统。asyncio 已经足够抽象，可在不同的通知系统之间切换，这取决于操作系统具体支持哪一个。以下是特定操作系统使用的事件通知系统：

- kqueue——FreeBSD 和 macOS
- epoll——Linux
- IOCP(I/O 完成端口)——Windows

这些系统会跟踪非阻塞套接字，并在准备好让我们做某事时通知我们。这个通知系统是 asyncio 实现并发的基础。在 asyncio 的并发模型中，只有一个线程在特定时间执行 Python。遇到一个 I/O 操作时，将它交给操作系统的事件通知系统来跟踪它。一旦完成这个切换，Python 线程就可以自由地继续运行其他 Python 代码，或者为操作系统添加更多的非阻塞套接字来跟踪。I/O 操作完成时，“唤醒”正在等待结果的任务，然后继续运行该 I/O 操作之后出现的其他 Python 代码。可在图 1-8 中通过几个单独的操作来可视化这个流程，每个操作都依赖于一个套接字。

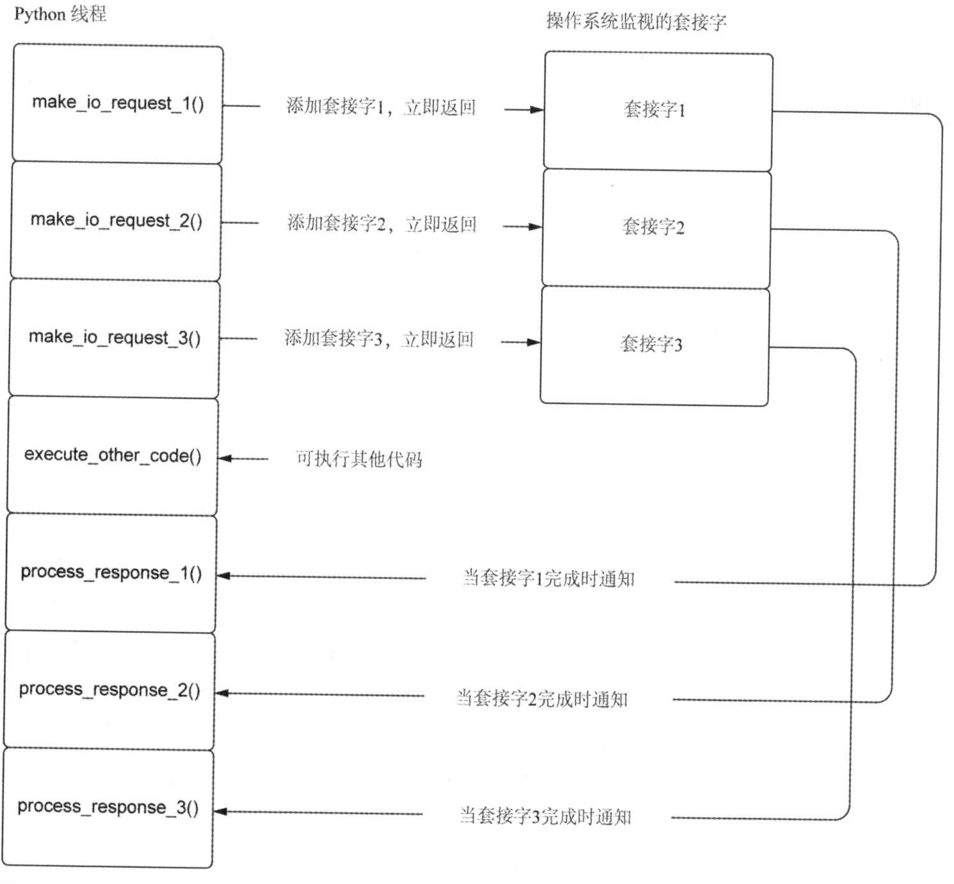

图1-8　发出的非阻塞I/O请求会立即返回，并告诉O/S监视套接字中的数据。这允许execute_other_code()立即运行，而不是等待 I/O 请求完成。稍后可在 I/O 完成时收到通知并处理响应

但是，如何跟踪哪些是正在等待 I/O 的任务，哪些是作为常规 Python 代码运行的任务？答案在于一个称为“事件循环”的构造。

1.7 事件循环的工作原理

事件循环是每个 asyncio 应用程序的核心。事件循环是许多系统中相当常见的设计模式，且已经存在了相当长的一段时间。如果你曾在浏览器中使用 JavaScript 发出异步 Web 请求，那么你已经在事件循环上创建了一个任务。Windows GUI 应用程序在幕后使用所谓的消息循环作为处理键盘输入等事件的主要机制，同时允许 UI 进行绘制。

最基本的事件循环非常简单。我们创建一个包含事件或消息列表的队列；然后启动循环，在消息进入队列时一次处理一条消息。在 Python 中，一个基本的事件循环可能看起来像这样：

```
from collections import deque

messages = deque()

while True:
    if messages:
        message = messages.pop()
        process_message(message)
```

在 asyncio 中，事件循环保留任务队列而不是消息。任务是协程的包装器。协程可以在遇到 I/O 密集型操作时暂停执行，并让事件循环运行其他不等待 I/O 操作完成的任务。

创建一个事件循环时，会创建一个空的任务队列。然后可将任务添加到要运行的队列中。事件循环的每次迭代都会检查需要运行的任务，并一次运行一个，直到任务遇到 I/O 操作。那时任务将被“暂停”，指示操作系统监视任何套接字以完成 I/O，然后寻找下一个要运行的任务。在事件循环的每次迭代中，将检查是否有 I/O 操作已完成。如果有，将“唤醒”任何暂停的任务，并让它们完成运行。可在图 1-9 中将其可视化：主线程将任务提交给事件循环，此后事件循环可以运行它们。

为说明这一点，假设我们有三个任务，每个任务都发出一个异步 Web 请求。想象一下，这些任务有一些代码完成设置工作(是 CPU 密集型的)，然后它们发出 Web 请求，再后是一些 CPU 密集型的后处理代码。现在，同时将这些任务提交给事件循环。在伪代码中，可以这样写：

```
def make_request():
    cpu_bound_setup()
    io_bound_web_request()
    cpu_bound_postprocess()

task_one = make_request()
task_two = make_request()
task_three = make_request()
```

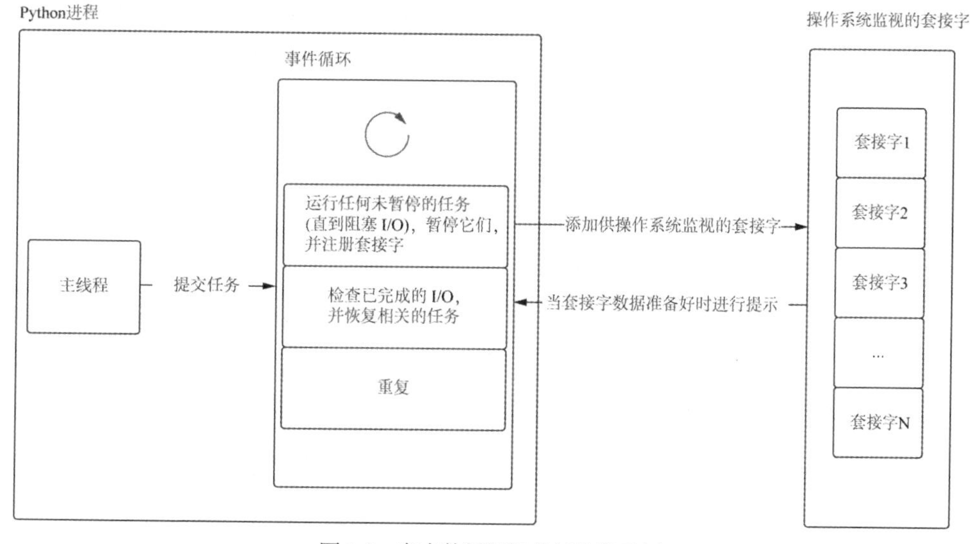

图 1-9　向事件循环提交任务的示例

所有三个任务都以 CPU 密集型工作开始，并且使用单线程，因此只有第一个任务开始执行代码，其他两个任务则在等待。一旦任务 1 中的 CPU 密集型设置工作完成，会遇到一个 I/O 密集型操作，并会暂停自己：“我正在等待 I/O，其他任何等待运行的任务都可以运行。”

一旦发生这种情况，任务 2 就可以开始执行了。任务 2 启动其 CPU 密集型代码，然后暂停，等待 I/O。此时，任务 1 和任务 2 在同时等待它们的网络请求完成。由于任务 1 和 2 都暂停等待 I/O，我们开始运行任务 3。

想象一下，一旦任务 3 暂停以等待其 I/O 完成，任务 1 的 Web 请求就完成了。现在，操作系统的事件通知系统会提醒我们此 I/O 已完成。可以在任务 2 和任务 3 都在等待其 I/O 完成时，继续执行任务 1。

图 1-10 展示了刚才描述的伪代码的执行流程。查看此图的任何垂直部分，可看到

在任何给定时间只有一个 CPU 密集型工作在运行。但是，最多有两个 I/O 密集型操作同时发生。每个任务等待 I/O 的重叠是 asyncio 真正节省时间的地方。

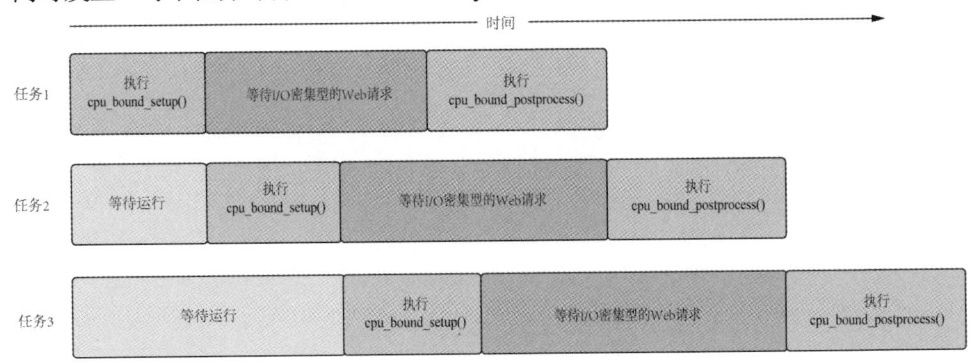

图 1-10 同时执行多个 I/O 操作

1.8 本章小结

在本章中，我们学习了以下内容：

- CPU 密集型的工作主要使用计算机处理器，而 I/O 密集型的工作主要使用网络或其他输入/输出设备。asyncio 主要帮助我们使 I/O 密集型工作并发执行，但也公开了使 CPU 密集型工作并发进行的 API。
- 进程和线程是操作系统级别最基本的并发单位。进程可用于 I/O 和 CPU 密集型的工作负载，而线程通常只能用于在 Python 中有效地管理 I/O 密集型工作，因为 GIL 会阻止代码并行执行。
- 在使用非阻塞套接字时，可指示操作系统告诉我们何时有数据传入，而不是在等待数据传入时停止应用程序。这是允许 asyncio 仅使用单个线程实现并发的部分原因。
- 事件循环是 asyncio 应用程序的核心。事件循环会一直循环下去，寻找 CPU 密集型任务，同时暂停正在等待 I/O 的任务。

第2章

asyncio 基础

本章内容：
- async await 语法和协程的基础知识
- 在任务运行时使用协程
- 取消任务
- 手动创建事件循环
- 测量协程的执行时间
- 在运行协程时需要注意的问题

第 1 章深入讨论了并发性，探讨了如何同时使用进程和线程实现并发，还探索了如何利用非阻塞 I/O 和事件循环来实现只使用一个线程的并发性。本章将介绍在 asyncio 中使用单线程并发模型编写程序的基础知识。使用本章中的技术，你将能执行长时间运行的操作，如 Web 请求、数据库查询和网络连接，并串联执行它们。

我们将了解更多关于协程构造，以及如何使用 async await 语法来定义和运行协程的信息。还将研究如何通过使用任务来并发运行协程，并通过创建可重用的计时器来检查并发节省的时间。最后，将了解软件工程师使用 asyncio 时常犯的错误，以及如何使用调试模式来发现这些问题。

2.1 关于协程

可将协程想象成一个普通的 Python 函数，但它具有在遇到可能需要一段时间才能完成的操作时，暂停执行的超能力。当长时间运行的操作完成时，可“唤醒”暂停的协程，并执行该协程中的其他任何代码。当一个暂停的协程正在等待操作完成时，可运行其他代码。等待时其他代码的运行是应用程序并发的原因。还可同时运行多个耗时的操作，这可大大提高应用程序的性能。

要创建和暂停协程，我们需要学习使用 Python 的 async 和 await 关键字。async 关键字将允许定义一个协程。当有一个长时间运行的操作时，await 关键字可以让我们暂停协程。

应该使用哪个 Python 版本？

本书中的代码假设你使用 Python 的最新版本，即 Python 3.10。使用早期版本可能会缺少某些 API 方法、函数可能不同或可能存在错误。

2.1.1 使用 async 关键字创建协程

创建协程很简单，与创建普通 Python 函数没有太大区别。唯一的区别是，创建协程时不使用 def 关键字，而是使用 async def。async 关键字将函数标记为协程，而不是普通的 Python 函数。

代码清单 2-1 中的协程除了输出“Hello world!”什么也没做。值得注意的是，这个协程不执行任何长时间运行的操作，它只是输出信息并返回。这意味着，将协程放在事件循环中时，它将立即执行，因为没有任何阻塞 I/O，没有任何操作暂停执行。

代码清单 2-1 使用 async 关键字

```
async def my_coroutine() -> None
   print('Hello world!')
```

这种语法很简单，但我们正在创建一些与普通 Python 函数存在很大差异的结构。为说明这一点，让我们创建一个将整数加 1 的函数，以及一个执行相同操作的协程，然后比较它们的结果。与调用普通函数相比，还将使用 type 函数来查看调用协程返回的类型。

代码清单 2-2 将协程与普通函数进行比较

```
async def coroutine_add_one(number: int) -> int:
    return number + 1


def add_one(number: int) -> int:
    return number + 1


function_result = add_one(1)
```

```
coroutine_result = coroutine_add_one(1)

print(f'Function result is {function_result} and the type is
    {type(function_result)}')
print(f'Coroutine result is {coroutine_result} and the type is
    {type(coroutine_result)}')
```

运行这段代码时，会看到如下输出：

```
Method result is 2 and the type is <class 'int'>
Coroutine result is <coroutine object coroutine_add_one at 0x1071d6040> and
the type is <class 'coroutine'>
```

请注意，调用普通的 add_one 函数时，它会立即执行并返回我们期望的一个整数。但当调用 coroutine_add_one 时，根本不会执行协程中的代码，将得到一个协程对象。

这一点很重要，因为当直接调用协程时，协程不会被执行。相反，创建了一个可以稍后执行的协程对象。要执行协程，需要在事件循环中显式执行它。那么如何创建一个事件循环并执行协程呢？

在 Python 3.7 之前的版本中，如果不存在事件循环，必须创建一个事件循环。但 asyncio 库添加了几个抽象事件循环管理的函数。有一个方便的函数 asyncio.run，我们可以使用它来运行协程。如下面的代码清单所示。

代码清单 2-3　运行协程

```
import asyncio

async def coroutine_add_one(number: int) -> int:
    return number + 1

result = asyncio.run(coroutine_add_one(1))

print(result)
```

运行代码清单 2-3 将输出“2”，正如我们期望返回的下一个整数一样。我们已经正确地将协程放在事件循环中，并且已经执行了它。

asyncio.run 在这种情况下完成了一些重要的事情。首先创建了一个全新的事件。一旦成功创建，就会接受我们传递给它的任何协程，并运行它直到完成，然后返回结果。此函数还将对主协程完成后可能继续运行的任何内容进行清理。一切完成后，它会关闭，并结束事件循环。

关于 asyncio.run 最重要的一点是，它旨在成为我们创建的 asyncio 应用程序的主要入口点。它只执行一个协程，并且该协程应该启动应用程序的其他所有组件。随着进一步学习，将使用这个函数作为几乎所有应用程序的入口点。asyncio.run 执行的协程将创建并运行其他协程，以便充分利用 asyncio 的并发性。

2.1.2　使用 await 关键字暂停执行

代码清单 2-3 中的示例不一定非要使用协程，因为它只执行非阻塞 Python 代码。asyncio 的真正优势是能暂停执行，让事件循环在长时间运行的操作期间，运行其他任务。要暂停执行，可使用 await 关键字。await 关键字之后通常会调用协程(更具体地说，是一个被称为 awaitable 的对象，它并不总是协程，我们将在本章后续学习中了解关于 awaitable 的更多内容)。

使用 await 关键字将导致它后面的协程运行，这与直接调用协程不同，后者会产生一个协程对象。await 表达式也会暂停包含它的协程，直到等待的协程完成并返回结果。等待的协程完成时，将访问它返回的结果，并且包含的协程将“唤醒”来处理结果。

可通过将 await 关键字放在协程调用的前面来使用它。扩展之前的程序，编写一个程序，在 main 异步函数中调用 add_one 函数并获取结果。

代码清单 2-4　使用 await 等待协程的结果

```
import asyncio


async def add_one(number: int) -> int:
    return number + 1


async def main() -> None:
    one_plus_one = await add_one(1)
    two_plus_one = await add_one(2)
    print(one_plus_one)
    print(two_plus_one)


asyncio.run(main())
```

暂停，等待 add_one(1)的结果。

暂停，等待 add_one(2)的结果。

在代码清单 2-4 中，我们暂停了两次执行。首先等待对 add_one(1)的调用。一旦得到结果，主函数将“取消暂停”，会将 add_one(1)的返回值分配给变量 one_plus_one，在本例中为 2。然后对 add_one(2)执行相同的操作，并输出结果。可将应用程序的执行流程可视化，如图 2-1 所示。图中的每个块代表一行或多行代码在任何给定时刻发生的事情。

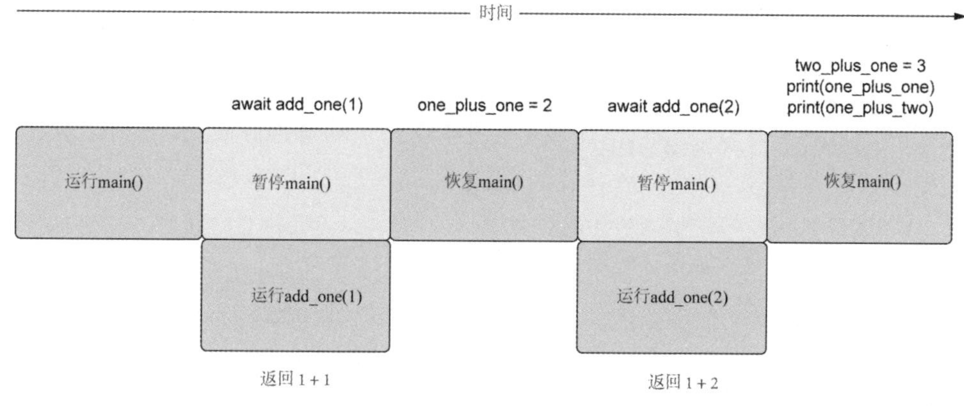

图 2-1　遇到 await 表达式时，会暂停父协程并在 await 表达式中运行协程。完成后，恢复父协程并设定返回值

目前，此代码的运行方式与正常的顺序代码没有什么不同。实际上在模仿正常的调用堆栈。接下来，让我们看一个简单示例，说明如何通过在等待时引入虚拟休眠操作来运行其他代码。

2.2　使用 sleep 引入长时间运行的协程

之前的例子没有使用任何运行时间较长的操作，主要用来帮助我们学习协程的基本语法。为充分了解协程的优势，并展示如何同时运行多个事件，需要引入一些长时间运行的操作。我们不会立即进行 Web API 或数据库查询，这对于它们将花费多少时间是不确定的，将通过指定想要等待的时间来模拟长时间运行的操作。将使用 asyncio.sleep 函数来实现这一点。

可使用 asyncio.sleep 让协程“休眠”给定的秒数。这将在预定的时间内暂停协程，模拟对数据库或 Web API 进行长时间运行的调用情况。

asyncio.sleep 本身是一个协程，所以必须将它与 await 关键字一起使用。如果单独调用它，会得到一个协程对象。由于 asyncio.sleep 是一个协程，这意味着当协程等待它时，其他代码将能运行。

让我们看一个简单例子，如代码清单 2-5 所示，它休眠 1 秒，然后输出“Hello World!”信息。

代码清单 2-5 第一个带 sleep 的应用程序

```
import asyncio

async def hello_world_message() -> str:
    await asyncio.sleep(1)          # 暂停 hello_world_message 1 秒。
    return 'Hello World!'

async def main() -> None:
    message = await hello_world_message()   # 暂停 main，直到 hello_world_message 完成。
    print(message)

asyncio.run(main())
```

运行这个应用程序时，程序将等待 1 秒钟，然后输出"Hello World!"信息。由于 hello_world_message 是一个协程，使用 asyncio.sleep 将其暂停 1 秒，因此现在有 1 秒的时间可以同时运行其他代码。

在接下来的几个示例中，将大量使用 sleep，所以让我们花时间创建一个可重用的协程，它会休眠并输出一些有用信息。我们称之为协程 delay。如下面的代码清单所示。

代码清单 2-6 可重复使用的 delay 函数

```
import asyncio

async def delay(delay_seconds: int) -> int:
    print(f'sleeping for {delay_seconds} second(s)')
    await asyncio.sleep(delay_seconds)
    print(f'finished sleeping for {delay_seconds} second(s)')
    return delay_seconds
```

delay 将返回我们希望函数持续休眠时间的整数(以秒为单位)，并在它完成休眠后将该整数返回给调用者。还将输出休眠开始和结束的时间。这将帮助我们查看协程暂停时同时运行的其他代码(如果有)。

为在以后的代码清单中更容易引用这个实用函数，我们创建一个模块，将在需要时在本书的其余部分导入该模块。当创建额外的可重用函数时，也将其添加到这个模块中。将此模块称为 util，并将 delay 函数放在名为 delay_functions.py 的文件中。还将添加一个带有以下行的__init__.py 文件，因此可以很好地导入计时器：

```
from util.delay_functions import delay
```

从现在开始，我们将在需要使用延迟函数时使用 from util import delay。现在有了一个可重用的延迟协程，将它与早期的协程 add_one 结合起来，看看是否可以让简单加法在 hello_world_message 暂停时并发运行。

代码清单 2-7　运行两个协程

```
import asyncio
from util import delay

async def add_one(number: int) -> int:
    return number + 1

async def hello_world_message() -> str:
    await delay(1)
    return 'Hello World!'

async def main() -> None:
    message = await hello_world_message()
    one_plus_one = await add_one(1)
    print(one_plus_one)
    print(message)

asyncio.run(main())
```

暂停 main，直到 hello_world_message 返回。

暂停 main，直到 add_one 返回。

运行代码清单 2-7，在输出两个函数调用的结果之前经过 1 秒。我们真正想要的是在 hello_world_message()并发运行时立即输出 add_one(1)的值。那么为什么这段代码没有发生这种情况呢？答案是 await 暂停当前的协程，在 await 表达式给我们一个值之前不会执行该协程中的其他任何代码。因为 hello_world_message 函数需要 1 秒后才能给出一个值，所以主协程将暂停 1 秒。这种情况下，代码表现得好像它是串行的。这种行为如图 2-2 所示。

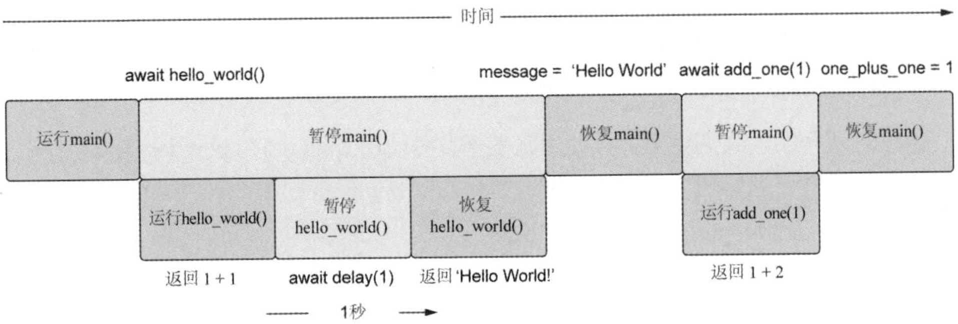

时间

await hello_world() message = 'Hello World' await add_one(1) one_plus_one = 1

运行main() 暂停main() 恢复main() 暂停main() 恢复main()

运行hello_world() 暂停 hello_world() 恢复 hello_world() 运行add_one(1)

返回 1 + 1 await delay(1) 返回 'Hello World!' 返回 1 + 2

1秒

图 2-2 代码清单 2-7 的执行流程

在等待 delay(1)完成时，main 和 hello_world 都暂停了。完成后，main 恢复并可以执行 add_one。

我们想摆脱这种顺序模型，同时运行 add_one 和 hello_world。为此，需要引入一个称为“任务”的概念。

2.3 通过任务实现并行

前面我们看到，直接调用协程时，并没有把它放在事件循环中运行。相反，得到一个协程对象，然后需要对其使用 await 关键字或将其传递给 asyncio.run 以运行并获取一个值。只通过这些工具，可编写异步代码，但不能同时运行任何东西。要同时运行协程，需要引入任务。

任务是协程的包装器，它安排协程尽快在事件循环上运行。这种调度和执行以非阻塞方式发生，这意味着一旦创建一个任务，就可以在任务运行时立即执行其他代码。这与使用阻塞方式的 await 关键字形成对比，意味着暂停整个协程，直到 await 表达式的结果返回。

可创建任务并安排它们在事件循环上立即运行，这意味着可以大致同时执行多个任务。当这些任务包装一个长时间运行的操作时，它们所做的任何等待都将同时发生。为说明这一点，下面创建两个任务并尝试同时运行它们。

2.3.1 创建任务

创建任务是通过 asyncio.create_task 函数来实现的。当调用这个函数时，给它一个协程来运行，它会立即返回一个任务对象。一旦有了一个任务对象，就可以把它放在一个 await 表达式中，它完成后就会提取返回值。

代码清单 2-8　创建任务

```
import asyncio
from util import delay

async def main():
    sleep_for_three = asyncio.create_task(delay(3))
    print(type(sleep_for_three))
    result = await sleep_for_three
    print(result)

asyncio.run(main())
```

在代码清单 2-8 中，我们创建了一个需要 3 秒才能完成的任务。还输出任务的类型，在本例中为<class'_asyncio.Task'>，从而表明它与协程不同。

这里要注意的另一件事是，print 语句在运行任务后立即执行。如果只是在 delay 协程上使用 await，将在输出消息之前等待 3 秒。

输出消息后，将 await 表达式应用于任务 sleep_for_three。这将暂停主协程，直到从任务中得到结果。

重要的是要知道，通常应该在应用程序的某个时间点对任务使用 await 关键字。在代码清单 2-8 中，如果我们不使用 await，则任务将被安排运行，但当 asyncio.run 关闭事件循环时，它几乎会立即停止并进行“清理”。在应用程序中对任务使用 await 也会影响异常的处理，第 3 章将详细介绍。现在我们已经了解了如何创建任务并允许其他代码同时运行，以及如何同时运行多个长时间运行的操作。

2.3.2　同时运行多个任务

鉴于任务是立即创建并计划尽快运行，这允许同时运行许多长时间运行的任务。可通过使用长期运行的协程按顺序启动多个任务来实现这一点。

代码清单 2-9　同时运行多个任务

```
import asyncio
from util import delay

async def main():
    sleep_for_three = asyncio.create_task(delay(3))
    sleep_again = asyncio.create_task(delay(3))
```

```
    sleep_once_more = asyncio.create_task(delay(3))

    await sleep_for_three
    await sleep_again
    await sleep_once_more

asyncio.run(main())
```

在代码清单 2-9 中，启动了三个任务，每个任务需要 3 秒才能完成。对 create_task 的每次调用都会立即返回，因此会立即到达 await sleep_for_three 语句。之前，我们提到任务计划“尽快”运行。通常，这意味着在创建任务后第一次运行到 await 语句时，任何待处理的任务都会运行，因为 await 会触发事件循环的迭代。

由于来到了 await sleep_for_three，所有三个任务都开始运行，并将同时执行所有休眠操作。这意味着代码清单 2-9 中的程序将在大约 3 秒内完成。可对并发进行可视化，如图 2-3 所示，注意所有三个任务在同时运行它们的休眠协程。

请注意，在图 2-3 中，标记为“运行 delay(3)”的任务中的代码(在这种情况下是一些输出语句)不会与其他任务同时运行，只有休眠协程同时运行。如果按顺序运行这些延迟操作，应用程序运行时间将超过 9 秒。通过同时执行此操作，该应用程序的总运行时间减为原来的 1/3！

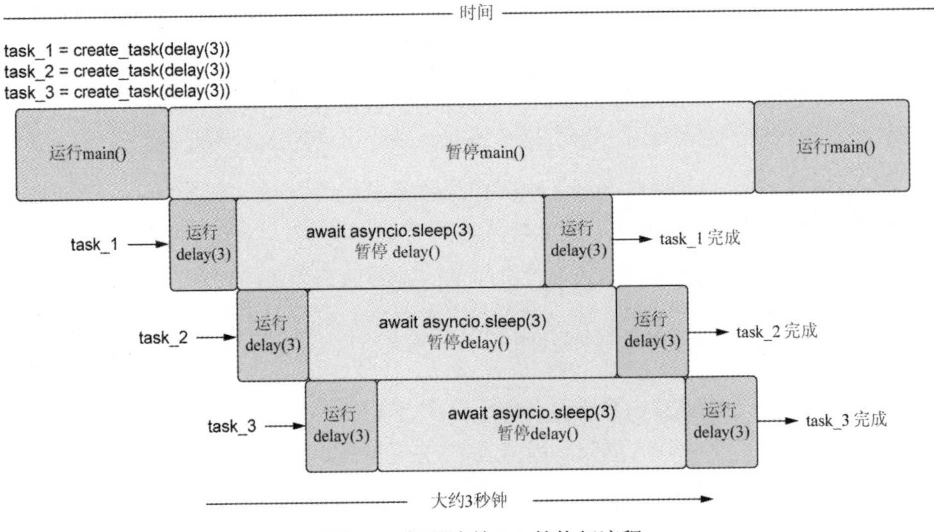

图 2-3　代码清单 2-9 的执行流程

注意

随着我们添加更多任务，这种情况会更复杂。如果启动了 10 个这样的任务，仍然只需要大约 3 秒，从而使速度提高 10 倍。

代码清单 2-10 当其他操作完成时运行代码

```
import asyncio
from util import delay


async def hello_every_second():
    for i in range(2):
        await asyncio.sleep(1)
        print("I'm running other code while I'm waiting!")


async def main():
    first_delay = asyncio.create_task(delay(3))
    second_delay = asyncio.create_task(delay(3))
    await hello_every_second()
    await first_delay
    await second_delay
```

在代码清单 2-10 中，创建了两个任务，每个任务需要 3 秒才能完成。当这些任务在等待时，应用程序处于空闲状态，这让我们有机会运行其他代码。在本例中，运行一个协程 hello_every_second，它每秒输出 2 次消息。当两个任务正在运行时，将看到如下所示的信息：

```
sleeping for 3 second(s)
sleeping for 3 second(s)
I'm running other code while I'm waiting!
I'm running other code while I'm waiting!
finished sleeping for 3 second(s)
finished sleeping for 3 second(s)
```

具体执行流程如图 2-4 所示。

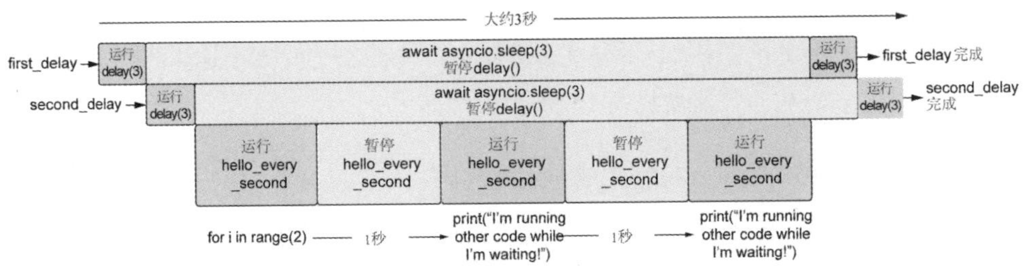

图 2-4 代码清单 2-10 的执行流程

首先启动两个任务，每个任务休眠 3 秒。然后，当两个任务空闲时，开始看到每秒都在输出“I'm running other code while I'm waiting!”。这意味着，即使在运行时间密集型操作时，应用程序仍可执行其他任务。

任务的一个潜在问题是，它们可能需要不确定的时间来完成。我们可能发现，如果一个任务需要很长时间才能完成，则应将它停止下来。可对任务使用“取消”操作，来实现这个功能。

2.4 取消任务和设置超时

网络连接可能不可靠。用户的连接可能因为网速变慢而中断，或者网络服务器可能崩溃，导致现有的请求无法处理。对于发出的请求，需要特别小心，不要无限期地等待。如果无限期等待一个不会出现的结果，可能导致应用程序挂起，也可能导致糟糕的用户体验。如果允许用户发出一个耗时过长的请求，他们不太可能永远等待响应。此外，如果任务继续运行，我们可能希望允许用户进行选择，用户可能会继续等待，也可能想要停止任务的执行。

在之前的示例中，如果任务一直持续下去，我们将被困在等待 await 语句完成而没有反馈的情况。也没有办法阻止这样的事情发生。asyncio 通过允许取消任务，以及允许它们指定超时来处理这两种情况。

2.4.1 取消任务

取消任务很简单。每个任务对象都有一个名为 cancel 的方法，可以在想要停止任务时调用它。取消一个任务将导致该任务在执行 await 时引发 CancelledError，然后可以根据需要处理它。

为说明这一点，假设启动了一个长时间运行的任务，我们不希望它运行的时间超过 5 秒。如果任务没有在 5 秒内完成，就可以停止该任务，并向用户报告：该任务花费了太长时间，我们正在停止它。我们还希望每秒钟都输出一个状态更新，为用户提供最新信息，这样就可以让用户了解任务的运行状态。

代码清单 2-11　取消一个任务

```
import asyncio
from asyncio import CancelledError
from util import delay

async def main():
    long_task = asyncio.create_task(delay(10))

    seconds_elapsed = 0

    while not long_task.done():
        print('Task not finished, checking again in a second.')
        await asyncio.sleep(1)
        seconds_elapsed = seconds_elapsed + 1
        if seconds_elapsed == 5:
            long_task.cancel()

    try:
        await long_task
    except CancelledError:
        print('Our task was cancelled')

asyncio.run(main())
```

在代码清单 2-11 中，我们创建了一个任务，它将花费 10 秒的时间来运行。然后创建一个 while 循环来检查该任务是否已完成。任务的 done 方法在任务完成时返回 True，否则返回 False。每一秒，我们检查任务是否已经完成，并记录到目前为止经历了多少秒。如果任务已经花费了 5 秒，就取消这个任务。然后来到 await long_task，将输出 Our task was cancelled，这表明捕获了一个 CancelledError。

关于取消任务需要注意的是 CancelledError 只能从 await 语句抛出。这意味着如果在任务执行纯 Python 代码时调用取消，该代码将一直运行直到完成；此后触发下一个 await 语句(如果存在)，并可能引发 CancelledError。调用取消任务时，不会立刻停止任务；只有当前处于等待点或其下一个等待点时，才会停止任务。

2.4.2 设置超时并使用 wait_for 执行取消

每秒(或在其他时间间隔)执行检查然后取消任务，并不是处理超时的最简单方法。理想情况下，我们应该有一个辅助函数，它允许指定超时并自动取消任务。

asyncio 通过名为 asyncio.wait_for 的函数提供此功能。该函数接收协程或任务对象，以及以秒为单位指定的超时时间。然后返回一个我们可以等待的协程。如果任务完成所需的时间超过了设定的超时时间，则会引发 TimeoutException，任务将自动取消。

为说明 wait_for 的工作原理，将使用一个案例来说明：有一个任务需要 2 秒才能完成，但我们将它的超时时间设定为 1 秒。当得到一个 TimeoutError 异常时，我们将捕获异常，并检查任务是否被取消。

代码清单 2-12　使用 wait_for 为任务创建超时

```
import asyncio
from util import delay

async def main():
    delay_task = asyncio.create_task(delay(2))
    try:
        result = await asyncio.wait_for(delay_task, timeout=1)
        print(result)
    except asyncio.exceptions.TimeoutError:
        print('Got a timeout!')
        print(f'Was the task cancelled? {delay_task.cancelled()}')

asyncio.run(main())
```

运行代码清单 2-12 时，应用程序大约需要 1 秒才能完成。1 秒后，wait_for 语句将引发 TimeoutError，然后我们对其进行处理。我们会看到原来的 delay 任务被取消了，输出如下所示：

```
sleeping for 2 second(s)
Got a timeout!
Was the task cancelled? True
```

如果任务花费的时间比预期的长，则自动取消任务通常是个好主意。否则，可能有一个协程无限期地等待，占用可能永远不会释放的资源。但在某些情况下，我们可能希望保持协程运行。例如，我们可能想通知用户：某任务花费的时间比预期的要长，但在超过超时设定时，不取消该任务。

为此，可使用 asyncio.shield 函数包装任务。这个函数将防止传入的协程被取消，给它一个“屏蔽”，取消请求将被忽略。

代码清单 2-13　保护任务免于取消

```
import asyncio
from util import delay


async def main():
    task = asyncio.create_task(delay(10))

    try:
        result = await asyncio.wait_for(asyncio.shield(task), 5)
        print(result)
    except TimeoutError:
        print("Task took longer than five seconds, it will finish soon!")
        result = await task
        print(result)


asyncio.run(main())
```

在代码清单 2-13 中，首先创建一个任务来包装协程。这与第一个取消示例不同，因为我们需要访问 except 块中的任务。如果传入一个协程，wait_for 会将它包装在一个任务中，但我们将无法引用它，因为它是函数内部的。

然后，在 try 块中，我们调用 wait_for 并将任务包装在 shield 中，这将防止任务被取消。在异常块中，向用户输出一条有用的消息，让用户知道任务仍在运行，然后等待最初创建的任务。程序的输出将如下所示：

```
sleeping for 10 second(s)
Task took longer than five seconds!
finished sleeping for 10 second(s)
finished <function delay at 0x10e8cf820> in 10 second(s)
```

取消和屏蔽是有些棘手的主题，有几种值得注意的情况。下面将介绍一些基础知识，但随着讲解的案例越来越复杂，我们将更深入地探讨取消的工作原理。

现在已经介绍了任务和协程的基础知识。在下一节中，我们将了解任务和协程如何相互关联，并进一步了解 asyncio 的结构。

2.5 任务、协程、future 和 awaitable

任务和协程都可以在 await 表达式中使用，那么它们之间的共同点是什么？要理解这一点，我们需要了解 future 和 awaitable。你通常不需要使用 future，但了解 future 是了解 asyncio 内部工作原理的关键。由于一些 API 返回 future，我们将在本书的其余部分引用它们。

2.5.1 关于 future

future 是一个 Python 对象，它包含一个你希望在未来某个时间点获得但目前可能还不存在的值。通常，当创建 future 时，它没有任何值，因为它还不存在。在这种状态下，它被认为是不完整的、未解决的或根本没有完成的。然后，一旦你得到一个结果，就可以设置 future 的值，这将完成 future。那时，我们可以认为它已经完成，并可从 future 提取结果。要了解 future 的基础知识，让我们尝试创建一个 future，设置它的值并提取该值。

代码清单 2-14 创建一个 future

```
from asyncio import Future

my_future = Future()

print(f'Is my_future done? {my_future.done()}')

my_future.set_result(42)

print(f'Is my_future done? {my_future.done()}')
print(f'What is the result of my_future? {my_future.result()}')
```

可通过调用其构造函数来创建 future。此时，future 上将没有结果集，因此调用其 done 方法将返回 False。此后用 set_result 方法设置 future 的值，这将把 future 标记为完成。或者，如果想在 future 中设置一个异常，可调用 set_exception。

注意

不会在设置结果之前调用 result 方法；如果这样做，result 方法会抛出一个无效状态异常。

future 也可以用在 await 表达式中。如果对一个 future 执行 await 操作，我们是在说“暂停，直到 future 有一个可供使用的值集；一旦有了一个值，唤醒，并让我处理它”。

为理解这一点，让我们考虑一个返回 future 的 Web 请求的示例。发出一个返回 future 的请求应该立即完成，但由于请求需要一些时间，所以 future 还没有定义。然后，一旦请求完成，结果将被设置，然后我们可以访问它，这个概念类似于 JavaScript 中的 Promise。在 Java 中，这些被称为 completable future。

代码清单 2-15　等待一个 future

```
from asyncio import Future
import asyncio


def make_request() -> Future:
    future = Future()
    asyncio.create_task(set_future_value(future))
    return future


async def set_future_value(future) -> None:
    await asyncio.sleep(1)
    future.set_result(42)


async def main():
    future = make_request()
    print(f'Is the future done? {future.done()}')
    value = await future
    print(f'Is the future done? {future.done()}')
    print(value)


asyncio.run(main())
```

创建一个任务来异步设置 future 的值。

在设置 future 值之前等待 1 秒。

暂停 main，直到 future 的值被设置完成。

在代码清单 2-15 中，我们定义了一个函数 make_request。在该函数中，创建一个 future 并创建一个任务，该任务将在 1 秒后异步设置 future 的结果。然后，在主函数中调用 make_request。当调用它时，将立即得到一个没有结果的 future，因此，它被撤销了。然后等待 future。等待这个 future 将暂停 main 运行 1 秒，同时等待 future 的值被设置。一旦完成，值将是 42，并且 future 被完成。

在 asyncio 中，你应该很少需要处理 future。也就是说，你将遇到一些返回 future 的异步 API，并可能需要使用基于回调的代码(这可能需要使用 future)。你可能还需要自己阅读或调试一些 asyncio API 代码。这些 asyncio API 的实现很大程度上依赖于 future，因此最好对它们的工作原理有基本的了解。

2.5.2 future、任务和协程之间的关系

future 和任务之间有很密切的关系。事实上，任务直接继承自 future。future 可以被认为代表了我们暂时不会拥有的值。一个任务可以被认为是一个协程和一个 future 的组合。创建一个任务时，我们正在创建一个空 future，并运行协程。然后，当协程以得到结果或异常结束时，我们将设置 future 的结果或异常。

鉴于 future 和任务之间的关系，任务和协程之间是否存在类似的关系？毕竟，所有这些类型都可以在 await 表达式中使用。

它们之间的共同点是 awaitable 抽象基类。这个类定义了一个抽象的双下画线方法 __await__。我们不会详细介绍如何创建自己的 awaitable 对象，但任何实现__await__方法的东西都可以在 await 表达式中使用。协程直接继承自 awaitable，future 也是如此。然后任务对 future 进行扩展，awaitable 的类继承层次结构如图 2-5 所示。

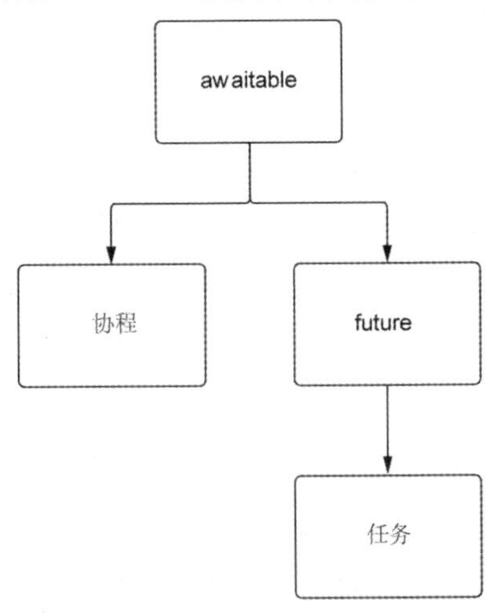

图 2-5 awaitable 的类继承层次结构

我们将可在 await 表达式中使用的对象称为 awaitable 对象。你会经常在 asyncio 文档中看到 awaitable 的术语，因为许多 API 方法并不关心你是否传入协程、任务或 future。

现在我们了解了任务、协程和 future 的基础知识，如何评估它们的性能？到目前为止，我们只推测了它们运行所需的时间。为了使代码更严谨，让我们添加一些功能来测量执行时间。

2.6　使用装饰器测量协程执行时间

到目前为止，我们已经大致讨论了应用程序在不计时的情况下运行需要多长时间。为了真正理解和描述事物，我们需要引入一些代码来跟踪程序的运行时间。

例如，可包装每个 await 语句，并跟踪协程的开始和结束时间：

```
import asyncio
import time

async def main():
    start = time.time()
    await asyncio.sleep(1)
    end = time.time()
    print(f'Sleeping took {end - start} seconds')

asyncio.run(main())
```

但是，当我们有多个 await 语句和任务要跟踪时，这将很快变得混乱。更好的方法是提出一种可重用的方法来跟踪任何协程所需的完成时间。可通过创建一个运行 await 语句的装饰器来做到这一点(如代码清单 2-16 所示)。我们称这个装饰器为 async_timed。

什么是装饰器？

装饰器是 Python 中的一种模式，它允许向现有函数添加功能，而不必更改该函数的代码。可在调用函数时“拦截”它，并在调用之前或之后应用我们想要的任何装饰器代码。装饰器是处理 cross-cutting 关注点的一种方法。代码清单 2-16 演示了一个装饰器示例。

代码清单 2-16　协程计时装饰器

```
import functools
import time
from typing import Callable, Any

def async_timed():
    def wrapper(func: Callable) -> Callable:
        @functools.wraps(func)
        async def wrapped(*args, **kwargs) -> Any:
```

```
            print(f'starting {func} with args {args} {kwargs}')
            start = time.time()
            try:
                return await func(*args, **kwargs)
            finally:
                end = time.time()
                total = end - start
                print(f'finished {func} in {total:.4f} second(s)')
        return wrapped
    return wrapper
```

在这个装饰器中，我们创建了一个名为 wrapped 的新协程。这是原始协程的包装器，它接收参数*args 和**kwargs，调用 await 语句，然后返回结果。开始运行函数时，在 await 语句位置输出一条信息，结束运行函数时在 await 语句位置输出另一条信息，以与之前的开始时间和结束时间大致相同的方式跟踪开始和结束时间。现在，如代码清单 2-17 所示，可将此注解放在任何协程上；任何时候，都可以看到运行了多长时间。

代码清单 2-17　使用装饰器对两个并发任务进行计时

```
import asyncio

@async_timed()
async def delay(delay_seconds: int) -> int:
    print(f'sleeping for {delay_seconds} second(s)')
    await asyncio.sleep(delay_seconds)
    print(f'finished sleeping for {delay_seconds} second(s)')
    return delay_seconds

@async_timed()
async def main():
    task_one = asyncio.create_task(delay(2))
    task_two = asyncio.create_task(delay(3))

    await task_one
    await task_two

asyncio.run(main())
```

运行代码清单 2-17 时，我们将看到类似于以下内容的控制台输出：

```
starting <function main at 0x109111ee0> with args () {}
starting <function delay at 0x1090dc700> with args (2,) {}
starting <function delay at 0x1090dc700> with args (3,) {}
finished <function delay at 0x1090dc700> in 2.0032 second(s)
finished <function delay at 0x1090dc700> in 3.0003 second(s)
finished <function main at 0x109111ee0> in 3.0004 second(s)
```

可以看到，两个 delay 调用分别在大约 2 秒和 3 秒内开始和结束，总共 5 秒。但注意，主协程只花了 3 秒就完成了，因为在等待期间使用了并发。

在接下来的几章中，将使用装饰器和输出结果来说明协程的执行时间，以及它们的开始和完成时间。这将使我们清楚地了解在哪些地方通过并发执行操作获得了性能提升。

为在以后的代码清单中更容易引用这个实用装饰器，将它添加到 util 模块中。把计时器放在一个名为 async_timer.py 的文件中。还将在模块的__init__.py 文件中添加一行代码，以便可以很好地导入计时器：

```
from util.async_timer import async_timed
```

在本书的其余部分，将在需要使用计时器时通过 from util...import async_timed 进行导入。

现在可使用装饰器来了解 asyncio 在并发运行任务时可以提供的性能提升，我们可以尝试在现有的应用程序中使用 asyncio。虽然可以这样做，但需要注意那些可能降低应用程序性能的 asyncio 常见陷阱。

2.7 协程和任务的陷阱

当看到可通过同时运行一些较长的任务来获得性能改进时，可以在应用程序中使用协程和任务。虽然这取决于你正在编写的应用程序，但简单地将函数标记为异步，并将它们包装在任务中可能无助于应用程序性能提升。某些情况下，这反而可能降低应用程序的性能。

尝试将应用程序异步化时会出现两个主要错误。第一个是尝试在不使用多处理的情况下，在任务或协程中运行 CPU 密集型代码。第二个是使用阻塞 I/O 密集型 API 而不使用多线程。

2.7.1 运行 CPU 密集型代码

可能有执行大量计算的函数，例如循环迭代一个大字典或进行数学计算。如果有几个可能同时运行的函数，则可能想到在单独的任务中运行它们。从概念上讲，这是一个好主意，但请记住 asyncio 使用单线程并发模型。这意味着仍然受到单线程和全局解释器锁的限制。

为证明这一点，让我们尝试同时运行多个 CPU 密集型函数。

代码清单 2-18 尝试同时运行多个 CPU 密集型函数

```
import asyncio
from util import delay

@async_timed()
async def cpu_bound_work() -> int:
    counter = 0
    for i in range(100000000):
        counter = counter + 1
    return counter

@async_timed()
async def main():
    task_one = asyncio.create_task(cpu_bound_work())
    task_two = asyncio.create_task(cpu_bound_work())
    await task_one
    await task_two

asyncio.run(main())
```

运行代码清单 2-18 时，我们会看到，尽管创建了两个任务，代码仍然串行执行。首先运行任务 1，然后运行任务 2，这意味着总运行时间将是对 cpu_bound_work 的两次调用的总和。

```
starting <function main at 0x10a8f6c10> with args () {}
starting <function cpu_bound_work at 0x10a8c0430> with args () {}
finished <function cpu_bound_work at 0x10a8c0430> in 4.6750 second(s)
starting <function cpu_bound_work at 0x10a8c0430> with args () {}
finished <function cpu_bound_work at 0x10a8c0430> in 4.6680 second(s)
finished <function main at 0x10a8f6c10> in 9.3434 second(s)
```

查看上面的输出，可能认为让所有代码都使用 async 和 await 没有任何缺点。毕竟，它最终花费的时间就像串行运行一样。但通过这样做，可能遇到应用程序性能下降的情况。当有其他具有 await 表达式的协程或任务时尤其如此。考虑在一个长时间运行的任务附近创建两个 CPU 密集型任务，如 delay 协程。

代码清单 2-19　任务的 CPU 密集型代码

```
import asyncio
from util import async_timed, delay

@async_timed()
async def cpu_bound_work() -> int:
    counter = 0
    for i in range(100000000):
        counter = counter + 1
    return counter

@async_timed()
async def main():
    task_one = asyncio.create_task(cpu_bound_work())
    task_two = asyncio.create_task(cpu_bound_work())
    delay_task = asyncio.create_task(delay(4))
    await task_one
    await task_two
    await delay_task

asyncio.run(main())
```

运行代码清单 2-19，可能会花费与代码清单 2-18 相同的时间。delay_task 不会与 CPU 密集型工作同时运行吗？这种情况下它不会，因为我们首先创建了两个 CPU 密集型任务，这实际上阻止了事件循环运行其他任何内容。这意味着应用程序的运行时间将是完成两个 cpu_bound_work 任务所花费的时间加上 delay 任务所花费的 4 秒的总和。

如果需要执行 CPU 密集型任务，并且仍然想使用 async/await 语法，可以这样做。为此，仍然需要使用多处理，并需要告诉 asyncio 在进程池中运行任务。我们将在第 6 章学习如何做到这一点。

2.7.2 运行阻塞 API

也可通过将现有库包装在协程中，从而将它们用于 I/O 密集型操作。但这将产生与 CPU 密集型操作相同的问题。这些 API 会阻塞主线程。因此，在协程中运行阻塞 API 调用时，我们正在阻塞事件循环线程本身，这意味着停止执行其他任何协程或任务。阻塞 API 调用的示例包括调用 requests 或 time.sleep 等库。通常，执行任何非协程的 I/O 操作或执行耗时的 CPU 操作的函数都可视为阻塞。

例如，尝试使用 requests 库同时获取 www.example.com 的状态码 3 次。当运行它时，由于是同时运行的，我们期望这个应用程序在大约获得一次状态码所需的时间长度内完成。

代码清单 2-20 在协程中错误地使用阻塞 API

```
import asyncio
import requests
from util import async_timed

@async_timed()
async def get_example_status() -> int:
    return requests.get('http://www.example.com').status_code

@async_timed()
async def main():
    task_1 = asyncio.create_task(get_example_status())
    task_2 = asyncio.create_task(get_example_status())

    task_3 = asyncio.create_task(get_example_status())
    await task_1
    await task_2
    await task_3

asyncio.run(main())
```

运行代码清单 2-20 时，将看到类似于以下内容的输出。注意主协程的总运行时间大致是所有任务运行时间总和，这意味着我们没有任何并发优势：

```
starting <function main at 0x1102e6820> with args () {}
starting <function get_example_status at 0x1102e6700> with args () {}
```

```
finished <function get_example_status at 0x1102e6700> in 0.0839 second(s)
starting <function get_example_status at 0x1102e6700> with args () {}
finished <function get_example_status at 0x1102e6700> in 0.0441 second(s)
starting <function get_example_status at 0x1102e6700> with args () {}
finished <function get_example_status at 0x1102e6700> in 0.0419 second(s)
finished <function main at 0x1102e6820> in 0.1702 second(s)
```

这是因为 requests 库是阻塞的，这意味着将阻塞它运行的任何线程。由于 asyncio 只有一个线程，因此 requests 库会阻止事件循环并行执行任何操作。

通常，你现在使用的大多数 API 都是阻塞的，且无法与 asyncio 一起使用。你需要使用支持协程，并利用非阻塞套接字的库。这意味着，如果你使用的库不返回协程，并且你没有在自己的协程中使用 await，那么你可能进行阻塞调用。

在上例中，可使用 aiohttp 之类的库；它使用非阻塞套接字，并返回协程，从而获得适当的并发性。我们将在第 4 章中介绍这个库。

如果需要使用 requests 库，仍可使用 async 语法，但你需要明确告诉 asyncio 通过线程池执行器使用多线程。我们将在第 7 章看到如何实现这一点。

现在已经看到了使用 asyncio 时需要注意的一些事项，并构建了一些简单的应用程序。到目前为止，我们还没有自己创建或配置事件循环，而是依靠现成的方法来自动完成。接下来，我们将学习创建事件循环，这将允许访问较低级别的异步功能和事件循环配置属性。

2.8　手动创建和访问事件循环

到目前为止，我们已经使用简便的 asyncio.run 来运行应用程序，并在幕后创建事件循环。考虑到易用性，这是创建事件循环的首选方法。但某些情况下，我们可能希望执行自定义逻辑来完成与 asyncio.run 不同的任务，例如让任何剩余的任务完成而不是停止它们。

此外，我们可能希望访问事件循环本身可用的方法。这些方法通常是较低级别的，因此应谨慎使用。但是，如果你想要执行任务，例如直接使用套接字或安排任务在未来的特定时间运行，你将需要访问事件循环。虽然我们不会也不应该广泛修改事件循环的操作，但有时这是必要的。

2.8.1　手动创建事件循环

可使用 asyncio.new_event_loop 方法创建一个事件循环。这将返回一个事件循环实例。有了这个实例，可访问事件循环中的所有低级方法。通过事件循环实例，可访问一个名为 run_until_complete 的方法，该方法接收一个协程，并运行它直到完成。一旦完成了事件循环，需要关闭它，从而释放它正在使用的所有资源。这通常应该在 finally 块中完成，这样抛出的任何异常都不会阻止我们关闭循环。使用这些概念，可创建一个循环，并运行一个 asyncio 应用程序。

代码清单 2-21 手动创建事件循环

```
import asyncio

async def main():
    await asyncio.sleep(1)

loop = asyncio.new_event_loop()

try:
    loop.run_until_complete(main())
finally:
    loop.close()
```

代码清单 2-21 中的代码与我们调用 asyncio.run 时发生的情况相似，不同之处在于不会取消任何剩余的任务。如果想要任何特殊的清理逻辑，可在 finally 子句中完成。

2.8.2 访问事件循环

有时，可能需要访问当前正在运行的事件循环。asyncio 公开了允许获取当前事件循环的 asyncio.get_running_loop 函数。例如，让我们看一下 call_soon，它将设定一个函数在事件循环的下一次迭代中运行。

代码清单 2-22 访问事件循环

```
import asyncio

def call_later():
    print("I'm being called in the future!")

async def main():
    loop = asyncio.get_running_loop()
    loop.call_soon(call_later)
```

```
    await delay(1)

asyncio.run(main())
```

在代码清单 2-22 中，主协程使用 asyncio.get_running_loop 获取事件循环，并告知运行 call_later，它接收一个函数，并将在事件循环的下一次迭代中运行它。此外，有一个 asyncio.get_event_loop 函数可让你访问事件循环。

如果在尚未运行时调用此函数，则可能创建一个新的事件循环，从而导致不正常的结果。建议使用 get_running_loop，因为如果事件循环没有运行，这将抛出异常。

虽然不应该在应用程序中频繁使用事件循环，但有时需要在事件循环上配置或使用低级函数。我们将在下一节中看到配置事件循环的示例。

2.9　使用调试模式

前面提到了应该如何在应用程序的某个时刻始终等待协程。我们还看到在协程和任务中运行 CPU 密集型代码和其他阻塞代码的缺点。但是，很难判断协程是否在 CPU 上占用了太多时间，或者我们是否在应用程序的某个地方不小心忘记了 await。幸运的是，asyncio 提供了调试模式来帮助我们诊断这些情况。

在调试模式下运行时，如果协程或任务的运行时间超过 100 毫秒，我们会看到一些有帮助的日志消息。此外，如果不等待协程，则会抛出异常，因此我们可以查看在何处正确添加 await。在调试模式下运行有几种不同的方式。

2.9.1　使用 asyncio.run

一直用来运行协程的 asyncio.run 函数公开了一个调试参数。默认情况下，参数值为 False，但我们可将其设置为 True 以启用调试模式：

```
asyncio.run(coroutine(), debug=True)
```

2.9.2　使用命令行参数

启动 Python 应用程序时，可通过传递命令行参数来启用调试模式。为此，我们使用-X dev：

```
python3 -X dev program.py
```

2.9.3 使用环境变量

还可通过将 PYTHONASYNCIODEBUG 变量设置为 1，从而使用环境变量来启用调试模式：

```
PYTHONASYINCIODEBUG=1 python3 program.py
```

注意

在早于 3.9 的 Python 版本中，调试模式下存在 bug。使用 asyncio.run 时，只有 boolean 调试参数有效。命令行参数和环境变量仅在手动管理事件循环时才有效。

在调试模式下，当协程耗时过长时，会看到相关日志信息。让我们通过尝试在任务中运行 CPU 密集型代码来测试这一点，看看是否能够收到警告，如代码清单 2-23 所示。

代码清单 2-23　在调试模式下运行 CPU 密集型代码

```
import asyncio
from util import async_timed

@async_timed()
async def cpu_bound_work() -> int:
    counter = 0
    for i in range(100000000):
        counter = counter + 1
    return counter

async def main() -> None:
    task_one = asyncio.create_task(cpu_bound_work())
    await task_one

asyncio.run(main(), debug=True)
```

运行上述代码时，我们会看到一条消息，即 task_one 花费了太长时间，因此阻止了事件循环运行其他任何任务：

```
Executing <Task finished name='Task-2' coro=<cpu_bound_work() done, defined
at listing_2_9.py:5> result=100000000 created at tasks.py:382> took 4.829
seconds
```

这有助于调试我们可能无意中进行阻塞的调用问题。如果协程花费的时间超过 100 毫秒，默认设置将记录警告，你可以根据自己的情况来修改这个阈值。要改变这个值，可通过访问事件循环来设置阈值，就像在代码清单 2-24 中所做的那样，通过设置 slow_callback_duration 来实现。该阈值是一个浮点值，单位为秒。

代码清单 2-24　更改 slow_callback_duration

```
import asyncio

async def main():
    loop = asyncio.get_event_loop()
    loop.slow_callback_duration = .250

asyncio.run(main(), debug=True)
```

代码清单 2-24 将 slow_callback_duration 设置为 250 毫秒，这意味着如果任何协程运行的 CPU 时间超过 250 毫秒，我们将收到一条消息。

2.10　本章小结

在本章中，我们学习了以下内容：

- 使用 async 关键字创建协程。协程可在阻塞操作上暂停执行。这允许其他协程运行。一旦协程暂停的操作完成，协程将唤醒并从中断的地方恢复。
- 在调用协程之前使用 await 来运行它，并等待它返回一个值。为此，内部带有 await 的协程将暂停执行，同时等待结果。这允许其他协程在第一个协程等待其结果时运行。
- 使用 asyncio.run 来执行单个协程。可使用这个函数来运行作为应用程序主要入口点的协程。
- 使用任务同时运行多个长时间运行的操作。任务是围绕协程的包装器，将通过事件循环运行。创建一个任务时，它会尽快安排在事件循环上运行。
- 在想要停止任务时取消任务，为任务添加超时以防止它们永远占用资源。取消任务将使其在我们等待时引发 CancelledError。如果对任务的执行实现有限制，可使用 asycio.wait_for 来设置超时。
- 避免在使用 asyncio 时遇到的常见问题。第一个是在协程中运行 CPU 密集型代码。由于仍然是单线程的，CPU 密集型的代码将阻止事件循环运行其他协程。第二个是阻塞 I/O，因为不能使用带有 asyncio 的普通库，则必须使用返回协程的特定于 asyncio 的库。如果协程中没有 await，则应该认为它是有问题的。但有一些方法可通过 asyncio 执行 CPU 密集型和阻塞 I/O 操作，我们将在第 6 章和第 7 章中讨论。

- 使用调试模式。调试模式可以帮助我们诊断异步代码中的常见问题，例如在协程中运行 CPU 密集型代码。

第3章 第一个 asyncio 应用程序

本章内容：

- 使用套接字通过网络传输数据
- 使用 telnet 与基于套接字的应用程序通信
- 使用选择器为非阻塞套接字构建一个简单的事件循环
- 创建允许多个连接的非阻塞回显服务器
- 处理任务中的异常
- 向异步应用程序添加自定义关闭逻辑

在第 1 章和第 2 章中，我们介绍了协程、任务和事件循环，研究了如何同时运行长时间运行的操作，并探索了一些优化此操作的 asyncio API。然而，到目前为止，我们只用 sleep 函数模拟了长时间的操作。

由于我们想要构建的不仅是演示应用程序，我们将使用一些真实世界的阻塞操作来演示如何创建一个可同时处理多个用户请求的服务器。将只使用一个线程来执行此操作，与涉及线程或多个进程的其他解决方案相比，这会生成更节省资源、更简单的应用程序。将利用我们所学到的关于协程、任务和 asyncio API 方法的知识来构建一个使用套接字的命令行回显服务器应用程序。在本章结束时，你将能使用 asyncio 构建基于套接字的网络应用程序，该应用程序可以使用一个线程同时处理多个用户的请求。

首先，我们将学习使用阻塞套接字发送和接收数据的基础知识。然后，将使用这些套接字来尝试构建一个多客户端回显服务器。在这个过程中，将证明我们无法构建只通过一个线程来同时支持多个客户端的回显服务器。我们还将学习如何通过使套接字非阻塞并使用操作系统的事件通知来解决这些问题，这将帮助我们理解 asyncio 事件循环的底层机制。此外，将使用 asyncio 的非阻塞套接字协程，从而允许多个客户端正确连接。这个应用程序将允许多个用户同时连接，同时发送和接收消息。最后，将向应用程序添加自定义关闭逻辑，因此当服务器关闭时，将留给正在运行的消息一些时间使其能够完成传输。

3.1 使用阻塞套接字

第 1 章中介绍了套接字的概念。回顾一下，套接字是一种通过网络读取和写入数据的方式。可将一个套接字想象成一个邮箱：我们把一封信放进去，然后它就会被送到收件人的地址。此后收件人可以阅读该消息，并可能向我们发送另一条消息。

首先将创建主邮箱套接字，我们将其称为服务器套接字。这个套接字将首先接收来自想要与我们通信的客户端的连接消息。一旦服务器套接字确认了该连接，将创建一个可用于与客户端通信的套接字。这意味着服务器更像是一个有多个邮政信箱的邮局，而不仅是一个邮箱。客户端仍然可以被认为有一个邮箱，因为它们将通过一个套接字与我们通信。当客户端连接到服务器时，会给客户端提供一个邮政信箱。然后，我们使用该邮政信箱向该客户端发送接收消息(如图 3-1 所示)。

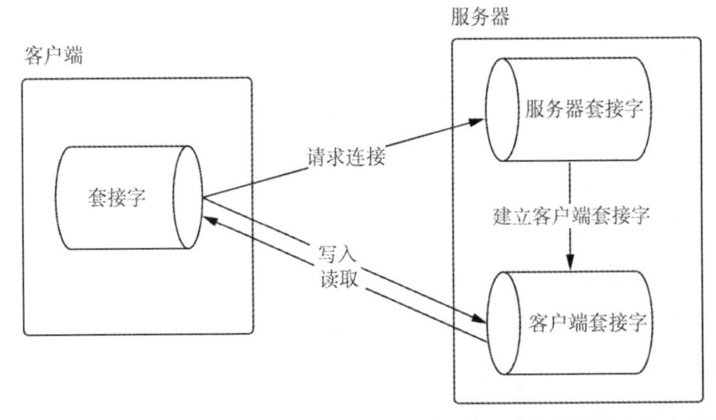

图 3-1　客户端连接到服务器套接字，此后服务器创建一个新的套接字与客户端通信

可以使用 Python 的内置套接字模块创建这个服务器套接字。该模块提供读取、写入和操作套接字的功能。为创建套接字，将创建一个简单服务器，它监听来自客户端的连接，并在连接成功时输出一条消息。此套接字将绑定主机名和端口，并将成为客户端与之通信的主要“服务器套接字”。

创建套接字需要几个步骤。首先使用 socket 函数来创建一个 socket：

```
import socket

server_socket = socket.socket(socket.AF_INET, socket.SOCK_STREAM)
server_socket.setsockopt(socket.SOL_SOCKET, socket.SO_REUSEADDR, 1)
```

这里为 socket 函数指定两个参数。第一个是 socket.AF_INET——设定套接字将能与哪种类型的地址进行交互。这种情况下，使用主机名和端口号。第二个是 socket.SOCK_STREAM，这意味着我们使用 TCP 协议进行通信。

什么是 TCP 协议？

TCP(Transmission Control Protocol，传输控制协议)是一种旨在通过网络在应用程序之间传输数据的协议。该协议的设计考虑了可靠性。它执行错误检查，按顺序传递数据，并可在需要时重新传输数据。这种可靠性是以一些额外开销为代价的。绝大多数网络都建立在 TCP 之上。TCP 与 UDP(User Datagram Protocol，用户数据报协议)相反，后者的可靠性较低，但开销比 TCP 少得多，而且性能往往更好。在本书中，我们将只关注 TCP 套接字。

我们还调用 setsockopt 将 SO_REUSEADDR 标志设置为 1。这将允许在停止并重新启动应用程序后重用端口号，避免“address already in use(地址已在使用中)”错误。如果不这样做，操作系统可能需要一些时间才能取消绑定此端口并让应用程序正常启动。

调用 socket.socket 可让我们创建一个套接字，但还不能开始与它通信，因为还没有将它绑定到客户端可以通信的地址(邮局需要一个地址！)。在本例中，将套接字绑定到自己计算机的地址 127.0.0.1，将选择任意端口号，如 8000：

```
address = (127.0.0.1, 8000)
server_socket.bind(server_address)
```

现在已经为地址 127.0.0.1:8000 设置了套接字。这意味着客户端将能使用此地址将数据发送到服务器；如果将数据写入客户端，用户会将其视为数据的来源地址。

接下来，需要主动监听来自想要连接到服务器的客户端的连接。为此，可在套接字上调用监听方法。这告诉套接字监听传入的连接，将允许客户端连接到服务器套接字。然后，通过调用 socket 上的 accept 方法来等待连接。此方法将进行阻塞，直到我们获得连接。这样做时，它将返回一个连接和连接的客户端地址。连接只是我们可用来从客户端读取数据和向客户端写入数据的另一个套接字：

```
server_socket.listen()
connection, client_address = server_socket.accept()
```

这样，我们就拥有了创建基于套接字的服务器应用程序需要的所有构建块；该应用程序将等待连接，并在获得连接后输出一条消息。

代码清单 3-1 启动服务器并监听连接

```
import socket

server_socket = socket.socket(socket.AF_INET, socket.SOCK_STREAM)   # 创建一个 TCP 服务器套接字。
server_socket.setsockopt(socket.SOL_SOCKET, socket.SO_REUSEADDR, 1)

server_address = ('127.0.0.1', 8000)   # 将套接字的地址设置为 127.0.0.1:8000。
server_socket.bind(server_address)
server_socket.listen()   # 监听连接或“开启邮局”。

connection, client_address = server_socket.accept()   # 等待连接并为客户分配一个邮政信箱。
print(f'I got a connection from {client_address}!')
```

在代码清单 3-1 中，当客户端连接时，我们获取它们的连接套接字以及地址，并显示我们获得了连接。

现在已经构建了这个应用程序，我们如何连接到它进行测试呢？虽然有很多工具可做到这一点，但本章将使用 telnet 命令行应用程序。

3.2 使用 telnet 连接到服务器

有许多命令行应用程序可以从服务器读取数据，并向服务器写入数据，但是通常使用的应用程序是 telnet。

telnet 于 1969 年首次开发，是“teletype network(电传网络)”的缩写。telnet 与我们指定的服务器和主机建立 TCP 连接。一旦完成这项工作，就建立了一个终端，我们可以自由地发送和接收字节，所有这些都将显示在终端中。

在 macOS 上，可通过命令 brew install telnet 使用 Homebrew 安装 telnet(关于 Homebrew 的安装，请参阅 https://brew.sh/)。在 Linux 发行版上，你需要使用系统包管理器进行安装(apt-get install telnet 或类似的命令)。在 Windows 上，PuTTy 是最佳选择，可从 https://putty.org 进行下载。

注意

使用 PuTTY，你需要打开本地行编辑，才能使本书中的代码示例正常工作。为此，请转到 PuTTy 配置窗口左侧的终端，并将本地行编辑设置为强制打开。

要连接到代码清单 3-1 中构建的服务器，可在命令行上使用 telnet 命令，并指定连接到 localhost 的 8000 端口上：

```
telnet localhost 8000
```

完成此操作后，将在终端上看到一些输出，告诉我们已成功连接。telnet 此后会显示一个光标，它允许我们键入并按[Enter]以将数据发送到服务器。

```
telnet localhost 8000
Trying 127.0.0.1...
Connected to localhost.
Escape character is '^]'.
```

在服务器应用程序的控制台输出中，现在应该看到如下输出，表明已与 telnet 客户端建立了连接：

```
I got a connection from ('127.0.0.1', 56526)!
```

当服务器代码退出时，你还会看到 Connection closed by foreign host 消息，表明服务器已关闭与客户端的连接。现在有一种方法可连接到服务器并在其中写入和读取字节，但服务器本身不能读取或发送任何数据。可使用客户端套接字的 sendall 和 recv 方法来做到这一点。

3.2.1 从套接字读取和写入数据

现在已经创建了一个能接受连接的服务器，让我们来看看如何从连接中读取数据。套接字类有一个名为 recv 的方法，可使用它从特定套接字获取数据。此方法接收一个整数，表示我们希望在给定时间读取的字节数。这很重要，因为我们不能一次从套接字读取所有数据，我们需要缓冲，直至到达输入的末尾处。

这种情况下，会将输入的结尾视为回车加换行符或“\r\n”。这是当用户在 telnet 中按[Enter]时附加到输入的内容。为演示缓冲如何处理小型消息，我们将特意设置一个较小的缓冲区大小。在实际应用中，会使用更大的缓冲区大小，例如 1024 字节。我们通常需要更大的缓冲区，因为这将利用操作系统级别发生的缓冲(比在应用程序中更有效)。

代码清单 3-2 从套接字读取数据

```
import socket

server_socket = socket.socket(socket.AF_INET, socket.SOCK_STREAM)
server_socket.setsockopt(socket.SOL_SOCKET, socket.SO_REUSEADDR, 1)

server_address = ('127.0.0.1', 8000)
server_socket.bind(server_address)
server_socket.listen()

try:
    connection, client_address = server_socket.accept()
    print(f'I got a connection from {client_address}!')

    buffer = b''

    while buffer[-2:] != b'\r\n':
        data = connection.recv(2)
        if not data:
            break
        else:
            print(f'I got data: {data}!')
            buffer = buffer + data

    print(f"All the data is: {buffer}")
finally:
    server_socket.close()
```

在代码清单 3-2 中，我们像以前一样等待与 server_socket.accept 的连接。一旦得到一个连接，就会尝试接收两个字节，并将其存储在缓冲区中。然后进入一个循环，检查每次迭代，以查看缓冲区是否以回车和换行+结束。如果没有，我们再获得两个字节，并输出收到的字节，然后将其附加到缓冲区。如果得到'\r\n'，则结束循环并输出从客户端得到的完整消息。还在 finally 块中关闭服务器套接字。这确保即使在读取数据时发生异常，也会关闭连接。如果使用 telnet 连接到该应用程序并发送消息"testing123"，将看到以下输出：

```
I got a connection from ('127.0.0.1', 49721)!
I got data: b'te'!
```

```
I got data: b'st'!
I got data: b'in'!
I got data: b'g1'!
I got data: b'23'!
I got data: b'\r\n'!
All the data is: b'testing123\r\n'
```

现在，可从套接字读取数据，但如何将数据写回客户端呢？套接字有一个名为 sendall 的方法，它将接收一条消息并将其写回客户端。可以修改代码清单 3-2 中的代码，在缓冲区填满后通过调用 connection.sendall 来回显客户端发送给我们的消息：

```
while buffer[-2:] != b'\r\n':
    data = connection.recv(2)
    if not data:
        break
    else:
        print(f'I got data: {data}!')
        buffer = buffer + data
print(f"All the data is: {buffer}")
connection.sendall(buffer)
```

现在，当连接到这个应用程序，并从 telnet 向它发送一条消息时，telnet 终端应该显示该消息。我们已经创建了一个非常基本的带有套接字的回显服务器！

此应用程序现在一次处理一个客户端，但多个客户端可以连接到单个服务器套接字。让我们修改这个示例，从而允许多个客户端同时连接。在此过程中，我们将演示一点：无法正确支持具有阻塞套接字的多个客户端。

3.2.2　允许多个连接和阻塞的危险性

监听模式下的套接字允许同时进行多个客户端连接。这意味着我们可以重复调用 socket.accept，并且每次客户端连接时，都会获得一个新的连接套接字来读取和写入该客户端的数据。有了这些知识，我们可直接调整前面的示例来处理多个客户端。我们执行无限循环，调用 socket.accept 来监听新的连接。每次得到一个，我们将它附加到连接列表中。然后遍历每个连接，接收传入的数据并将数据写回客户端连接。

代码清单 3-3　允许多个客户端连接

```
import socket

server_socket = socket.socket(socket.AF_INET, socket.SOCK_STREAM)
server_socket.setsockopt(socket.SOL_SOCKET, socket.SO_REUSEADDR, 1)

server_address = ('127.0.0.1', 8000)
server_socket.bind(server_address)
server_socket.listen()

connections = []

try:
    while True:
        connection, client_address = server_socket.accept()
        print(f'I got a connection from {client_address}!')
        connections.append(connection)
        for connection in connections:
            buffer = b''

            while buffer[-2:] != b'\r\n':
                data = connection.recv(2)
                if not data:
                    break
                else:
                    print(f'I got data: {data}!')
                    buffer = buffer + data
            print(f"All the data is: {buffer}")

            connection.send(buffer)
finally:
    server_socket.close()
```

可通过使用 telnet 建立一个连接，并输入一条消息来尝试此操作。然后，一旦完成这样的操作，就可连接第二个 telnet 客户端并发送另一条消息。但如果这样做，我们会立即注意到一个问题。第一个客户端可以正常工作，并且会像我们预期的那样回显消息，但第二个客户端不会得到任何回显。原因在于套接字的默认阻塞行为。accept 和 recv 方法会引发阻塞，直到它们接收到数据。这意味着，一旦第一个客户端连接，我们将阻塞，等待它发送第一个 echo 消息。这将导致其他客户端被困在等待循环的下一次迭代，直到第一个客户端发送数据(如图 3-2 所示)。

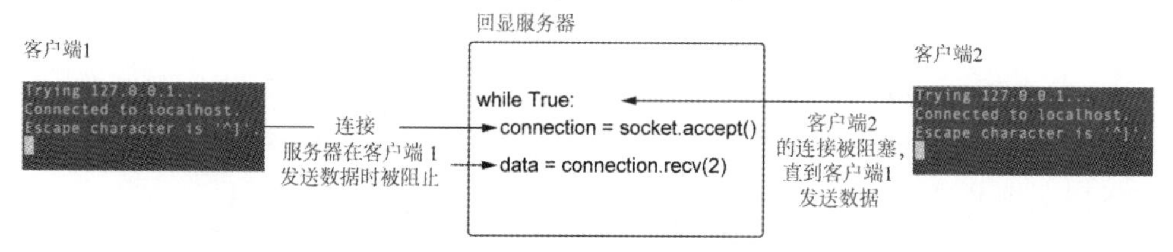

图 3-2　使用阻塞套接字，客户端 1 连接，但客户端 2 被阻塞(直到客户端 1 发送数据为止)

这显然不是令人满意的用户体验。当拥有多个用户时，我们创建了一些无法正确扩展的应用程序。可通过将套接字置于非阻塞模式来解决这个问题。将套接字标记为非阻塞时，它的方法在继续执行下一行代码之前不会阻塞以等待接收数据。

3.3　使用非阻塞套接字

之前的回显服务器允许多个客户端连接。然而，当多个客户端连接时，会遇到这样的问题：一个客户端可能导致其他客户端等待它发送数据。可通过将套接字置于非阻塞模式来解决这个问题。

这样做时，任何时候调用一个会阻塞的方法(如 recv)，都保证会立即返回。如果套接字有可供处理的数据，就会像处理阻塞套接字一样返回数据。如果没有，套接字将立即告诉我们它没有准备好任何数据，可以继续执行其他代码。

代码清单 3-4　创建非阻塞套接字

```
import socket

server_socket = socket.socket(socket.AF_INET, socket.SOCK_STREAM)
server_socket.setsockopt(socket.SOL_SOCKET, socket.SO_REUSEADDR, 1)
server_socket.bind(('127.0.0.1', 8000))
server_socket.listen()
server_socket.setblocking(False)
```

从根本上说，创建一个非阻塞套接字与创建一个阻塞套接字基本相同，只是在调用 setblocking 方法时，给出 False 作为参数。默认情况下，套接字会将此值设置为 True，表示它是阻塞的。现在让我们看看在原始应用程序中执行此操作时会发生什么。这能解决问题吗？

代码清单 3-5 在非阻塞服务器上的第一次尝试

```
import socket

server_socket = socket.socket(socket.AF_INET, socket.SOCK_STREAM)
server_socket.setsockopt(socket.SOL_SOCKET, socket.SO_REUSEADDR, 1)

server_address = ('127.0.0.1', 8000)
server_socket.bind(server_address)
server_socket.listen()
server_socket.setblocking(False)   # 将服务器套接字标记为非阻塞。

connections = []

try:
    while True:
        connection, client_address = server_socket.accept()
        connection.setblocking(False)   # 将客户端套接字标记为非阻塞。
        print(f'I got a connection from {client_address}!')
        connections.append(connection)

        for connection in connections:
            buffer = b''

            while buffer[-2:] != b'\r\n':
                data = connection.recv(2)
                if not data:
                    break
                else:
                    print(f'I got data: {data}!')
                    buffer = buffer + data

            print(f"All the data is: {buffer}")
            connection.send(buffer)
finally:
    server_socket.close()
```

运行代码清单 3-5 时，会立即注意到一些不同的情况。应用程序几乎立即崩溃！我们将收到 BlockingIOError 信息，因为服务器套接字还没有连接，因此没有要处理的数据：

```
Traceback (most recent call last):
  File "echo_server.py", line 14, in <module>
    connection, client_address = server_socket.accept()
  File " python3.8/socket.py", line 292, in accept
    fd, addr = self._accept()
BlockingIOError: [Errno 35] Resource temporarily unavailable
```

这是套接字通过比较隐晦的方式告诉我们："没有任何数据，请稍后再与我联系。"没有简单的方法来判断一个套接字现在是否有数据，所以一种解决方案是捕获异常，进而忽略它，并继续循环，直到得到数据。通过这种策略，将不断检查新的连接和数据。这应该可以解决阻塞套接字回显服务器的问题。

代码清单 3-6　捕获并忽略阻塞 I/O 错误

```
import socket

server_socket = socket.socket(socket.AF_INET, socket.SOCK_STREAM)
server_socket.setsockopt(socket.SOL_SOCKET, socket.SO_REUSEADDR, 1)

server_address = ('127.0.0.1', 8000)
server_socket.bind(server_address)
server_socket.listen()
server_socket.setblocking(False)

connections = []

try:
    while True:
        try:
            connection, client_address = server_socket.accept()
            connection.setblocking(False)
            print(f'I got a connection from {client_address}!')
            connections.append(connection)
        except BlockingIOError:
            pass
```

```
            for connection in connections:
                try:
                    buffer = b''

                    while buffer[-2:] != b'\r\n':
                        data = connection.recv(2)
                        if not data:
                            break
                        else:
                            print(f'I got data: {data}!')
                            buffer = buffer + data

                    print(f"All the data is: {buffer}")
                    connection.send(buffer)
                except BlockingIOError:
                    pass
    finally:
        server_socket.close()
```

每次经历无限循环的迭代时，都没有为每个块调用 accept 或 recv。我们要么立即抛出一个异常进行忽略，要么准备好处理数据并处理它。这个循环的每次迭代都发生得很快，我们从不依赖任何人向我们发送数据来继续下一行代码。这解决了阻塞服务器的问题，并允许多个客户端同时连接和发送数据。

这种方法是有效的，但它是有代价的。首先是代码质量。在我们可能还没有数据的时候捕获异常将很快变得冗长，并且容易出错。第二个是资源问题。如果在笔记本电脑上运行这个程序，你可能会注意到风扇的声音在几秒后开始变大。这个应用程序将始终使用几乎 100%的 CPU 处理能力(如图 3-3 所示)。这是因为在应用程序中不断循环，并以尽可能快的速度获取异常，从而导致 CPU 负担过重。

早些时候，我们提到了特定于操作系统的事件通知系统，当套接字中包含我们可以操作的数据时，它可以通知我们。这些系统依赖于硬件级别的通知，而不像我们刚才所做的那样使用 while 循环进行轮询。Python 有一个内置的用于使用此事件通知系统的库。接下来，我们将使用它来解决 CPU 利用率问题，并为套接字事件构建一个小型事件循环。

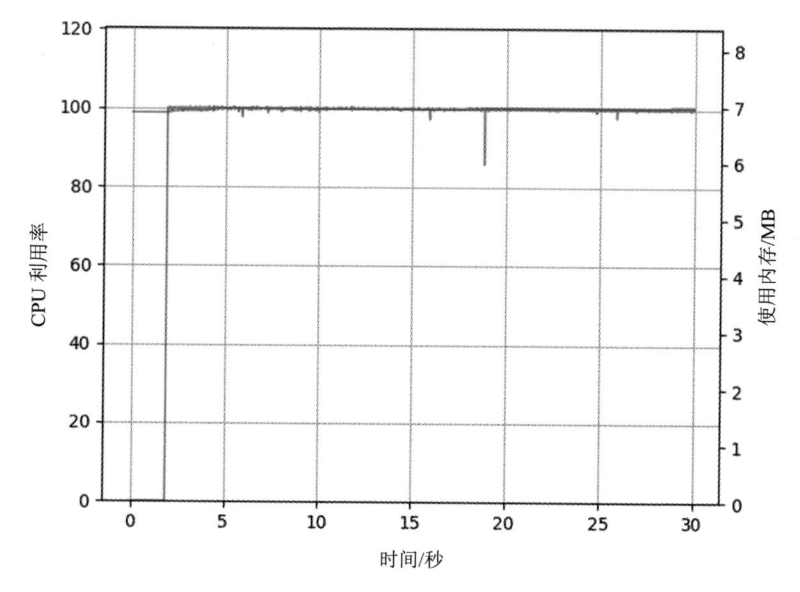

图 3-3　当循环及捕获异常时，CPU 利用率会达到 100%，并保持不变

3.4　使用选择器模块构建套接字事件循环

操作系统有高效的 API，可以让我们观察套接字的传入数据和其他内置事件。虽然实际 API 依赖于操作系统(kqueue、epoll 和 IOCP 是一些常见的 API)，但所有这些 I/O 通知系统以类似的方式运行。我们提供一个想要监视事件的套接字列表，而非不断检查每个套接字以查看它是否有数据；操作系统会明确地告诉我们套接字何时包含数据。

因为这是在硬件级别实现的，所以在监视期间使用的 CPU 资源非常低，从而可以有效地使用资源。这些通知系统是 asyncio 实现并发的核心。了解它是如何工作的，可以让我们了解 asyncio 的底层机制。

事件通知系统因操作系统而异。幸运的是，Python 的 selectors 模块是抽象的，因此我们可在任何运行代码的地方获取正确的事件。这使得代码可以跨不同的操作系统进行移植。

这个库公开了一个名为 BaseSelector 的抽象基类，它对每个事件通知系统都有多个实现。它还包含一个 DefaultSelector 类，该类会自动选择对系统最有效的实现。

BaseSelector 类具有重要的概念。首先是注册。当我们有一个需要获取通知的套接字时，我们将它注册到选择器(selector)，并告诉它我们感兴趣的事件。这些是诸如读取和写入的事件。相反，也可取消注册不再感兴趣的套接字。

第二个主要概念是选择(select)。select 将阻塞，直到事件发生，一旦发生，调用将返回一个套接字列表，以及触发它的事件。它还支持超时，将在指定的时间后返回一组空的事件。

有了这些构建块，就可创建一个不会给 CPU 带来压力的非阻塞回显服务器。创建服务器套接字后，将使用默认选择器注册它，该选择器将监听来自客户端的任何连接。每当有人连接到服务器套接字时，将使用选择器注册客户端的连接套接字来监视发送的任何数据。如果从不是服务器套接字的套接字中获得任何数据，我们就知道它来自已发送数据的客户端。然后接收该数据，并将其写回客户端。还将添加一个超时，以演示在等待事件发生时可以执行其他代码。

代码清单 3-7　使用选择器构建非阻塞服务器

```
import selectors
import socket
from selectors import SelectorKey
from typing import List, Tuple

selector = selectors.DefaultSelector()

server_socket = socket.socket()
server_socket.setsockopt(socket.SOL_SOCKET, socket.SO_REUSEADDR, 1)

server_address = ('127.0.0.1', 8000)
server_socket.setblocking(False)
server_socket.bind(server_address)
server_socket.listen()

selector.register(server_socket, selectors.EVENT_READ)

while True:
    events: List[Tuple[SelectorKey, int]] = selector.select(timeout=1)

    if len(events) == 0:
        print('No events, waiting a bit more!')
```

创建一个将在 1 秒后超时的选择器。

如果没有事件，则将其输出。发生超时时会出现这种情况。

```
    for event, _ in events:
        event_socket = event.fileobj

        if event_socket == server_socket:
            connection, address = server_socket.accept()
            connection.setblocking(False)
            print(f"I got a connection from {address}")
            selector.register(connection, selectors.EVENT_READ)
        else:
            data = event_socket.recv(1024)
            print(f"I got some data: {data}")
            event_socket.send(data)
```

获取事件的套接字，该套接字存储在 fileobj 字段中。

如果事件套接字与服务器套接字相同，我们就知道这是一次连接尝试。

注册与选择器连接的客户端。

如果事件套接字不是服务器套接字，则从客户端接收数据，并将其回显。

运行代码清单 3-7 时，我们会看到“No events, waiting a bit more!”除非我们收到连接事件，否则大约每秒输出一次。一旦获得连接，就注册该连接，从而监听读取事件。然后，如果客户端发送数据，选择器将返回一个已准备好数据的事件，可以使用 socket.recv 读取它。

这是支持多个客户端的功能齐全的回显服务器。该服务器没有阻塞问题，因为只有在有数据要处理时才读取或写入数据。由于使用操作系统的高效事件通知系统(如图 3-4 所示)，它的 CPU 利用率也很低。

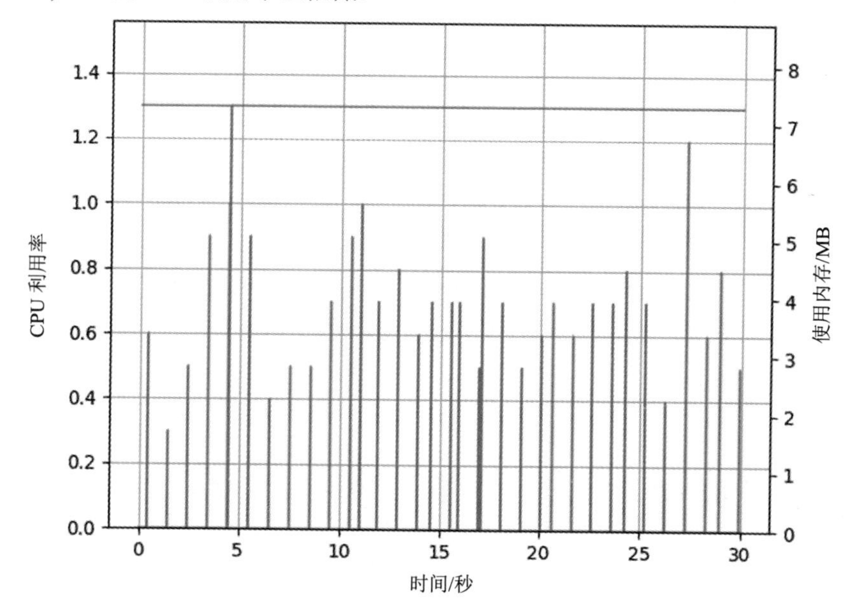

图 3-4　带有选择器的回显服务器的 CPU 利用率图。使用这种方法，利用率徘徊在 0 到 1%范围内

构建的内容类似于 asyncio 的事件循环在后台所做的大部分工作。这种情况下，重要的事件是套接字接收数据。事件循环和 asyncio 事件循环的每次迭代都由发生的套接字事件或触发循环迭代的超时触发。在 asyncio 事件循环中，当这两种情况中的任何一种发生时，正在等待运行的协程都会这样做，直到它们完成或遇到下一个 await 语句。在使用非阻塞套接字的协程中遇到 await 时，将向系统的选择器注册该套接字，并跟踪协程是否已暂停等待结果。可将其转换为演示该概念的伪代码：

```
paused = []
ready = []

while True:
    paused, new_sockets = run_ready_tasks(ready)
selector.register(new_sockets)
    timeout = calculate_timeout()
    events = selector.select(timeout)
    ready = process_events(events)
```

运行所有准备运行的协程(直到它们在 await 语句上暂停)，并将它们存储在 paused 数组中。还跟踪运行这些协程时需要观察的所有新套接字，并将它们注册到选择器中。然后计算调用 select 时所需的超时时间。虽然超时计算较复杂，但通常会查看我们计划在特定时间或特定持续时间运行的事情。asyncio.sleep 就是一个例子。然后调用 select 并等待套接字事件或超时。一旦其中任何一个发生，我们就会处理这些事件，并将其转换为准备运行的协程列表。

虽然构建的事件循环仅用于套接字事件，但它展示了使用选择器注册我们关心的套接字的主要概念，只有在我们想要处理的事情发生时才会被唤醒。在本书的最后，我们将更深入地了解如何构建自定义事件循环。

现在，我们了解了 asyncio 运行的大部分机制。但是，如果只是使用选择器来构建应用程序，我们将通过自己的事件循环来实现 asyncio 提供的功能。要了解如何使用 asyncio 来实现这一点，让我们将学到的知识转化为 async/await 代码，并使用我们已经实现的事件循环。

3.5 使用 asyncio 事件循环的回显服务器

对于大多数应用程序来说，使用 select 不能满足要求。我们可能希望在等待套接字数据进入时，让代码在后台运行，或者希望让后台任务按计划运行。如果只用选择器来完成这件事，我们可能会构建自己的事件循环，而 asyncio 提供了一个更好的事件循环。此外，协程和任务在选择器上提供了抽象，这使得代码更容易实现和维护，因为我们根本不需要考虑选择器。

现在我们对 asyncio 事件循环的工作原理有了更深入的了解，以上一节中构建的回显服务器为例，使用协程和任务再次构建它。仍将使用较低级别的套接字来完成此操作，但将使用返回协程的基于异步的 API 来管理它们。还将向回显服务器添加更多功能，以演示一些关键概念来说明 asyncio 的工作原理。

3.5.1　套接字的事件循环协程

鉴于套接字是一个相对底层的概念，处理它们的方法就在 asyncio 的事件循环本身。我们希望使用三个主要的协程：sock_accept、sock_recv 和 sock_sendall。这些方法类似于前面使用的套接字方法，不同之处在于它们接收套接字作为参数并返回协程；我们可以等待协程，直到有数据可供操作。

让我们从 sock_accept 开始。这个协程类似于我们在第一个实现中看到的 socket.accept 方法。此方法将返回套接字连接和客户端地址的元组(存储有序值序列的数据结构)。我们将它传递到相关的套接字中，然后等待它返回的协程。一旦该协程完成，我们将拥有连接和地址。这个套接字必须是非阻塞的，并且应该已经绑定到一个端口：

```
connection, address = await loop.sock_accept(socket)
```

sock_recv 和 sock_sendall 的调用方式与 sock_accept 类似。它们接收一个套接字，然后我们可以等待结果。sock_recv 将等待，直到套接字有我们可以处理的字节。sock_sendall 接收一个套接字和我们要发送的数据，并等待要发送到套接字的所有数据都发送完毕，成功时返回 None：

```
data = await loop.sock_recv(socket)
success = await loop.sock_sendall(socket, data)
```

有了这些构建块，我们将能把以前的方法转化为使用协程和任务的方法。

3.5.2　设计一个异步回显服务器

在第 2 章中，我们介绍了协程和任务。那么我们什么时候应该只使用协程，什么时候应该将协程包装到回显服务器的任务中？让我们检查一下应用程序的预期行为来做这个决定。

我们将从希望如何在应用程序中监听连接开始。当监听连接时，一次只能处理一个连接，因为 socket.accept 只会给我们一个客户端连接。在后台，如果同时获得多个连接，传入的连接将被存储在一个称为 backlog 的队列中，此处不会讨论它是如何工作的。

因为不需要同时处理多个连接，所以一个无限循环的协程是有意义的。这将允许其他代码在暂停等待连接时同时运行。我们将定义一个名为 listen_for_connections 的协程，它将无限循环并监听任何传入的连接：

```
async def listen_for_connections(server_socket: socket,
                                 loop: AbstractEventLoop):
    while True:
        connection, address = await loop.sock_accept(server_socket)
        connection.setblocking(False)
        print(f"Got a connection from {address}")
```

现在我们有了一个用于监听连接的协程，那么如何从已连接的客户端读取数据以及将数据写入客户端呢？应该使用现成的协程，还是包装在任务中的协程？这种情况下，将有多个连接，每个连接都可以随时发送数据。我们不想等待来自一个连接的数据阻塞另一个连接，所以需要同时从多个客户端读取和写入数据。因为需要同时处理多个连接，所以为每个连接创建一个任务来读写数据是有意义的。在获得的每个连接上，将创建一个任务来从相应的连接读取数据并将数据写入该连接。

将创建一个名为 echo 的协程，负责处理来自连接的数据。这个协程将无限循环，监听来自客户端的数据。一旦接收到数据，就会将其发送回客户端。

然后，在 listen_for_connections 中，将创建一个新任务，为获得的每个连接包装 echo 协程。定义这两个协程后，现在拥有了构建异步回显服务器所需的一切。

代码清单 3-8 构建异步回显服务器

```
import asyncio
import socket
from asyncio import AbstractEventLoop

async def echo(connection: socket,
               loop: AbstractEventLoop) -> None:
    while data := await loop.sock_recv(connection, 1024):  # 无限循环等待来自客户端连接的数据。
        await loop.sock_sendall(connection, data)  # 一旦得到数据，将其发送回该客户端。
```

```
async def listen_for_connection(server_socket: socket,
                                loop: AbstractEventLoop):
    while True:
        connection, address = await loop.sock_accept(server_socket)
        connection.setblocking(False)
        print(f"Got a connection from {address}")
        asyncio.create_task(echo(connection, loop))  ◄── 每当获得连接时，创建一个回显任务来监听客户端数据。

async def main():
    server_socket = socket.socket(socket.AF_INET, socket.SOCK_STREAM)
    server_socket.setsockopt(socket.SOL_SOCKET, socket.SO_REUSEADDR, 1)

    server_address = ('127.0.0.1', 8000)
    server_socket.setblocking(False)
    server_socket.bind(server_address)
    server_socket.listen()

    await listen_for_connection(server_socket, asyncio.get_event_loop())  ◄── 启动协程以侦听连接。

asyncio.run(main())
```

代码清单 3-8 的架构如图 3-5 所示。listen_for_connection 协程用于监听连接。一旦客户端连接，协程为每个客户端生成一个回显任务，然后监听数据并将其写回客户端。

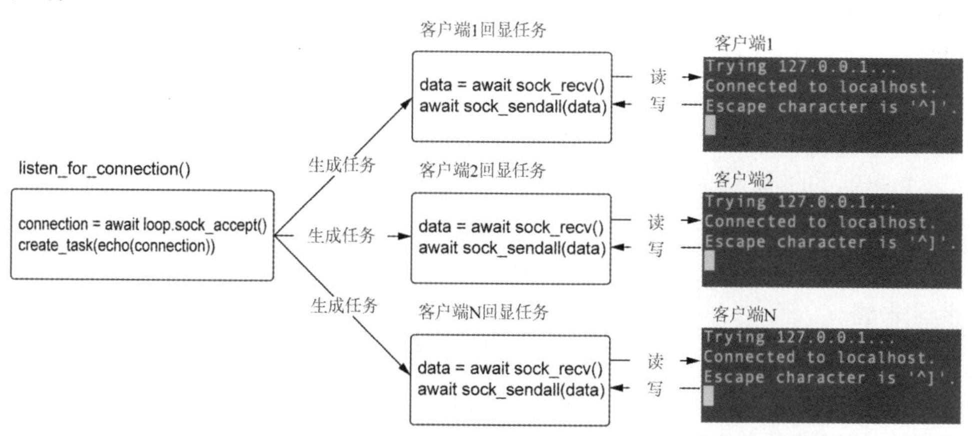

图 3-5　监听连接的协程为它所获得的每个连接生成一个任务

运行这个应用程序时，将能同时连接多个客户端，并向它们同时发送数据。在后台，这一切都使用了我们之前看到的选择器，因此 CPU 利用率仍然很低。

现在已经使用 asyncio 构建了一个功能齐全的回显服务器！那么我们的实现是否正确？事实证明，当 echo 任务失败时，设计这个回显服务器的方式确实存在需要处理的问题。

3.5.3 解决任务中的错误

网络连接通常是不可靠的，我们可能会在应用程序运行的过程中遇到意想不到的异常。如果读取或写入客户端失败并抛出异常，应用程序将如何应对？为测试这一点，让我们更改 echo 的实现，以便在客户端传递特定关键字时抛出异常：

```
async def echo(connection: socket,
               loop: AbstractEventLoop) -> None:
    while data := await loop.sock_recv(connection, 1024):
        if data == b'boom\r\n':
            raise Exception("Unexpected network error")
        await loop.sock_sendall(connection, data)
```

现在，每当客户端发送“boom”时，都会引发异常且任务将崩溃。那么，将客户端连接到服务器并发送此消息时会发生什么？我们将看到带有如下警告的回溯信息：

```
Task exception was never retrieved
future: <Task finished name='Task-2' coro=<echo() done, defined at
    asyncio_echo.py:5> exception=Exception('Unexpected network error')>
Traceback (most recent call last):
  File "asyncio_echo.py", line 9, in echo
    raise Exception("Unexpected network error")
Exception: Unexpected network error
```

这里重要的部分是从未检索到任务异常。这是什么意思？当任务内部抛出异常时，任务被视为已完成，其结果为异常。这意味着没有异常被抛出调用堆栈。此外，这里没有进行清理。如果抛出此异常，我们将无法对任务失败做出反应，因为我们从未检索到异常。

为了能够捕获异常，必须在 await 表达式中使用该任务。当等待一个失败的任务时，异常将在我们执行等待的地方被抛出，并且在回溯信息中可以观察到这一点。如果在应用程序中的某个时间点不等待任务，就会冒着永远看不到任务引发的异常的风险。虽然确实在示例中看到了异常输出(这可能使我们认为这不是什么大问题)，但可通过一些微妙的方式来更改应用程序，这样就永远不会看到这个消息。

假设没有忽略在 listen_for_connections 中创建的回显任务，而是在一个列表中跟踪它们，如下所示：

```
tasks = []

async def listen_for_connection(server_socket: socket,
                                loop: AbstractEventLoop):
    while True:
        connection, address = await loop.sock_accept(server_socket)
        connection.setblocking(False)
        print(f"Got a connection from {address}")
        tasks.append(asyncio.create_task(echo(connection, loop)))
```

人们会期望它的行为方式与以前相同。如果我们发送“boom”消息，将看到输出的异常以及我们从未检索到任务异常的警告。然而，情况并非如此，因为在强制终止应用程序前，我们实际上不会看到任何输出内容！

这是因为我们保留了对任务的引用。当任务被垃圾回收时，asyncio 只能输出此消息和失败任务的回溯信息。因为它无法判断该任务是否会在应用程序的其他点发生等待，所以引发异常。由于这些复杂性，我们要么需要等待任务，要么处理任务可能抛出的所有异常。那么如何在回显服务器中做到这一点呢？

可以做的第一件事就是将代码包装在 echo 协程的 try/catch 语句中，记录异常，然后关闭连接：

```
import logging

async def echo(connection: socket,
               loop: AbstractEventLoop) -> None:
    try:
        while data := await loop.sock_recv(connection, 1024):
            print('got data!')
            if data == b'boom\r\n':
                raise Exception("Unexpected network error")
            await loop.sock_sendall(connection, data)
    except Exception as ex:
        logging.exception(ex)
    finally:
        connection.close()
```

这将解决导致服务器从未检索到任务异常的问题，因为我们在协程中处理它。还会在 finally 块内正确关闭套接字，所以在失败的情况下，不会留下一个空闲的未关闭异常。

请务必注意，此实现将正确关闭在关闭应用程序时打开的任何客户端连接。为什么会这样？在第 2 章中，我们注意到 asyncio.run 将在应用程序关闭时取消剩余的所有任务。我们还了解到，如果取消任务，每当尝试等待它时都会引发 CancelledError。

这里重要的是注意引发异常的位置。如果任务正在等待诸如 awaitloop.sock_recv 的语句，并且我们取消了该任务，则会从 awaitloop.sock_recv 行抛出 CancelledError。这意味着在上述情况下，finally 块将被执行；当我们取消任务时，在 await 表达式上抛出了一个异常。如果更改异常块以捕获并记录这些异常，你将看到每个创建的任务都有一个 CancelledError。

现在已经处理了当回显任务失败时处理异常的问题。如果想在应用程序关闭时对任何错误或剩余任务进行清理怎么办？可使用 asyncio 的信号处理程序来实现这一点。

3.6 正常关闭

现在，我们创建了一个回显服务器；它可以处理多个并发连接，还可以正确记录错误并在遇到异常时进行清理。如果需要关闭应用程序会发生什么？如果可在关闭之前允许任何传输中的消息完成，那不是很好吗？可通过向应用程序添加自定义关闭逻辑来做到这一点，该逻辑允许任何正在执行的任务在几秒钟内发送它们可能想要发送的任何消息。虽然这不是一个适合生产环境的实现，但我们将学习有关关闭和取消异步应用程序中所有正在运行的任务的概念。

Windows 上的信号

Windows 不支持信号。因此，本节所介绍的内容仅适用于基于 UNIX 的系统。Windows 使用不同的系统来处理这个问题，在撰写本书时，它还不能用 Python 执行。要了解有关如何使此代码以跨平台方式工作的更多信息，请参阅 Stack Overflow 上的回答：https://stackoverflow.com/questions/35772001。

3.6.1 监听信号

信号是基于 UNIX 的操作系统中的一个概念，用于异步通知进程，告知发生在操作系统级别的事件。你可能对某些信号很熟悉。例如，一个常见的信号是 SIGINT(信号中断的缩写)。当你按 CTRL+C 终止命令行应用程序时会触发此事件。在 Python 中，通常可通过捕获 KeyboardInterrupt 异常来处理这个问题。另一个常见的信号是 SIGTERM(信号终止的缩写)。当我们在特定进程上运行 kill 命令以停止其执行时，就会触发这种情况。

为实现自定义关闭逻辑，我们将在应用程序中为 SIGINT 和 SIGTERM 信号实现监听器。然后，在这些监听器中，我们将实现逻辑以允许在几秒钟内完成任何回显任务。

如何在应用程序中监听信号？asyncio 事件循环可让我们直接监听使用 add_signal_handler 方法指定的任何事件。这与你可使用 signal.signal 函数在 signal 模块中设置的信号处理程序不同，因为 add_signal_handler 可以安全地与事件循环交互。这个函数接收一个我们想要监听的信号和一个我们将在应用程序接收到该信号时调用的函数。为演示这一点，让我们添加一个信号处理程序，来取消所有当前正在运行的任务。asyncio 有一个方便的函数，它返回名为 asyncio.all_tasks 的所有正在运行的任务。

代码清单 3-9　添加信号处理程序以取消所有任务

```
import asyncio, signal
from asyncio import AbstractEventLoop
from typing import Set

from util.delay_functions import delay

def cancel_tasks():
    print('Got a SIGINT!')
    tasks: Set[asyncio.Task] = asyncio.all_tasks()
    print(f'Cancelling {len(tasks)} task(s).')
    [task.cancel() for task in tasks]


async def main():
    loop: AbstractEventLoop = asyncio.get_running_loop()

    loop.add_signal_handler(signal.SIGINT, cancel_tasks)

    await delay(10)

asyncio.run(main())
```

运行这个应用程序时，会看到 delay 协程立即启动并等待 10 秒。如果在这 10 秒内按 CTRL+C，应该会看到“Got a SIGINT!”被输出显示，然后是我们正在取消任务的消息。还应该看到从 asyncio.run(main())抛出的 CancelledError，因为我们已经取消了该任务。

3.6.2 等待挂起的任务完成

在最初的问题陈述中，我们希望在关闭之前，给回显服务器的 echo 任务几秒钟时间以保持运行。这样做的一种方法是将所有 echo 任务包装在 wait_for 中，然后等待这些包装的任务。一旦出现超时，这些任务将抛出 TimeoutError，然后我们可终止应用程序。

关于关闭处理程序，你会注意到的一件事是，这是一个普通的 Python 函数，因此我们不能在其中运行任何 await 语句。这带来一个问题，因为我们提出的解决方案涉及 await。一种可能的解决方案是创建一个协程来关闭逻辑，并在关闭处理程序内将其包装在一个任务中：

```
async def await_all_tasks():
    tasks = asyncio.all_tasks()
    [await task for task in tasks]

async def main():
    loop = asyncio.get_event_loop()
    loop.add_signal_handler(signal.SIGINT,
                            lambda: asyncio.create_task(await_all_tasks()))
```

这样的方法是可行的，但缺点是如果 await_all_tasks 中的某些内容抛出异常，将留下一个失败的孤立任务和“exception was never retrieved”警告。那么，有没有更好的方法来做到这一点？

可通过引发自定义异常来阻止主协程运行，从而处理这个问题。然后，可在运行主协程和任何关闭逻辑时捕获此异常。为此，需要自行创建一个事件循环，而不是使用 asyncio.run。这是因为在异常发生时，asyncio.run 将取消所有正在运行的任务，这意味着无法将 echo 任务包装在 wait_for 中：

```
class GracefulExit(SystemExit):
    pass

def shutdown():
    raise GracefulExit()

loop = asyncio.get_event_loop()
```

```
loop.add_signal_handler(signal.SIGINT, shutdown)

try:
    loop.run_until_complete(main())
except GracefulExit:
    loop.run_until_complete(close_echo_tasks(echo_tasks))
finally:
    loop.close()
```

考虑到这种方法，下面编写关闭逻辑：

```
async def close_echo_tasks(echo_tasks: List[asyncio.Task]):
    waiters = [asyncio.wait_for(task, 2) for task in echo_tasks]
    for task in waiters:
        try:
            await task
        except asyncio.exceptions.TimeoutError:
            # We expect a timeout error here
            pass
```

在 close_echo_tasks 中，我们获取一个 echo 任务列表，并将它们全部包装在一个 wait_for 任务中，超时时间为 2 秒。这意味着任何回显任务在取消它们之前都将有 2 秒的时间去完成。完成此操作后，将遍历所有这些包装的任务并等待它们。捕获所有 TimeoutErrors，因为我们希望会在 2 秒后从任务中抛出。将所有这些部分放在一起，带有关闭逻辑的回显服务器如代码清单 3-10 所示。

代码清单 3-10　正常关闭

```
import asyncio
from asyncio import AbstractEventLoop
import socket
import logging
import signal
from typing import List


async def echo(connection: socket,
               loop: AbstractEventLoop) -> None:
    try:
        while data := await loop.sock_recv(connection, 1024):
            print('got data!')
```

```
            if data == b'boom\r\n':
                raise Exception("Unexpected network error")
            await loop.sock_sendall(connection, data)
    except Exception as ex:
        logging.exception(ex)
    finally:
        connection.close()

echo_tasks = []

async def connection_listener(server_socket, loop):
    while True:
        connection, address = await loop.sock_accept(server_socket)
        connection.setblocking(False)
        print(f"Got a connection from {address}")
        echo_task = asyncio.create_task(echo(connection, loop))
        echo_tasks.append(echo_task)

class GracefulExit(SystemExit):
    pass

def shutdown():
    raise GracefulExit()

async def close_echo_tasks(echo_tasks: List[asyncio.Task]):
    waiters = [asyncio.wait_for(task, 2) for task in echo_tasks]
    for task in waiters:
        try:
            await task
        except asyncio.exceptions.TimeoutError:
            # We expect a timeout error here
            pass

async def main():
    server_socket = socket.socket()
    server_socket.setsockopt(socket.SOL_SOCKET, socket.SO_REUSEADDR, 1)

    server_address = ('127.0.0.1', 8000)
    server_socket.setblocking(False)
```

```
    server_socket.bind(server_address)
    server_socket.listen()

    for signame in {'SIGINT', 'SIGTERM'}:
        loop.add_signal_handler(getattr(signal, signame), shutdown)
    await connection_listener(server_socket, loop)

loop = asyncio.new_event_loop()

try:
    loop.run_until_complete(main())
except GracefulExit:
    loop.run_until_complete(close_echo_tasks(echo_tasks))
finally:
    loop.close()
```

假设至少有一个客户端进行连接，如果使用 CTRL+C 停止此应用程序，或者向进程发出终止命令，将执行关闭逻辑。将看到应用程序等待 2 秒，这将允许 echo 任务在应用程序停止运行之前结束相关工作。

有几个原因可以解释为什么这不是适用于生产环境的关闭程序。首先，在等待 echo 任务完成时，我们不会关闭连接监听器。这意味着，当关闭时，一个新的连接可能建立，然后我们将无法添加一个 2 秒的关闭。另一个问题是，在关闭逻辑中，我们等待正在关闭的每个 echo 任务，且只捕获 TimeoutException。这意味着，如果一个任务抛出了其他异常，我们将捕获该异常，而可能有异常的其他后续任务将被忽略。在第 4 章中，我们将看到一些用于更科学地处理来自一组可等待对象的故障的 asyncio 方法。

虽然应用程序并不完美，且只是一个演示示例，但我们已经使用 asyncio 构建了一个功能齐全的服务器。该服务器可同时处理多个用户——所有用户都在一个线程中运行。使用之前看到的阻塞方法，我们需要使用线程来处理多个客户端，这增加了应用程序的复杂度和资源利用率。

3.7　本章小结

在本章中，介绍了阻塞和非阻塞套接字，并更深入地探索了异步事件循环的函数。我们使用 asyncio 制作了第一个应用程序，这是一个高度并发的回显服务器。我们已经研究了如何处理任务中的错误，并在应用程序中添加了自定义关闭逻辑。

在本章中，我们学习了以下内容：

- 使用阻塞套接字创建简单的应用程序。阻塞套接字将在等待数据时停止整个线程。这阻止了我们实现并发，因为一次只能从一个客户端获取数据。
- 使用非阻塞套接字构建应用程序。这些套接字总是会立即返回，要么是因为已经准备好数据，要么是因为没有数据而出现异常。这些套接字让我们可以实现并发，因为它们的方法从不阻塞，将立即返回。
- 使用选择器模块有效监听套接字上的事件。这个库让我们可以注册想要跟踪的套接字，并告诉我们非阻塞套接字何时准备好数据。
- 如果将 select 置于无限循环中，就复制了 asyncio 事件循环的核心功能。我们注册感兴趣的套接字，并且进行无限循环；一旦套接字有数据可用于操作，就运行我们想要执行的任何代码。
- 使用 asyncio 的事件循环方法来构建具有非阻塞套接字的应用程序。这些方法接收一个套接字并返回一个协程，然后可在 await 表达式中使用它。这将暂停父协程，直到套接字带有数据。在后台，这是使用选择器库实现的。
- 使用任务来实现基于异步的回显服务器的并发，其中多个客户端同时发送和接收数据。我们还研究了如何处理这些任务中的错误。
- 将自定义关闭逻辑添加到 asyncio 应用程序。在本章的例子中，我们决定当服务器关闭时，会给它几秒钟的时间让任何剩余的客户端完成数据发送。通过这些知识，可在应用程序关闭时添加应用程序需要的任何逻辑。

第4章

并发网络请求

本章内容：

- 异步上下文管理器
- 使用 aiohttp 创建异步 Web 请求
- 使用 gather 执行 Web 并发请求
- 处理 as completed 的结果
- 使用 wait 跟踪进行中的请求
- 为请求和取消请求设置和处理超时

在第 3 章中，我们更多地了解了套接字的内部工作原理，并构建了一个基本的回显服务器。现在已经了解了如何设计一个基本应用程序，我们将把这些知识应用到并发的、非阻塞的 Web 请求中。将 asyncio 用于 Web 请求允许我们同时发出数百个请求；与同步方法相比，可以缩短应用程序的运行时间。当我们必须向一组 REST API 发出多个请求时，这很有用；比如在微服务架构中，或当我们有网络爬虫任务时可以使用该技术。这种方法还允许在我们等待可能很长的 Web 请求完成时运行其他代码，从而构建更具响应性的应用程序。

在本章中，我们将学习一个名为 aiohttp 的异步库来实现这一点。该库使用非阻塞套接字发出 Web 请求并为这些请求返回协程，然后可以等待结果。具体来说，我们将学习如何获取数百个 URL 的列表，并同时运行所有这些请求。在此过程中，我们将检查 asyncio 提供的用于一次性运行协程的各种 API 方法，从而选择等待一切完成后再继续，或者尽快处理结果。此外，我们将了解如何为这些请求设置超时，无论是在单个请求级别还是在一组请求中。我们还将了解如何根据其他请求的执行情况来取消一组正在执行的请求。这些 API 方法不仅对发出 Web 请求很有帮助，而且在我们需要同时运行一组协程或任务时也很有帮助。事实上，我们将在本书的其余部分使用本章使用的函数；作为异步开发人员，你将经常使用这些函数。

4.1 aiohttp

在第 2 章中，我们提到新手在第一次使用 asyncio 时面临的一个挑战是尝试使用现有的代码，并在其上添加 async 和 await，从而获得性能提升。大多数情况下，这不起作用，在处理 Web 请求时尤其如此，因为大多数现有库都处于阻塞状态。

一个流行的用于发出 Web 请求的库是 requests 库。这个库在 asyncio 上表现不佳，因为它使用阻塞套接字。这意味着如果我们发出请求，它将阻塞运行的线程；并且由于 asyncio 是单线程的，在请求完成前，整个事件循环将停止。

为了解决这个问题并获得并发性，我们需要使用一个套接字层的非阻塞库。aiohttp(用于 asyncio 和 Python 的异步 HTTP 客户端/服务器)是一个使用非阻塞套接字解决此问题的库。

aiohttp 是一个开源库，是 aio-libs 项目的一部分，该项目自称为“高质量构建的基于异步的库集”(参见 https://github.com/aio-libs)。这个库是一个功能齐全的 Web 客户端和 Web 服务器，这意味着它可发出 Web 请求，开发人员可使用它创建异步 Web 服务器。该库的文档地址为 https://docs.aiohttp.org/。在本章中，我们将关注 aiohttp 的客户端，但我们还将在后续章节中了解如何使用它构建 Web 服务器。

那么如何开始使用 aiohttp 呢？首先要学习的是发出 HTTP 请求。我们首先需要学习一些关于异步上下文管理器的新语法。使用这种语法将允许我们获取和关闭 HTTP 会话。作为 asyncio 开发人员，你将经常使用此语法来异步获取资源，如数据库连接。

4.2 异步上下文管理器

在任何编程语言中，处理必须打开然后关闭的资源(如文件)是很常见的。在处理这些资源时，我们需要留意可能引发的任何异常。这是因为如果打开一个资源并抛出异常，我们可能永远不会执行任何代码进行清理，从而处于资源泄漏的状态。使用 finally 块在 Python 中处理这个问题很简单。虽然这个例子并不完全使用 Python，但即使抛出异常，我们也可随时关闭文件：

```
file = open('example.txt')

try:
    lines = file.readlines()
finally:
    file.close()
```

如果在 file.readlines 期间出现异常，这解决了文件句柄保持打开状态的问题。缺点是我们必须记住将所有内容都包装在 try/finally 中，还需要记住要调用的方法以正确关闭资源。这对文件来说并不难，因为我们只需要记住关闭它们，但我们仍然想得到重用性更高的东西，特别是因为清理可能比调用方法更复杂。Python 有一个语言特性来处理这个问题，称为上下文管理器。使用它，我们可将关闭逻辑与 try/finally 块一起进行抽象：

```
with open('example.txt') as file:
   lines = file.readlines()
```

这种管理文件的 Python 方式要简洁得多。如果 with 块中抛出异常，文件将自动关闭。这适用于同步资源，但是如果我们想异步使用具有这种语法的资源怎么办？这种情况下，上下文管理器语法将不起作用，因为它仅适用于同步 Python 代码，而不适用于协程和任务。Python 引入一种新的语言特性来支持这个用例，称为异步上下文管理器。语法与同步上下文管理器的语法几乎相同，不同之处在于使用 async with 而不是 with。

异步上下文管理器是实现两个特殊协程方法的类，__aenter__异步获取资源，而__aexit__关闭该资源。__aexit__协程采用几个参数来处理发生的任何异常，不会在本章中进行讨论。

为充分理解异步上下文管理器，让我们使用在第 3 章中介绍的套接字来实现一个简单的上下文管理器。可将客户端套接字连接视为我们想要管理的资源。当客户端连接时，我们获取客户端连接。完成后，清理并关闭连接。在第 3 章中，将所有内容都包装在一个 try/finally 块中，但也可实现一个异步上下文管理器来代替那些操作。

代码清单 4-1　等待客户端连接的异步上下文管理器

```
import asyncio
import socket
from types import TracebackType
from typing import Optional, Type
```

```
class ConnectedSocket:

    def __init__(self, server_socket):
        self._connection = None
        self._server_socket = server_socket

    async def __aenter__(self):
        print('Entering context manager, waiting for connection')
        loop = asyncio.get_event_loop()
        connection, address = await loop.sock_accept(self._server_socket)
        self._connection = connection
        print('Accepted a connection')
        return self._connection

    async def __aexit__(self,
                        exc_type: Optional[Type[BaseException]],
                        exc_val: Optional[BaseException],
                        exc_tb: Optional[TracebackType]):
        print('Exiting context manager')
        self._connection.close()
        print('Closed connection')

async def main():
    loop = asyncio.get_event_loop()

    server_socket = socket.socket()
    server_socket.setsockopt(socket.SOL_SOCKET, socket.SO_REUSEADDR, 1)
    server_address = ('127.0.0.1', 8000)
    server_socket.setblocking(False)
    server_socket.bind(server_address)
    server_socket.listen()

    async with ConnectedSocket(server_socket) as connection:
        data = await loop.sock_recv(connection, 1024)
        print(data)

asyncio.run(main())
```

这个协程在我们进入 with 块时被调用。它一直等到客户端连接并返回连接。

这个协程在我们退出 with 块时被调用。其中，我们清理使用的任何资源。这种情况下，我们关闭连接。

这会调用__aenter__并等待客户端连接。

此语句之后，__aenter__将执行，我们将关闭连接。

在代码清单 4-1 中，我们创建了一个 ConnectedSocket 异步上下文管理器。这个类接收一个服务器套接字，并在__aenter__协程中等待客户端连接。一旦客户端连接，将返回该客户端的连接。这样我们可在 async with 语句的 as 部分访问该连接。然后，在 async with 块中，使用该连接等待客户端发送数据。一旦这个块完成执行，__aexit__ 协程就会运行并关闭连接。假设客户端使用 telnet 进行连接，并发送一些测试数据，运行该程序时我们将看到如下输出：

```
Entering context manager, waiting for connection
Accepted a connection
b'test\r\n'
Exiting context manager
Closed connection
```

aiohttp 广泛使用异步上下文管理器来获取 HTTP 会话和连接，我们将在第 5 章处理异步数据库连接和事务时使用它。通常，你不需要编写自己的异步上下文管理器，但了解它们的工作原理以及与普通上下文管理器的不同之处会很有帮助。现在已经介绍了上下文管理器及其工作原理，让我们将它们与 aiohttp 一起使用，看看如何发出异步 Web 请求。

4.2.1　使用 aiohttp 发出 Web 请求

首先需要安装 aiohttp 库。可通过运行以下命令使用 pip 来做到这一点：

```
pip install -Iv aiohttp==3.8.1
```

这将安装最新版本的 aiohttp(撰写本文时为 3.8.1 版本)。完成后，你就可以开始发送请求了。

aiohttp 和一般的 Web 请求都使用会话的概念。将会话视为打开一个新的浏览器窗口。在新的浏览器窗口中，你将连接到任意数量的网页，这些网页可能向你发送浏览器为你保存的 cookie。使用会话，你将保持许多连接打开，然后可对它们进行回收。这称为连接池。连接池是一个重要概念，它有助于我们提高基于 aiohttp 的应用程序的性能。由于创建连接是资源密集型操作，因此创建可重用的连接池可降低资源分配成本。会话还将在内部保存我们收到的任何 cookie，但如有必要，可关闭此功能。

通常，我们希望利用连接池，因此大多数基于 aiohttp 的应用程序为整个应用程序使用一个会话。然后将此会话对象传递给需要的方法。会话对象上有用于发出任意数量的 Web 请求的方法，如 GET、PUT 和 POST。我们可使用 async with 语法和 aiohttp.ClientSession 异步上下文管理器来创建会话。

代码清单 4-2 发出 aiohttp 网络请求

```
import asyncio
import aiohttp
from aiohttp import ClientSession
from util import async_timed

@async_timed()
async def fetch_status(session: ClientSession, url: str) -> int:
    async with session.get(url) as result:
        return result.status

@async_timed()
async def main():
    async with aiohttp.ClientSession() as session:
        url = 'https://www.example.com'
        status = await fetch_status(session, url)
        print(f'Status for {url} was {status}')

asyncio.run(main())
```

运行代码清单 4-2 时，我们应该看到 http://www.example.com 的输出状态为 200。在前面的代码清单中，首先使用 aiohttp.ClientSession( )在 async with 块中创建了一个客户端会话。一旦有了客户端会话，就可以自由地发出任何所需的网络请求。这种情况下，我们定义一个方便的方法 fetch_status，它将接收一个会话和一个 URL，并返回给定 URL 的状态码。这个函数中有另一个 async with 块，并使用会话对 URL 运行 GET HTTP 请求。这提供一个结果，然后我们可以在 with 块中处理它。这种情况下，我们只需要获取状态码并返回。

注意，默认情况下，ClientSession 将创建最多 100 个连接，为可以发出的并发请求数提供隐式上限。要更改此限制，可创建一个 aiohttp TCPConnector 实例，指定最大连接数，并将其传递给 ClientSession。要了解更多信息，请查看 aiohttp 文档 https://docs.aiohttp.org/en/stable/client_advanced.html#connectors。

我们将在本章中重用 fetch_status 函数，将创建一个名为 chapter_04 的 Python 模块，在其__init__.py 中包含此函数。然后，将在本章后面的示例中使用 from chapter_04 import fetch_status 来导入该函数。

对 Windows 使用者的提示

目前，Windows 上的 aiohttp 存在一些问题，你可能会看到类似 RuntimeError: Event

loop is closed 的错误，即使应用程序运行良好也是如此。https://github.com/aio-libs/aiohttp/issues/4324 和 https://bugs.python.org/issue39232 提供了关于此问题的更多信息。要解决此问题，可使用 asyncio.get_event_loop().run_until_complete(main())手动管理事件循环，或者在 asyncio.run(main())之前，通过 asyncio.set_event_loop_policy(asyncio.WindowsSelectorEventLoopPolicy())将事件循环策略改为 Windows 选择器事件循环策略。

4.2.2　使用 aiohttp 设置超时

之前看到了如何使用 asyncio.wait_for 为可等待对象指定超时。这也适用于为 aiohttp 请求设置超时，但是设置超时的更简洁方法是使用 aiohttp 提供的开箱即用功能。

默认情况下，aiohttp 的超时时间为 5 分钟，这意味着任何单个操作都不应超过此时间。这是一个较长的超时时间，许多应用程序开发人员可能希望将其设置得较低。我们可在会话级别指定超时，这将为每个操作应用该超时。也可在请求级别设置超时，这将提供更精细的超时控制。

可使用 aiohttp 特定的 ClientTimeout 数据结构来指定超时。这种结构不仅允许为整个请求指定以秒为单位的总超时时间，还允许设置建立连接或读取数据的超时时间。让我们通过为会话和一个单独的请求指定一个超时，来学习如何使用它。

代码清单 4-3　使用 aiohttp 设置超时

```
import asyncio
import aiohttp
from aiohttp import ClientSession

async def fetch_status(session: ClientSession,
                       url: str) -> int:
    ten_millis = aiohttp.ClientTimeout(total=.01)
    async with session.get(url, timeout=ten_millis) as result:
        return result.status

async def main():
    session_timeout = aiohttp.ClientTimeout(total=1, connect=.1)
    async with aiohttp.ClientSession(timeout=session_timeout) as session:
        await fetch_status(session, 'https://example.com')
```

```
asyncio.run(main())
```

在代码清单 4-3 中，我们设置了两个超时。第一次超时是在客户端会话级别。这里将总超时时间设置为 1 秒，并明确设置连接超时时间为 100 毫秒。然后，在 fetch_status 中，为 get 请求覆盖默认的设置，将总超时设置为 10 毫秒。这种情况下，如果对 example.com 的请求超过 10 毫秒，则在等待 fetch_status 时将引发 asyncio.TimeoutError。在此示例中，10 毫秒应该足以完成对 example.com 的请求，因此我们不太可能看到异常。如果你想查看此异常，请将 URL 更改为下载时间超过 10 毫秒的页面。

这些示例展示了 aiohttp 的基础知识。但使用 asyncio 运行单个请求所带来的性能提升并不明显。当同时运行多个 Web 请求时，我们将真正看到它在性能方面带来的好处。

4.3 并发运行任务及重新访问

在本书的前几章中，我们学习了如何创建多个任务来并行运行程序。为此使用了 asyncio.create_task，然后等待任务，如下所示：

```
import asyncio

async def main() -> None:
    task_one = asyncio.create_task(delay(1))
    task_two = asyncio.create_task(delay(2))

    await task_one
    await task_two
```

这适用于简单情况，比如前面提到的情况，我们有一两个想要并发启动的协程。然而，在可能同时发出数百、数千甚至更多 Web 请求的情况下，这种代码书写方式将变得冗长且混乱。

可能会试图使用 for 循环或列表推导式来简化这一过程，如代码清单 4-4 所示。但如果编写不正确，这种方法可能导致问题。

代码清单 4-4 错误地使用带有列表推导式的任务

```
import asyncio
from util import async_timed, delay
```

```
@async_timed()
async def main() -> None:
    delay_times = [3, 3, 3]
    [await asyncio.create_task(delay(seconds)) for seconds in delay_times]

asyncio.run(main())
```

鉴于我们希望 delay 任务同时运行，且 main 方法在大约 3 秒内完成。但在这种情况下，运行共需要 9 秒，因为一切都是串行执行的：

```
starting <function main at 0x10f14a550> with args () {}
starting <function delay at 0x10f7684c0> with args (3,) {}
sleeping for 3 second(s)
finished sleeping for 3 second(s)
finished <function delay at 0x10f7684c0> in 3.0008 second(s)
starting <function delay at 0x10f7684c0> with args (3,) {}
sleeping for 3 second(s)
finished sleeping for 3 second(s)
finished <function delay at 0x10f7684c0> in 3.0009 second(s)
starting <function delay at 0x10f7684c0> with args (3,) {}
sleeping for 3 second(s)
finished sleeping for 3 second(s)
finished <function delay at 0x10f7684c0> in 3.0020 second(s)
finished <function main at 0x10f14a550> in 9.0044 second(s)
```

这里的问题很微妙。发生这种情况是因为我们一创建任务就使用 await。这意味着我们为创建的每个 delay 任务暂停列表推导以及主协程，直到该 delay 任务完成。这种情况下，将在任何给定时间只运行一个任务，而不是同时运行多个任务。修复这个问题很简单，虽然有点冗长。可在一个列表推导式中创建任务并在 1 秒内等待。这让程序可同时运行。

代码清单 4-5　同时使用任务和列表推导式

```
import asyncio
from util import async_timed, delay

@async_timed()
async def main() -> None:
    delay_times = [3, 3, 3]
```

```
        tasks = [asyncio.create_task(delay(seconds)) for seconds in delay_times]
        [await task for task in tasks]

    asyncio.run(main())
```

此代码在任务列表中一次创建多个任务。一旦创建了所有任务，就在一个单独的列表推导式中等待它们完成。这样做会让 create_task 立即返回；在创建所有任务之前，我们不会进行任何等待。这确保运行时间不超过 delay_times，大约为 3 秒：

```
starting <function main at 0x10d4e1550> with args () {}
starting <function delay at 0x10daff4c0> with args (3,) {}
sleeping for 3 second(s)
starting <function delay at 0x10daff4c0> with args (3,) {}
sleeping for 3 second(s)
starting <function delay at 0x10daff4c0> with args (3,) {}
sleeping for 3 second(s)
finished sleeping for 3 second(s)
finished <function delay at 0x10daff4c0> in 3.0029 second(s)
finished sleeping for 3 second(s)
finished <function delay at 0x10daff4c0> in 3.0029 second(s)
finished sleeping for 3 second(s)
finished <function delay at 0x10daff4c0> in 3.0029 second(s)
finished <function main at 0x10d4e1550> in 3.0031 second(s)
```

虽然这可以满足要求，但缺点仍然存在。第一个缺点是它由多行代码组成，我们必须明确记住将任务创建与 await 分开。第二个缺点是它不灵活，如果一个协程比其他协程完成得早，则将陷入第二个列表推导式中，等待所有其他协程完成。虽然在某些情况下这是可以接受的，但我们可能希望获得更快的响应，在结果到达后立即进行处理。第三个缺点可能是最大的问题：异常处理。如果协程中存在异常，它会在我们等待失败的任务时抛出。这意味着将无法处理任何成功完成的任务，因为异常将停止执行。

asyncio 具有处理所有这些情况以及更多情况的便利函数。建议在同时运行多个任务时使用这些函数。在接下来的部分中，我们将研究其中一些函数，并研究如何在同时发出多个 Web 请求的上下文中使用它们。

4.4　通过 gather 执行并发请求

一个被广泛用于可等待并发的 asyncio API 函数是 asyncio.gather。这个函数接收一系列等待对象，允许我们在一行代码中同时运行它们。如果传入的任何 awaitables 对象是协程，gather 将自动将其包装在任务中，以确保它可以同时运行。这意味着不必像之前那样，用 asyncio.create_task 单独包装所有内容。

asyncio.gather 返回一个 awaitable 对象。在 await 表达式中使用它时，它将暂停，直到传递给它的所有 awaitable 对象都完成为止。一旦传入的所有内容都完成，asyncio.gather 将返回完成结果的列表。

可使用这个函数同时运行尽可能多的 Web 请求。为说明这一点，让我们看一个例子，同时发出 1000 个请求，并获取每个响应的状态码。将用@async_timed 装饰主协程，这样就知道程序运行需要多长时间。

代码清单 4-6　通过 gather 执行并发请求

```
import asyncio
import aiohttp
from aiohttp import ClientSession
from chapter_04 import fetch_status
from util import async_timed

@async_timed()
async def main():

    async with aiohttp.ClientSession() as session:
        urls = ['https://example.com' for _ in range(1000)]
        requests = [fetch_status(session, url) for url in urls]
        status_codes = await asyncio.gather(*requests)
        print(status_codes)

asyncio.run(main())
```

为要发出的每个请求生成一个协程列表。

等待所有请求完成。

在代码清单 4-6 中，首先生成一个想要从中检索状态代码的 URL 列表。为简单起见，将重复请求 example.com。然后获取该 URL 列表，并调用 fetch_status_code 以生成协程列表，再将其传递给 gather。这会将每个协程包装在一个任务中，并开始同时运行它们。执行这段代码时，将看到 1000 条消息进行标准输出，表示 fetch_status_code 协程按顺序启动，有 1000 个请求同时启动。随着结果的出现，将看到<function

fetch_status_code at 0x10f3fe3a0> in 0.5453 second(s)之类的消息。一旦检索到请求的所有 URL 的内容，将看到状态代码开始输出。这个过程很快，具体时间取决于计算机的联网速度和机器运行速度，这个脚本可以在 500～600 毫秒完成。

那么这与同步执行相比如何呢？调用 fetch_status_code 时，可以很容易地调整 main 函数，以便通过使用 await 阻塞每个请求。这将暂停每个 URL 的主协程，有效地使程序同步执行：

```
@async_timed()
async def main():
    async with aiohttp.ClientSession() as session:
        urls = ['https://example.com' for _ in range(1000)]
        status_codes = [await fetch_status_code(session, url) for url in urls]
        print(status_codes)
```

如果运行上述程序，请注意，这将花费更长时间。并且，我们得到的不是 1000 个 starting function fetch_status_code 信息，紧跟 1000 个 finished function fetch_status_code 信息，而是对每个请求显示如下信息：

```
starting <function fetch_status_code at 0x10d95b310>
finished <function fetch_status_code at 0x10d95b310> in 0.01884
second(s)
```

这表明请求一个接一个地发生，等待每次对 fetch_status_code 的调用完成，然后继续处理下一个请求。这比异步版本慢了多少？虽然这取决于互联网连接和运行此程序的机器，但串行运行可能需要大约 18 秒才能完成。与异步版本(大约需要 600 毫秒)相比，后者的运行速度快了 33 倍。

注意，传入的每个 awaitable 对象的结果可能不是按确定性顺序完成的。例如，如果将协程 a 和 b 按顺序传递给 gather，b 可能会在 a 之前完成。gather 的一个很好的特性是，不管 awaitable 对象何时完成，都保证结果按传递它们的顺序返回。让我们通过刚才用 delay 函数描述的场景来证明这一点。

代码清单 4-7　awaitables 无序整理

```
import asyncio
from util import delay

async def main():
    results = await asyncio.gather(delay(3), delay(1))
    print(results)
```

```
asyncio.run(main())
```

在代码清单 4-7 中，向 gather 传递了两个协程。第一个需要 3 秒才能完成，第二个需要 1 秒。我们期望这个结果是[1,3]，因为 1 秒协程在 3 秒协程之前完成，但结果实际上是[3,1]——按照我们传入的顺序。尽管在后台，gather 函数存在固有的不确定性，但仍可保持结果排序的确定性。在后台，gather 使用一种特殊的 future 实现来执行此操作。如果你想知道具体的实现细节，可查看 gather 的源代码。

在上例中，我们假设所有请求都不会失败或抛出异常，这是理想情况。但是当请求失败时会发生什么？

处理 gather 中的异常

当然，当发出一个网络请求时，可能并不总是能得到一个返回值。可能会得到一个异常。由于网络可能不可靠，因此可能出现不同的故障情况。例如，可能传入了一个无效地址。连接的服务器也可能关闭或拒绝连接。

asyncio.gather 提供了一个可选参数 return_exceptions，它允许我们指定希望如何处理来自 awaitable 对象的异常。return_exceptions 是一个布尔值，因此，它有两种行为可供我们选择：

- return_exceptions=false，这是 gather 的默认值。这种情况下，如果任何协程抛出异常，gather 调用在等待它时也将抛出该异常。然而，即使一个协程失败了，其他协程也不会被取消，只要处理了异常，或者异常不会导致事件循环停止并取消任务，其他协程就会继续运行。
- return_exceptions= true，这种情况下，gather 将返回任何异常，作为我们等待它时，它返回的结果列表的一部分。对 gather 的调用本身不会抛出任何异常，我们将能按照自己的意愿处理所有异常。

为说明上面两个选项是如何工作的，让我们更改 URL 列表，使其包含一个无效的 Web 地址。这将导致 aiohttp 在我们试图发出请求时引发异常。然后将它传递到 gather 中，看看 return_exceptions 的每种值对应怎样的行为：

```
@async_timed()
async def main():
    async with aiohttp.ClientSession() as session:
        urls = ['https://example.com', 'python://example.com']
        tasks = [fetch_status_code(session, url) for url in urls]
        status_codes = await asyncio.gather(*tasks)
```

```
        print(status_codes)
```

如果将 URL 列表更改为上面的形式，对'python://example.com'的请求将失败，因为该 URL 无效。因此，fetch_status_code 协程将抛出 AssertionError，这意味着 python://没有转换为一个端口。这个异常将在我们等待 gather 协程时被抛出。如果运行上述代码，并查看输出，会看到异常被抛出，但也会看到其他请求继续运行(为简洁起见，在下方没有显示所有详细信息)：

```
starting <function main at 0x107f4a4c0> with args () {}
starting <function fetch_status_code at 0x107f4a3a0>
starting <function fetch_status_code at 0x107f4a3a0>
finished <function fetch_status_code at 0x107f4a3a0> in 0.0004 second(s)
finished <function main at 0x107f4a4c0> in 0.0203 second(s)
finished <function fetch_status_code at 0x107f4a3a0> in 0.0198 second(s)
Traceback (most recent call last):
  File "gather_exception.py", line 22, in <module>
    asyncio.run(main())
AssertionError

Process finished with exit code 1
```

如果出现故障，asyncio.gather 不会取消任何其他正在运行的任务。这对于许多用例来说可能是可以接受的，但这是 gather 的缺点之一。将在本章后面看到如何取消同时运行的任务。

上述代码的另一个潜在问题是，如果发生了多个异常，我们将只看到在等待 gather 时发生的第一个异常。可通过使用 return_exceptions=True 来修复这个问题，它将返回在运行协程时遇到的所有异常。然后，可过滤掉任何异常，并根据需要处理它们。让我们看看之前的例子，看看如何处理无效的 URL：

```
@async_timed()
async def main():
    async with aiohttp.ClientSession() as session:
        urls = ['https://example.com', 'python://example.com']
        tasks = [fetch_status_code(session, url) for url in urls]
        results = await asyncio.gather(*tasks, return_exceptions=True)

        exceptions = [res for res in results if isinstance(res, Exception)]
        successful_results = [res for res in results if not isinstance(res,
    Exception)]
```

```
    print(f'All results: {results}')
    print(f'Finished successfully: {successful_results}')
    print(f'Threw exceptions: {exceptions}')
```

上面的代码可以顺利执行，且在 gather 返回的列表中获得了所有异常以及成功的结果。然后过滤掉所有异常结果，从而检索成功响应的列表，输入如下所示：

```
All results: [200, AssertionError()]
Finished successfully: [200]
Threw exceptions: [AssertionError()]
```

这解决了不能看到协程抛出的所有异常的问题。因为在等待时不再抛出异常，所以不需要用 try catch 块显式地处理任何异常。但还是需要从成功的结果中过滤掉异常，这仍然有点笨拙，因为 API 并不完美。

gather 存在一些缺点。首先，我们已经提到过，如果抛出异常，取消任务并不容易。假设向同一个服务器发出请求，如果一个请求失败，其他所有请求也会失败。这种情况下，我们可能想要取消请求以释放资源，做到这点并不容易，因为协程被包装在后台的任务中。

其次，必须等待所有协程执行完成，然后才能处理结果。如果想要在结果完成后立即处理它们，这就存在问题。例如，如果有一个请求需要 100 毫秒，而另一个请求需要 20 秒，那么在处理 100 毫秒完成的那个请求之前，我们将等待 20 秒。

asyncio 提供了允许解决这两个问题的 API。让我们先来看看如何处理结果。

4.5　在请求完成时立即处理

虽然 asyncio.gather 适用于许多情况，但它的缺点是会等待所有可等待对象完成，然后才允许对结果进行访问。如果想在某个结果生成之后就对其进行处理，这是一个问题。如果有一些可以快速完成的等待对象和一些可能需要很长时间完成的等待对象，这也可能是一个问题，因为 gather 需要等待所有对象执行完毕。这可能导致应用程序变得无法响应。想象一个用户发出 100 个请求，其中两个很慢，但其余的都很快完成。如果一旦有请求完成，可以向用户输出一些信息，就会提升用户的使用体验。

为处理这种情况，asyncio 公开了一个名为 as_completed 的 API 函数。这个方法接收一个等待列表并返回一个 future 迭代器。然后可以迭代这些 future，并等待它们中的每一个完成。当 await 表达式完成时，将从所有可等待对象中检索首先完成的协程结果。这意味着将能在结果可用时立即处理它们，但现在没有确定的排序，因为无法保证哪些请求将首先完成。

为说明这是如何工作的，让我们模拟一个请求快速完成，而另一个请求需要更多时间的情况。将在 fetch_status 函数中添加一个 delay 参数，并调用 asyncio.sleep 来模拟一个长时间的请求，如下所示：

```
async def fetch_status(session: ClientSession,
                       url: str,
                       delay: int = 0) -> int:
    await asyncio.sleep(delay)
    async with session.get(url) as result:
        return result.status
```

然后将使用 for 循环遍历从 as_completed 返回的迭代器。

代码清单 4-8 使用 as_completed

```
import asyncio
import aiohttp
from aiohttp import ClientSession
from util import async_timed
from chapter_04 import fetch_status

@async_timed()
async def main():
    async with aiohttp.ClientSession() as session:
        fetchers = [fetch_status(session, 'https://www.example.com', 1),
                    fetch_status(session, 'https://www.example.com', 1),
                    fetch_status(session, 'https://www.example.com', 10)]
        for finished_task in asyncio.as_completed(fetchers):
            print(await finished_task)

asyncio.run(main())
```

在代码清单 4-8 中，我们创建了三个协程——两个需要大约 1 秒才能完成，一个需要 10 秒。然后将它们传递给 as_completed。

在后台，每个协程都包装在一个任务中，并开始并发运行。例程立即返回一个开始循环的迭代器。当进入 for 循环时，触发 await finished_task。在这里，暂停执行，等待第一个结果。在本例中，第一个结果在 1 秒后输入，并输出状态代码。然后再次得到 await 结果。由于请求是并行运行的，所以几乎可以立即看到第二个结果。最后，

10 秒的请求将完成，循环也将结束。执行此操作将得到如下输出：

```
starting <function fetch_status at 0x10dbed4c0>
starting <function fetch_status at 0x10dbed4c0>
starting <function fetch_status at 0x10dbed4c0>
finished <function fetch_status at 0x10dbed4c0> in 1.1269 second(s)
200
finished <function fetch_status at 0x10dbed4c0> in 1.1294 second(s)
200
finished <function fetch_status at 0x10dbed4c0> in 10.0345 second(s)
200
finished <function main at 0x10dbed5e0> in 10.0353 second(s)
```

总的来说，迭代 result_iterator 仍然需要大约 10 秒，就像使用 asynio.gather 时一样，但当我们执行代码时，可以在第一个请求完成后立即输出结果。这给了我们额外的时间来处理成功完成的第一个协程的结果，而其他协程还在等待完成，这使应用程序在任务完成时能够快速响应。

此函数还提供了对异常处理的更好控制。当一个任务抛出异常时，将能在它发生时对它进行处理，因为当我们等待 future 时可能抛出异常。

as_completed 超时

任何基于 Web 的请求都存在花费很长时间的风险。服务器可能处于过重的资源负载下，或者网络连接可能很差。之前，我们看到了如何为特定请求添加超时，但如果想为一组请求设置超时怎么办？as_completed 函数通过提供一个可选的 timeout 参数来处理这种情况，它允许以秒为单位指定超时。这将跟踪 as_completed 调用花费了多长时间，如果花费的时间超过设定的时间，迭代器中的每个可等待对象都会在等待时抛出 TimeoutException。

为说明这一点，继续以前面的示例，创建两个需要 10 秒才能完成的请求和一个需要 1 秒完成的请求。然后在 as_completed 上设置 2 秒的超时。完成循环后，将输出当前正在运行的所有任务。

代码清单 4-9 在 as_completed 上设置超时

```
import asyncio
import aiohttp
from aiohttp import ClientSession
from util import async_timed
```

```
from chapter_04 import fetch_status

@async_timed()
async def main():
    async with aiohttp.ClientSession() as session:
        fetchers = [fetch_status(session, 'https://example.com', 1),
                    fetch_status(session, 'https://example.com', 10),
                    fetch_status(session, 'https://example.com', 10)]

        for done_task in asyncio.as_completed(fetchers, timeout=2):
            try:
                result = await done_task
                print(result)
            except asyncio.TimeoutError:
                print('We got a timeout error!')

        for task in asyncio.tasks.all_tasks():
            print(task)

asyncio.run(main())
```

运行代码清单 4-9 时，会看到第一次获取的结果；在 2 秒后，会看到两个超时错误。还将看到两个 fetche 仍在运行，输出结果如下所示：

```
starting <function main at 0x109c7c430> with args () {}
200
We got a timeout error!
We got a timeout error!
finished <function main at 0x109c7c430> in 2.0055 second(s)
<Task pending name='Task-2' coro=<fetch_status_code()>>
<Task pending name='Task-1' coro=<main>>
<Task pending name='Task-4' coro=<fetch_status_code()>>
```

as_completed 非常适合用于尽快获得结果，但也有缺点。第一个缺点是当得到结果时，没有任何方法可快速了解我们正在等待哪个协程或任务，因为运行顺序是完全不确定的。如果不关心顺序，这可能没问题，但如果需要以某种方式将结果与请求相关联，我们将面临挑战。

第二个缺点是超时，虽然会正确地抛出异常并继续运行程序，但创建的所有任务仍将在后台运行。如果想取消它们，很难确定哪些任务仍在运行，这是我们面临的另一个挑战。如果这些是需要处理的问题，将需要一些更详细的知识来了解哪些 awaitable 对象已完成，哪些未完成。为处理这种情况，asyncio 提供了另一个 API 函数，称为 wait。

4.6　使用 wait 进行细粒度控制

gather 和 as_completed 的缺点之一是，当我们看到异常时，没有简单的方法可以取消已经在运行的任务。这在很多情况下可能没问题，但是想象一个用例，我们进行了几次协程调用，如果第一个调用失败，其余的也会失败。例如，将无效参数传递给 Web 请求或达到 API 速率限制。这可能导致性能问题，因为我们将通过执行更多任务，来消耗更多资源。as_completed 的另一个缺点是，由于迭代顺序是不确定的，因此很难准确跟踪已完成的任务。

asyncio 中的 wait 类似于 gather 中的 wait，它提供更具体的控制来处理这些情况。这种方法有几个选项可供选择，具体取决于我们何时需要结果。此外，此方法返回两个集合：一个集合为由结果或异常组成的已完成任务，另一个集合为仍在运行的任务。这个函数还允许我们指定一个与其他 API 方法操作方式不同的超时，它不会抛出异常。需要时，此函数可解决我们迄今为止使用的其他 asyncio API 函数所遇到的一些问题。

wait 的基本结构是一个可等待对象的列表，后跟一个可选的 timeout 和另一个可选的 return_when 字符串。这个字符串有一些我们将要检查的预定义值：ALL_COMPLETED、FIRST_EXCEPTION 和 FIRST_COMPLETED。默认为 ALL_COMPLETED。虽然在撰写本书时，wait 需要一个可等待对象列表，但它会在 Python 的未来版本中更改为仅接收任务对象。本节末尾将解释其中的原因，但对于这些代码示例，使用最佳实践，将所有协程包装在任务中。

4.6.1　等待所有任务完成

如果未指定 return_when，则此选项使用默认值，并且它的行为与 asyncio.gather 最接近，但也存在一些差异。使用此选项将等待所有任务完成后再返回。让我们将其应用于同时发出多个 Web 请求的示例，以了解此功能的工作原理。

代码清单 4-10　了解 wait 的默认行为

```
import asyncio
import aiohttp
from aiohttp import ClientSession
from util import async_timed
from chapter_04 import fetch_status

@async_timed()
async def main():
    async with aiohttp.ClientSession() as session:
        fetchers = \
            [asyncio.create_task(fetch_status(session,
    'https://example.com')),
             asyncio.create_task(fetch_status(session,
    'https://example.com'))]
        done, pending = await asyncio.wait(fetchers)

        print(f'Done task count: {len(done)}')
        print(f'Pending task count: {len(pending)}')

        for done_task in done:
            result = await done_task
            print(result)

asyncio.run(main())
```

在代码清单 4-10 中，通过向 wait 传递协程列表，同时运行两个 Web 请求。当执行 await wait 时，一旦所有请求完成，它将返回两个集合：一个集合是已完成的所有任务，另一个集合是仍在运行的任务。完成的集合包含所有成功完成或虽完成但出现异常的任务。待处理集合包含所有尚未完成的任务。这种情况下，由于使用的是 ALL_COMPLETED 选项，因此挂起的集合将始终为零，因为 asyncio.wait 直到一切都完成后才会返回。这将提供以下输出：

```
starting <function main at 0x10124b160> with args () {}
Done task count: 2
Pending task count: 0
200
200
finished <function main at 0x10124b160> in 0.4642 second(s)
```

如果请求有异常抛出，它不会像 asyncio.gather 那样在 asyncio.wait 调用中被抛出。这种情况下，将像以前一样同时获得完成集合和待处理集合，但若未完成任务，我们不会看到异常。

有了这个范式，我们有一些关于如何处理异常的选择。可使用 await，并让异常抛出，也可以使用 await 并将其包装在 try except 块中来处理异常，或者可使用 task.result()和 task.exception()方法。可以安全地调用这些方法，原因在于完成集合中的任务都是已完成的任务；如果没有调用这些方法，则会产生异常。

假设不想抛出异常，也不想让应用程序崩溃。对于那些有结果的任务，我们想输出结果，如果有异常，则将错误写入日志。这种情况下，使用 Task 对象上的方法是一个很好的解决方案。让我们看看如何使用这两个 Task 对象上的方法来处理异常。

代码清单 4-11　wait 的异常处理

```
import asyncio
import logging

@async_timed()
async def main():
    async with aiohttp.ClientSession() as session:
        good_request = fetch_status(session, 'https://www.example.com')
        bad_request = fetch_status(session, 'python://bad')

        fetchers = [asyncio.create_task(good_request),
                    asyncio.create_task(bad_request)]

        done, pending = await asyncio.wait(fetchers)

        print(f'Done task count: {len(done)}')
        print(f'Pending task count: {len(pending)}')

        for done_task in done:
            # result = await done_task will throw an exception
            if done_task.exception() is None:
                print(done_task.result())
            else:
                logging.error("Request got an exception",
                              exc_info=done_task.exception())

asyncio.run(main())
```

使用 done_task.exception()将检查是否有异常。如果不这样做，那么可以继续使用 result 方法从 done_task 获取结果。这里执行 result=await done_task 也是安全的，尽管可能抛出异常(这可能不是我们想要的)。如果异常不是 None，那么我们知道 awaitable 对象存在异常，可以根据需要进行处理。这里只是输出异常的堆栈跟踪。运行此程序将产生类似于以下内容的输出(为简洁起见，删除了无关信息)：

```
starting <function main at 0x10401f1f0> with args () {}
Done task count: 2
Pending task count: 0
200
finished <function main at 0x10401f1f0> in 0.12386679649353027 second(s)
ERROR:root:Request got an exception
Traceback (most recent call last):
AssertionError
```

4.6.2　观察异常

ALL_COMPLETED 的缺点就像 gather 的缺点一样。在等待其他协程完成时，可能遇到任意数量的异常，直到所有任务完成后，才会看到这些异常信息。如果对于一个特定异常，想取消其他正在运行的请求，这可能引发一个问题。可能还想立即处理任何错误，以确保响应并继续等待其他协程完成。

为支持这些用例，wait 支持 FIRST_EXCEPTION 选项。使用这个选项时，会得到两种不同的行为，这取决于任务是否抛出异常。

任何可等待对象都没有异常

如果任何任务都没有异常，则此选项等效于 ALL_COMPLETED。我们将等待所有任务完成。完成集合中将包含所有已完成的任务，待处理集合将为空。

任务中存在一个或多个异常

如果任何任务抛出异常，wait 将立即返回。完成集合将包含所有成功完成的协程，以及任何有异常的协程。这种情况下，完成集合至少存在一个失败的任务，以及一些已经成功完成的任务。挂起的集合可能是空的，但也可能存在仍在运行的任务。然后，可以根据需要使用这个待处理的集合来管理当前正在运行的任务。

为说明在这些场景中等待的行为，下面介绍当有两个长时间运行的 Web 请求时，若一个协程因异常立即失败，想要取消正在运行的请求会发生什么。

代码清单 4-12　发生异常时，取消正在运行的请求

```
import aiohttp
import asyncio
import logging
from chapter_04 import fetch_status
from util import async_timed

@async_timed()
async def main():
    async with aiohttp.ClientSession() as session:
        fetchers = \
            [asyncio.create_task(fetch_status(session,'python://bad.com')),
             asyncio.create_task(fetch_status(session,'https://www.example
                                               .com', delay=3)),
             asyncio.create_task(fetch_status(session,'https://www.example
                                               .com', delay=3))]

        done, pending = await asyncio.wait(fetchers,
    return_when=asyncio.FIRST_EXCEPTION)

        print(f'Done task count: {len(done)}')
        print(f'Pending task count: {len(pending)}')
        for done_task in done:
            if done_task.exception() is None:
                print(done_task.result())
            else:
                logging.error("Request got an exception",
                              exc_info=done_task.exception())

        for pending_task in pending:
            pending_task.cancel()

asyncio.run(main())
```

在代码清单 4-12 中，我们提出了一个非正常请求和两个正常请求，每个持续 3 秒。当等待 wait 语句时，它几乎立即返回，因为非正常请求立即出错。然后遍历完成的任务。这种情况下，自从第一个请求立即以异常方式结束后，将只有一个任务在完成集合中。为此，将执行输出异常的分支。

pending 集合将有两个元素，因为我们有两个请求，每个请求大约需要 3 秒才能运行完成，而第一个请求几乎立即失败。由于想阻止它们运行，可以调用 cancel 方法。将得到如下输出：

```
starting <function main at 0x105cfd280> with args () {}
Done task count: 1
Pending task count: 2
finished <function main at 0x105cfd280> in 0.0044 second(s)
ERROR:root:Request got an exception
```

注意

应用程序几乎没有时间运行，因为我们很快就对一个请求引发的异常做出了响应。使用此选项的强大之处在于实现了快速处理失败的行为，对出现的任何问题做出快速响应。

4.6.3 当任务完成时处理结果

ALL_COMPLETED 和 FIRST_EXCEPTION 都有一个缺点，在协程成功且不抛出异常的情况下，必须等待所有协程执行完成。对于之前的用例，这可能是可以接受的，但是如果想要在协程成功完成后立即处理协程的结果，那么现在的情况将不能满足我们的需求。

当想要在结果完成后立即对其做出响应的情况下，可使用 as_completed。但 as_completed 的问题是没有简单的方法可以查看哪些任务还在运行，哪些任务已经完成。通过迭代器一次只得到一个任务。

好消息是 return_when 参数接收 FIRST_COMPLETED 选项。此选项将在 wait 协程至少有一个结果时立即返回。这可以是失败的协程，也可以是成功运行的协程。然后，可以取消其他正在运行的协程或调整哪些协程继续运行，具体取决于用例。让我们使用此选项发出一些 Web 请求，并处理先完成的请求。

代码清单 4-13 协程完成后立即处理

```
import asyncio
import aiohttp
```

```
from util import async_timed
from chapter_04 import fetch_status

@async_timed()
async def main():
    async with aiohttp.ClientSession() as session:
        url = 'https://www.example.com'
        fetchers = [asyncio.create_task(fetch_status(session, url)),
                    asyncio.create_task(fetch_status(session, url)),
                    asyncio.create_task(fetch_status(session, url))]

        done, pending = await asyncio.wait(fetchers,
    return_when=asyncio.FIRST_COMPLETED)

        print(f'Done task count: {len(done)}')
        print(f'Pending task count: {len(pending)}')

        for done_task in done:
            print(await done_task)

asyncio.run(main())
```

在代码清单 4-13 中，同时启动了三个请求。只要这些请求中的任何一个完成，wait 协程就会返回。这意味着 done 将有一个完整的请求，而 pending 将包含仍在运行的所有内容，得到的输出结果如下所示：

```
starting <function main at 0x10222f1f0> with args () {}
Done task count: 1
Pending task count: 2
200
finished <function main at 0x10222f1f0> in 0.1138 second(s)
```

这些请求几乎可以同时完成，因此还可以看到显示两个或三个任务已完成的输出。尝试运行此列表几次，看看结果如何变化。

这种方法可以让我们在第一个任务完成时立即作出响应。如果想像 as_completed 那样处理其余的结果怎么办？可以很容易地采用上面的示例来循环 pending 任务，直到它们为空。这将提供类似于 as_completed 的行为，其好处是在每一步都可准确地知道哪些任务已经完成，以及哪些仍在运行。

代码清单 4-14　处理所有输入的结果

```
import asyncio
import aiohttp
from chapter_04 import fetch_status
from util import async_timed

@async_timed()
async def main():
    async with aiohttp.ClientSession() as session:
        url = 'https://www.example.com'
        pending = [asyncio.create_task(fetch_status(session, url)),
                   asyncio.create_task(fetch_status(session, url)),
                   asyncio.create_task(fetch_status(session, url))]


        while pending:
            done, pending = await asyncio.wait(pending,
    return_when=asyncio.FIRST_COMPLETED)

            print(f'Done task count: {len(done)}')
            print(f'Pending task count: {len(pending)}')

            for done_task in done:
                print(await done_task)

asyncio.run(main())
```

在代码清单 4-14 中，创建了一个名为 pending 的集合，将其初始化为我们想要运行的协程。当 pending 集合中有项目时，执行循环，并在每次迭代时使用该集合调用 wait。一旦得到 wait 的结果，更新 done 和 pending 集合，然后输出所有完成的任务。这将提供类似于 as_completed 的行为，不同之处在于可以更好地了解哪些任务已完成，以及哪些任务仍在运行。运行上述代码清单，将看到以下输出：

```
starting <function main at 0x10d1671f0> with args () {}
Done task count: 1
Pending task count: 2
200
Done task count: 1
Pending task count: 1
200
```

```
Done task count: 1
Pending task count: 0
200
finished <function main at 0x10d1671f0> in 0.1153 second(s)
```

由于请求函数可能很快完成，以至于所有请求同时完成，所以也可能看到如下输出：

```
starting <function main at 0x1100f11f0> with args () {}
Done task count: 3
Pending task count: 0
200
200
200
finished <function main at 0x1100f11f0> in 0.1304 second(s)
```

4.6.4　处理超时

除了允许对如何等待协程完成进行更细粒度的控制外，wait 还允许设置超时以指定我们希望所有等待完成的时间。要启用此功能，可将 timeout 参数设置为所需的最大秒数。如果超过了这个超时时间，wait 将返回 done 和 pending 任务集。与目前所看到的 wait_for 和 as_completed 相比，超时在 wait 中的行为方式存在一些差异。

协程不会被取消

当使用 wait_for 时，如果协程超时，它会自动请求取消。使用 wait 的情况并非如此。它的行为更接近我们在 gather 和 as_completed 中看到的情况。如果想因为超时而取消协程，必须显式地遍历任务并取消它们。

不会引发超时错误

与 wait_for 和 as_completed 一样，wait 不依赖于超时事件中的异常。相反，如果发生超时，则 wait 返回所有已完成的任务，以及在发生超时的时候仍处于挂起状态的所有任务。

例如，让我们来看看两个请求快速完成，而一个请求需要几秒钟才能完成的情况。将使用 1 秒的超时等待来了解若任务发生超时会出现什么情况。对于 return_when 参数，将使用默认值 ALL_COMPLETED。

代码清单 4-15 在 wait 中设定超时

```
@async_timed()
async def main():
    async with aiohttp.ClientSession() as session:
        url = 'https://example.com'
        fetchers = [asyncio.create_task(fetch_status(session, url)),
                    asyncio.create_task(fetch_status(session, url)),
                    asyncio.create_task(fetch_status(session, url,
                delay=3))]

        done, pending = await asyncio.wait(fetchers, timeout=1)

        print(f'Done task count: {len(done)}')
        print(f'Pending task count: {len(pending)}')
        for done_task in done:
            result = await done_task
            print(result)

asyncio.run(main())
```

运行代码清单 4-15，wait 调用将在 1 秒后返回 done 和 pending 集合。在 done 集合中，将看到两个快速请求，因为它们在 1 秒内完成。慢请求仍在运行，因此它将出现在 pending 集合中。然后等待完成的任务以提取它们的返回值。也可取消处于挂起的任务。运行代码清单 4-15，将看到以下输出：

```
starting <function main at 0x11c68dd30> with args () {}
Done task count: 2
Pending task count: 1
200
200
finished <function main at 0x11c68dd30> in 1.0022 second(s)
```

请注意，和以前一样，pending 集合中的任务不会被取消，并且继续运行，尽管会超时。对于要终止待处理任务的情况，我们需要显式地遍历 pending 集合并在每个任务上调用 cancel。

4.6.5　为什么要将所有内容都包装在一个任务中

在本节的开头，提到最好将传入的协程包装到任务中的wait里面。为什么要这样？回到之前的超时示例，并稍微改变一下。假设有两个不同的 Web API 请求，将调用 API A 和 API B。两者都可能很慢，但应用程序可在没有来自 API B 结果的情况下运行，也就是说 API B 的结果不会影响主程序的运行。因为想要一个响应性应用程序，所以为请求的完成设置了 1 秒的超时。如果对 API B 的请求在超时之后仍然挂起，就取消它并继续。让我们看看如果使用这种方式来实现，而不将请求封装在任务中会发生什么。

代码清单 4-16　取消运行缓慢的请求

```
import asyncio
import aiohttp
from chapter_04 import fetch_status

async def main():
    async with aiohttp.ClientSession() as session:
        api_a = fetch_status(session, 'https://www.example.com')
        api_b = fetch_status(session, 'https://www.example.com',
    delay=2)

        done, pending = await asyncio.wait([api_a, api_b], timeout=1)

        for task in pending:
            if task is api_b:
                print('API B too slow, cancelling')
                task.cancel()

asyncio.run(main())
```

我们希望这段代码输出“API B too slow, cancelling”，但是如果我们根本看不到这条消息会发生什么？这种情况可能会出现，因为当我们只使用协程调用 wait 时，它们会自动包装在任务中，且返回的 done 和 pending 集合是 wait 所创建的任务。这意味着我们无法进行任何比较来查看 pending 集合中的特定任务，例如 if task is api_b；因为我们比较的是任务对象，所以无法访问协程。但是，如果将 fetch_status 包装在一个任务中，wait 不会创建任何新对象，且 if task is api_b 的比较将按预期进行。这种情况下，我们正确地比较了两个任务对象。

4.7　本章小结

在本章中，我们学习了以下内容：

- 使用和创建我们自己的异步上下文管理器。这些是允许异步获取资源，然后释放它们的特殊类，即使发生异常也是如此。通过它们，可以清理那些以非详细方式获取的任何资源，且在处理 HTTP 会话和数据库连接时很有帮助。可将它们与特殊的 async with 语法一起使用。
- 使用 aiohttp 库来发出异步 Web 请求。aiohttp 是一个使用非阻塞套接字的 Web 客户端和服务器。使用 Web 客户端，可通过不阻塞事件循环的方式同时执行多个 Web 请求。
- asyncio.gather 函数允许同时运行多个协程，并等待它们完成。一旦传递给它的所有等待全部完成，这个函数就会返回。如果想跟踪发生的任何错误，可将 return_exceptions 设置为 True。这将返回成功完成的可等待对象的结果，以及收到的所有异常。
- 可使用 as_completed 函数在可等待对象列表完成时处理它们的结果。这将给我们一个可以循环遍历的 future 迭代器。一旦一个协程或任务完成，就能访问结果并处理它。
- 如果希望同时运行多个任务，但希望能了解哪些任务已经完成，哪些任务仍在运行，则可以使用 wait。这个函数还允许在返回结果时进行更多控制。当返回时，我们得到一组已经完成的任务和一组仍在运行的任务。然后可以取消任何想要取消的任务，或执行其他任何我们需要执行的任务。

第5章 非阻塞数据库驱动程序

本章内容：

- 使用 asyncpg 运行 asyncio 数据库查询
- 创建同时运行多个 SQL 查询的数据库连接池
- 管理异步数据库事务
- 使用异步生成器流式传输查询结果

第 4 章探讨了使用 aiohttp 库发出非阻塞 Web 请求，还讨论了使用几种不同的异步 API 方法来同时运行这些请求。通过结合 asyncio API 和 aiohttp 库，可以同时运行多个长时间运行的 Web 请求，从而提高应用程序的运行速度。我们在第 4 章中学到的概念不仅适用于 Web 请求，也适用于运行 SQL 查询，且可提高数据库密集型应用程序的性能。

与 Web 请求非常相似，我们需要使用对异步友好的库，因为典型的 SQL 库会阻塞主线程，因此会阻塞事件循环，直到检索到结果为止。在本章中，我们将学习更多关于使用 asyncpg 库进行异步数据库访问的知识。将首先创建一个简单的模式来跟踪电子商务商铺的产品，然后用它来异步执行查询。最后将研究如何管理数据库中的事务和回滚，以及设置连接池。

5.1 关于 asyncpg

正如之前提到的，现有的阻塞库无法与协程无缝协作。要对数据库同时运行查询，需要使用一个非阻塞套接字的异步友好库。为此，将使用一个名为 asyncpg 的库，它可以让我们异步连接到 Postgres 数据库并执行查询。

在本章中，我们将专注于 Postgres 数据库，但在这里学到的内容也将适用于 MySQL 和其他数据库。aiohttp 的创建者还创建了 aiomysql 库，它可以连接和运行对 MySQL 数据库的查询。虽然存在一些差异，但 API 是相似的，并且相关知识是可转移的。值得注意的是，asyncpg 库没有实现 PEP-249 中定义的 Python 数据库 API 规范(可在 https://www.python.org/dev/peps/pep-0249 了解更多信息)。这是库实现者有意识的选择，因为并发实现本质上不同于同步实现。然而，aiomysql 的创建者采取了不同的路线，并实现了 PEP-249，因此在 Python 中调用过同步数据库驱动程序的程序员，会对这个库的 API 很熟悉。

asyncpg 文档可在 https://magicstack.github.io/asyncpg/current/获得。现在我们已经了解了一些将要使用的驱动程序，接下来连接第一个数据库。

5.2 连接 Postgres 数据库

要开始使用 asyncpg，将使用为电子商务商铺创建产品数据库的真实场景。将在整章中使用这个示例数据库来演示在这个领域中，可能需要解决的数据库问题。

开始创建产品数据库和运行查询的第一件事是建立数据库连接。本章的其余部分假设你在本地计算机上运行一个 Postgres 数据库，默认端口为 5432，并假设默认用户 postgres 的密码为 password。

警告

为便于理解，将在这些代码示例中对密码进行硬编码。但请注意，在工作中，不应该在代码中硬编码密码，因为这违反了安全原则。应该将密码存储在环境变量或其他一些配置机制中。

可从 https://www.postgresql.org/download/下载并安装 Postgres。只需要选择适合操作系统的软件即可。也可以考虑使用 Docker Postgres 镜像，更多信息请参考 https://hub.docker.com/_/postgres/。

设置好数据库后，将安装 asyncpg 库。使用 pip3 来执行此操作，并安装撰写本书时的最新版本 0.0.23：

```
pip3 install -Iv asyncpg==0.23.0
```

安装后，现在可导入库并建立与数据库的连接。asyncpg 通过 asyncpg.connect 函数完成这项任务。让我们用它来连接并输出数据库版本号。

代码清单 5-1　以默认用户身份连接到 Postgres 数据库

```
import asyncpg
import asyncio

async def main():
    connection = await asyncpg.connect(host='127.0.0.1',
                                        port=5432,
                                        user='postgres',
                                        database='postgres',
                                        password='password')
    version = connection.get_server_version()
    print(f'Connected! Postgres version is {version}')
    await connection.close()

asyncio.run(main())
```

在代码清单 5-1 中，我们使用默认的 Postgres 用户连接到 Postgres 实例。假设 Postgres 实例已启动并正在运行，应该会在控制台上看到类似“Connected! Postgres version is ServerVersion(major=12, minor=0, micro=3, releaselevel='final' serial=0)”的信息，表明我们已经成功连接数据库。最后，可以使用 await connection.close()关闭与数据库的连接。

现在已经完成连接，但数据库中目前没有存储任何内容。下一步是创建一个可以与之交互的产品 schema。在创建此 schema 时，将学习如何使用 asyncpg 执行基本查询。

5.3　定义数据库模式

要开始对数据库运行查询，需要创建一个数据库模式(schema)。将选择一个简单的数据库模式，将其称为 products，对在线商铺来说，可以通过库存进行建模。让我们定义一些不同的实体，然后可以将它们转换为数据库中的表。

brand

brand(品牌)代表许多不同产品的制造商。例如，福特是一个生产许多不同型号汽车(如福特 F150、福特嘉年华等)的品牌。

> **product**
>
> product(产品)与一个 brand(品牌)相关联，品牌和产品之间存在一对多的关系。为简单起见，在 products 数据库中，产品只有一个产品名称。在福特的例子中，产品是一款名为 Fiesta 的紧凑型汽车，品牌为福特。此外，数据库中的每种产品都有多种尺寸和颜色。将可用的尺寸和颜色定义为 sku。

> **sku**
>
> sku(stock keeping unit)代表库存单位。同时，sku 代表店面出售的不同商品。例如，牛仔裤可能是待售产品，sku 可能是如下的牛仔裤：尺码是中号，颜色是蓝色；或是如下的牛仔裤：尺码是小号，颜色是黑色。产品和 sku 之间存在一对多的关系。

> **product_size(产品尺寸)**
>
> 一个产品可以有多种尺寸。对于此处的示例，将只考虑三种尺寸：小号、中号和大号。每个 sku 都有一个与之关联的产品尺寸，因此产品尺寸和 sku 之间存在一对多的关系。

> **product_color(产品颜色)**
>
> 一个产品可以有多种颜色。对于这个例子，假设库存的商品只有两种颜色：黑色和蓝色。产品颜色和 sku 之间存在一对多的关系。

综上所述，将对数据库进行建模，如图 5-1 所示。

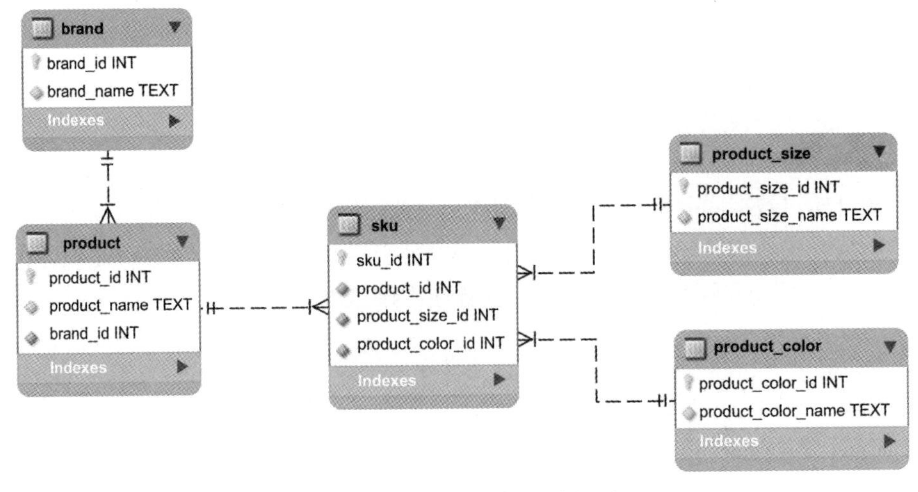

图 5-1　products 数据库的实体图

现在，使用创建此 schema 所需的 SQL 定义一些变量。使用 asyncpg，将执行这些语句来创建 products 数据库。由于产品尺寸和颜色是提前知道的，因此可在 product_size 和 product_color 表中插入一些记录。我们将在接下来的代码清单中引用这些变量，因此不需要重复冗长的 SQL 创建语句。

代码清单 5-2　product schema 的创建表语句

```
CREATE_BRAND_TABLE = \
    """
    CREATE TABLE IF NOT EXISTS brand(
        brand_id SERIAL PRIMARY KEY,
        brand_name TEXT NOT NULL
    );"""

CREATE_PRODUCT_TABLE = \
    """
    CREATE TABLE IF NOT EXISTS product(
        product_id SERIAL PRIMARY KEY,
        product_name TEXT NOT NULL,
        brand_id INT NOT NULL,
        FOREIGN KEY (brand_id) REFERENCES brand(brand_id)
    );"""

CREATE_PRODUCT_COLOR_TABLE = \
    """
    CREATE TABLE IF NOT EXISTS product_color(
        product_color_id SERIAL PRIMARY KEY,
        product_color_name TEXT NOT NULL
    );"""

CREATE_PRODUCT_SIZE_TABLE = \
    """
    CREATE TABLE IF NOT EXISTS product_size(
        product_size_id SERIAL PRIMARY KEY,
        product_size_name TEXT NOT NULL
    );"""

CREATE_SKU_TABLE = \
    """
```

```
    CREATE TABLE IF NOT EXISTS sku(
        sku_id SERIAL PRIMARY KEY,
        product_id INT NOT NULL,
        product_size_id INT NOT NULL,
        product_color_id INT NOT NULL,
        FOREIGN KEY (product_id)
        REFERENCES product(product_id),
        FOREIGN KEY (product_size_id)
        REFERENCES product_size(product_size_id),
        FOREIGN KEY (product_color_id)
        REFERENCES product_color(product_color_id)
    );"""

COLOR_INSERT = \
    """
    INSERT INTO product_color VALUES(1, 'Blue');
    INSERT INTO product_color VALUES(2, 'Black');
    """

SIZE_INSERT = \
    """
    INSERT INTO product_size VALUES(1, 'Small');
    INSERT INTO product_size VALUES(2, 'Medium');
    INSERT INTO product_size VALUES(3, 'Large');
    """
```

现在有了创建表以及插入尺寸和颜色的 SQL 语句，我们需要一种方法来运行查询。

5.4 使用 asyncpg 执行查询

要对数据库运行查询，首先需要连接 Postgres 实例。以默认 Postgres 用户身份连接 products 数据库后，可通过执行以下语句来创建数据库：

```
CREATE DATABASE products;
```

可通过命令行运行 sudo -u postgres psql -c "CREATE TABLE products;" 来执行此操作。在接下来的示例中，将假设你已执行此语句，因为将直接连接到 products 数据库。

现在已经创建了 products 数据库，我们将连接到该数据库，并执行创建语句。连接类有一个名为 execute 的协程，可以使用它来一一运行 create 语句。这个协程返回一个字符串，表示 Postgres 返回的查询状态。让我们使用在上一节中创建的语句并执行它们。

代码清单 5-3　使用 execute 协程运行创建语句

```
import asyncpg
import asyncio

async def main():
    connection = await asyncpg.connect(host='127.0.0.1',
                                       port=5432,
                                       user='postgres',
                                       database='products',
                                       password='password')
    statements = [CREATE_BRAND_TABLE,
                  CREATE_PRODUCT_TABLE,
                  CREATE_PRODUCT_COLOR_TABLE,
                  CREATE_PRODUCT_SIZE_TABLE,
                  CREATE_SKU_TABLE,
                  SIZE_INSERT,
                  COLOR_INSERT]

    print('Creating the product database...')
    for statement in statements:
        status = await connection.execute(statement)
        print(status)
    print('Finished creating the product database!')
    await connection.close()

asyncio.run(main())
```

首先创建与 products 数据库的连接，这与在第一个示例中所做的类似，不同之处仅在于，这里连接到 products 数据库。一旦有了这个连接，就可以使用 connection.execute()一次一个地执行 CREATE TABLE 语句。请注意，execute()是一个协程，因此要运行 SQL，我们需要 await 调用。假设一切正常，每个 execute 语句的状态应该是 CREATE TABLE，每个 insert 语句应该是 INSERT01。最后关闭与 products

数据库的连接。请注意，在此示例中，我们在 for 循环中等待每个 SQL 语句，这确保同步运行 INSERT 语句。由于某些表依赖于其他表，因此不能对多个表同时操作。

这些语句没有任何关联的结果，所以让我们插入几条数据，并运行一些简单的查询。首先插入一些品牌，然后查询它们，以确保已正确插入数据。可以像以前一样使用 execute 协程插入数据，并可使用 fetch 协程运行查询。

代码清单 5-4 插入品牌数据并进行检验

```
import asyncpg
import asyncio
from asyncpg import Record
from typing import List
async def main():
    connection = await asyncpg.connect(host='127.0.0.1',
                                       port=5432,
                                       user='postgres',
                                       database='products',
                                       password='password')
    await connection.execute("INSERT INTO brand VALUES(DEFAULT, 'Levis')")
    await connection.execute("INSERT INTO brand VALUES(DEFAULT, 'Seven')")

    brand_query = 'SELECT brand_id, brand_name FROM brand'
    results: List[Record] = await connection.fetch(brand_query)

    for brand in results:
        print(f'id: {brand["brand_id"]}, name: {brand["brand_name"]}')

    await connection.close()

asyncio.run(main())
```

首先在 brand 表中插入两个品牌。完成此操作后，使用 connection.fetch 从 brand 表中获取所有品牌。一旦这个查询完成，将把所有结果都保存在 results 变量中。每个结果都将是一个 asyncpg Record 对象。这些对象的行为类似于字典，允许我们通过传入带有下标语法的列名来访问数据。执行此操作将提供以下输出：

```
id: 1, name: Levis
id: 2, name: Seven
```

在此示例中，将查询到的所有数据提取到列表中。如果想获取单个结果，可调用

connection.fetchrow()，它将从查询中返回单个记录。默认的 asyncpg 连接会将查询的所有结果放入内存，因此 fetchrow 和 fetch 之间暂时没有性能差异。在本章后面，我们将看到如何使用带有游标的流式结果集，每次只将部分数据读入内存，这对那些可能返回大量数据的情况很有帮助。

这些示例逐一运行查询，我们可以通过使用非异步数据库驱动程序获得类似的性能。然而，由于现在返回协程，可使用在第 4 章中学习的 asyncio API 方法来并发执行查询。

5.5　通过连接池实现并发查询

asyncio 对 I/O 密集型操作的真正益处是能够同时运行多个任务。需要重复进行的相互独立的查询是可以通过并发获得更好查询性能的例子。为证明这一点，设想一个成功的电子商务商铺。公司为 1000 个不同的品牌提供 100000 个 sku。

还假设通过合作伙伴销售商品。这些合作伙伴通过我们建立的批处理，在给定时间提出数千种产品的查询请求。按顺序运行所有这些查询可能很慢，因此可以创建一个并发执行这些查询的应用程序，以确保可以快速响应。

由于这是一个示例，并且我们手头没有 100000 个 sku，我们将首先从数据库中创建虚拟产品和 sku 记录。将为品牌和产品随机生成 100000 个 sku，将使用此数据集作为运行查询的基础。

5.5.1　将随机 sku 插入 products 数据库

由于想随机生成产品数据，我们将从 1000 个最常出现的英语单词列表中随机选择名称。对于这个例子，假设有一个包含这些单词的文本文件，称为 common_words.txt。你可以从本书的 GitHub 数据存储库 https://github.com/concurrency-in-python-withasyncio/data 下载此文件。

首先插入品牌数据，因为 product 表将 brand_id 作为外键。将使用 connection.executemany 协程编写参数化 SQL 来插入这些品牌。这将允许我们编写一个 SQL 查询，并传入想要插入的参数列表，而不必为每个品牌创建一个 INSERT 语句。

executemany 协程接收一个 SQL 语句和一个包含想要插入的值的元组列表。可以使用$1,$2...$N 语法来参数化 SQL 语句。美元符号后面的每个数字代表我们想在 SQL 语句中使用的元组的索引。例如，如果有一个查询(我们写成 INSERT INTO table

VALUES($1, $2))一个元组列表 [('a', 'b'), ('c', 'd')]，这将执行两个插入，如下所示：

```
INSERT INTO table ('a', 'b')
INSERT INTO table ('c', 'd')
```

将首先从常用词列表中生成 100 个随机品牌名称的列表。将把它作为一个元组列表返回，每个元组都有一个值，所以可以在 executemany 协程中使用它。一旦创建了这个列表，就需要为这个元组列表传递一个参数化的 INSERT 语句。

代码清单 5-5 插入随机品牌

```
import asyncpg
import asyncio
from typing import List, Tuple, Union
from random import sample

def load_common_words() -> List[str]:
    with open('common_words.txt') as common_words:
        return common_words.readlines()

def generate_brand_names(words: List[str]) -> List[Tuple[Union[str, ]]]:
    return [(words[index],) for index in sample(range(100), 100)]

async def insert_brands(common_words, connection) -> int:
    brands = generate_brand_names(common_words)
    insert_brands = "INSERT INTO brand VALUES(DEFAULT, $1)"
    return await connection.executemany(insert_brands, brands)

async def main():
    common_words = load_common_words()
    connection = await asyncpg.connect(host='127.0.0.1',
                                       port=5432,
                                       user='postgres',
                                       database='products',
                                       password='password')
    await insert_brands(common_words, connection)

asyncio.run(main())
```

在内部，executemany 将遍历品牌列表，并为每个品牌生成一个 INSERT 语句。然后它将一次执行所有这些 INSERT 语句。这种参数化方法还可以防止受到 SQL 注入攻击，因为输入数据已经过净化。一旦运行它，系统中应该有 100 个品牌，其中名称是随机的。

现在已经了解了如何随机插入品牌，让我们使用相同的技术插入产品和 sku。对于产品，将创建一个包含 10 个随机词和一个随机品牌 ID 的描述。对于 sku，将随机选择尺寸、颜色和产品。假设品牌 ID 从 1 开始，以 100 结束。

代码清单 5-6　随机插入产品和 sku

```
import asyncio
import asyncpg
from random import randint, sample
from typing import List, Tuple
from chapter_05.listing_5_5 import load_common_words


def gen_products(common_words: List[str],
                 brand_id_start: int,
                 brand_id_end: int,
                 products_to_create: int) -> List[Tuple[str, int]]:
    products = []
    for _ in range(products_to_create):
        description = [common_words[index] for index in
    sample(range(1000), 10)]
        brand_id = randint(brand_id_start, brand_id_end)
        products.append((" ".join(description), brand_id))
    return products


def gen_skus(product_id_start: int,
             product_id_end: int,
             skus_to_create: int) -> List[Tuple[int, int, int]]:
    skus = []
    for _ in range(skus_to_create):
        product_id = randint(product_id_start, product_id_end)
        size_id = randint(1, 3)
        color_id = randint(1, 2)
        skus.append((product_id, size_id, color_id))
    return skus


async def main():
```

```
    common_words = load_common_words()
    connection = await asyncpg.connect(host='127.0.0.1',
                                       port=5432,
                                       user='postgres',
                                       database='products',
                                       password='password')

    product_tuples = gen_products(common_words,
                                  brand_id_start=1,
                                  brand_id_end=100,
                                  products_to_create=1000)
    await connection.executemany("INSERT INTO product VALUES(DEFAULT,
$1, $2)",
                                  product_tuples)

    sku_tuples = gen_skus(product_id_start=1,
                          product_id_end=1000,
                          skus_to_create=100000)
    await connection.executemany("INSERT INTO sku VALUES(DEFAULT, $1,
$2, $3)",
                                  sku_tuples)

    await connection.close()

asyncio.run(main())
```

运行这个代码清单时，已经有一个包含 1000 种产品和 100000 个 sku 的数据库。根据机器配置，这可能需要几秒钟才能执行完成。通过一些数据表连接操作，现在可以查询特定产品的所有可用 sku。让我们通过查询 product_id 为 100 的数据来了解运行情况：

```
product_query = \
"""
SELECT
p.product_id,
p.product_name,
p.brand_id,
s.sku_id,
pc.product_color_name,
ps.product_size_name
```

```
FROM product as p
JOIN sku as s on s.product_id = p.product_id
JOIN product_color as pc on pc.product_color_id = s.product_color_id
JOIN product_size as ps on ps.product_size_id = s.product_size_id
WHERE p.product_id = 100"""
```

执行这个查询时，我们将为产品的每个 sku 获取一行记录，还将获取尺寸和颜色的正确英文名称，而不是 ID。假设我们有很多想在给定时间完成查询的产品 ID，这提供了一个应用并发的好机会。我们可能会天真地尝试将 asyncio.gather 与现有的连接一起应用，如下所示：

```
async def main():
    connection = await asyncpg.connect(host='127.0.0.1',
                                       port=5432,
                                       user='postgres',
                                       database='products',
                                       password='password')
    print('Creating the product database...')
    queries = [connection.execute(product_query),
               connection.execute(product_query)]
    results = await asyncio.gather(*queries)
```

然而，如果运行上面的程序，我们会收到一个错误：

```
RuntimeError: readexactly() called while another coroutine is already
waiting for incoming data
```

为什么会是这样？在 SQL 世界中，一个连接意味着一个到数据库的套接字连接。由于只有一个连接，并且试图同时读取多个查询的结果，因此我们遇到了错误。可通过创建数据库的多个连接并为每个连接执行一个查询来解决此问题。由于创建连接非常耗费资源，因此缓存它们以便可在需要时继续使用是非常有意义的。这种技术通常称为连接池。

5.5.2　创建连接池从而同时运行查询

由于一次只能对一个连接运行一个查询，因此需要一种机制来创建和管理多个连接，连接池很好地实现了这种机制。你可将连接池视为与数据库实例现有连接的缓存。连接池包含有限数量的连接，当我们需要运行查询时可以访问这些连接。

使用连接池，我们在需要运行查询时获取连接。获取连接意味着我们询问连接池，

“池中当前是否有可用的连接？如果有，给我一个，这样我就可以运行我的查询。”连接池有助于重用这些连接来执行查询。换句话说，一旦从池中获取连接，然后运行查询，并且该查询已经完成，我们将连接返回或“释放”到池中以供其他人使用。这很重要，因为与数据库建立连接非常耗时。如果必须为每个查询创建一个新连接，应用程序的性能将大幅下降。

由于连接池的连接数是有限的，我们在申请连接时可能需要等待一段时间，因为其他连接可能正在使用中。这意味着连接获取是一项可能需要一些时间才能完成的操作。如果池中只有 10 个连接，每个都在使用中，当请求另一个连接的时候，就需要等待有连接释放，然后才能使用。

为说明这在 asyncio 中是如何工作的，假设有一个包含两个连接的连接池。还假设有三个协程，每个协程运行一个查询。将同时运行这三个协程。以这种方式设置连接池后，尝试运行查询的前两个协程将获取两个可用连接，并开始运行查询。这种情况下，第三个协程将等待可用连接。当前两个协程中的任何一个完成查询时，将释放其连接，并将连接返回到池中。这让第三个协程可获取连接，并开始使用该连接来运行它的查询(如图 5-2 所示)。

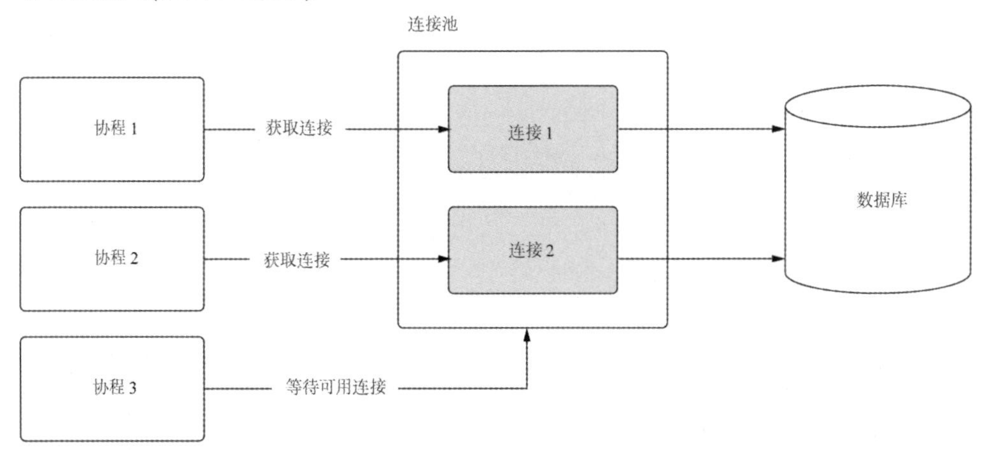

图 5-2　协程 1 和 2 获取连接以运行它们的查询，而协程 3 则等待可用连接。一旦协程 1 或 2 完成，协程 3 将能够使用释放的连接，并执行其查询

在这个模型中，最多可以同时运行两个查询。通常，连接池会更大一些，从而启用更多并发性。对于我们的示例，将使用 6 个连接池，你可以根据应用程序需求和硬件配置来决定连接池中连接的数量。在此处，你需要对连接池大小进行基准测试。请记住，连接池并不是越大越好，关于连接池中连接数量的设定，有很多书籍和资料可供参考。

既然我们了解了连接池是如何工作的，那么如何使用 asyncpg 创建一个连接池呢？asyncpg 公开了一个名为 create_pool 的协程来完成此操作。我们使用它而非之前的 connect 函数来建立与数据库的连接。当调用 create_pool 时，我们将指定希望在池中创建的连接数。将使用 min_size 和 max_size 参数来实现这一点。min_size 参数指定连接池中的最小连接数，这意味着一旦建立了连接池，就可以保证在其中至少已经建立了这个数量的连接。max_size 参数指定池中的最大连接数，确定我们可以拥有的最大连接数。如果我们没有足够的可用连接，并且新连接不会导致池大小超过 max_size 中设置的值，池将创建新连接。对于第一个示例，将这两个值都设置为 6。这保证了总是有 6 个可用的连接。

asyncpg 池是异步上下文管理器，这意味着必须使用 async with 语法来创建池。一旦建立了一个池，就可以使用 acquire 协程来获取连接。这个协程将暂停执行，直到我们有可用的连接。一旦这样做，就可以使用该连接来执行想要的任何 SQL 查询。获取连接也是一个异步上下文管理器，它在我们完成连接后将连接返回到池中，因此我们需要使用 async with 语法，就像在创建池时所做的那样。这样，我们可重写代码，同时运行多个查询。

代码清单 5-7　建立连接池并运行查询

```
import asyncio
import asyncpg

product_query = \
    """
SELECT
p.product_id,
p.product_name,
p.brand_id,
s.sku_id,
pc.product_color_name,
ps.product_size_name
FROM product as p
JOIN sku as s on s.product_id = p.product_id
JOIN product_color as pc on pc.product_color_id = s.product_color_id
JOIN product_size as ps on ps.product_size_id = s.product_size_id
WHERE p.product_id = 100"""

async def query_product(pool):
    async with pool.acquire() as connection:
        return await connection.fetchrow(product_query)
```

```
async def main():
    async with asyncpg.create_pool(host='127.0.0.1',
                                   port=5432,
                                   user='postgres',
                                   password='password',
                                   database='products',
                                   min_size=6,
                                   max_size=6) as pool:   ◄── 创建一个有 6 个连接的连接池。

        await asyncio.gather(query_product(pool),
                             query_product(pool))   ◄── 同时执行两个产品查询。

asyncio.run(main())
```

在代码清单 5-7 中，首先创建一个包含 6 个连接的连接池。然后创建两个查询协程对象，并安排它们与 asyncio.gather 并发运行。在 query_product 协程中，首先使用 pool.acquire()从池中获取连接。然后，此协程将暂停运行，直到连接池中的连接可用。在 async with 块中执行此操作，这将确保一旦离开块，连接将返回到池中。这很重要，因为如果不这样做，可能会用完所有连接，最终导致应用程序永远挂起，等待永远不会可用的连接。一旦获得了一个连接，就可以像前面的例子一样运行查询。

可通过创建 10000 个不同的查询协程对象来扩展此示例，从而运行 10000 个查询。为让这件事变得有趣，将编写一个同步运行查询的程序，并比较运行时间。

代码清单 5-8　同步查询与并发

```
import asyncio
import asyncpg
from util import async_timed

product_query = \
    """
SELECT
p.product_id,
p.product_name,
p.brand_id,
s.sku_id,
pc.product_color_name,
ps.product_size_name
```

```
FROM product as p
JOIN sku as s on s.product_id = p.product_id
JOIN product_color as pc on pc.product_color_id = s.product_color_id
JOIN product_size as ps on ps.product_size_id = s.product_size_id
WHERE p.product_id = 100"""

async def query_product(pool):
    async with pool.acquire() as connection:
        return await connection.fetchrow(product_query)

@async_timed()
async def query_products_synchronously(pool, queries):
    return [await query_product(pool) for _ in range(queries)]

@async_timed()
async def query_products_concurrently(pool, queries):
    queries = [query_product(pool) for _ in range(queries)]
    return await asyncio.gather(*queries)

async def main():
    async with asyncpg.create_pool(host='127.0.0.1',
                                   port=5432,
                                   user='postgres',
                                   password='password',
                                   database='products',
                                   min_size=6,
                                   max_size=6) as pool:
        await query_products_synchronously(pool, 10000)
        await query_products_concurrently(pool, 10000)

asyncio.run(main())
```

在 query_products_synchronously 中，我们在列表推导式中放置一个 await，这将强制对 query_product 的每次调用按顺序运行。在 query_products_concurrently 中，创建一个我们想要运行的协程列表，然后将它们与 gather 并发运行。在主协程中，运行同步和并发两个版本的程序，每个程序都有 10000 个查询。虽然具体结果可能因你的硬件而有很大差异，但并发版本的速度几乎是串行版本的五倍：

```
starting <function query_products_synchronously at 0x1219ea1f0> with args
    (<asyncpg.pool.Pool object at 0x12164a400>, 10000) {}
finished <function query_products_synchronously at 0x1219ea1f0> in 21.8274
    second(s)
starting <function query_products_concurrently at 0x1219ea310> with args
    (<asyncpg.pool.Pool object at 0x12164a400>, 10000) {}
finished <function query_products_concurrently at 0x1219ea310> in 4.8464
    second(s)
```

我们已经看到程序性能的提升，但是如果我们需要更大的吞吐量，还可以做出更大的改进。由于查询相对较快，因此这段代码是 CPU 密集型和 I/O 密集型的混合体。在第 6 章中，将看到如何从这种设置中获得更多性能提升。

到目前为止，已经了解了如何在没有任何故障的情况下将数据插入数据库。但是如果在插入产品的过程中出现失败怎么办？我们不希望数据库中出现不一致的状态，因此这就是数据库事务发挥作用的地方。接下来，我们将了解如何使用异步上下文管理器来获取和管理事务。

5.6　使用 asyncpg 管理事务

事务是许多满足 ACID(原子、一致、隔离、持久)属性的数据库中的核心概念。事务由作为一个原子单元执行的一个或多个 SQL 语句组成。如果在事务中执行语句时没有发生错误，我们将语句提交到数据库，使所有更改成为数据库的永久部分。如果出现任何错误，将回滚事务中的所有语句，就像它们从未发生过一样。在产品数据库的情况下，如果尝试插入重复的品牌，或者如果违反了设置的数据库约束，则将该事务中的所有语句进行回滚。

在 asyncpg 中，处理事务的最简单方法是使用 connection.transaction 异步上下文管理器来启动它们。然后，如果 async with 块中出现异常，则事务将自动回滚。如果所有语句执行成功，则将自动提交。让我们看看如何创建一个事务，并执行两个简单的 INSERT 语句来添加几个品牌。

代码清单 5-9　创建一个事务

```
import asyncio
import asyncpg


async def main():
```

```
    connection = await asyncpg.connect(host='127.0.0.1',
                                       port=5432,
                                       user='postgres',
                                       database='products',
                                       password='password')
    async with connection.transaction():
        await connection.execute("INSERT INTO brand "
                                 "VALUES(DEFAULT, 'brand_1')")
        await connection.execute("INSERT INTO brand "
                                 "VALUES(DEFAULT, 'brand_2')")

    query = """SELECT brand_name FROM brand
               WHERE brand_name LIKE 'brand%'"""
    brands = await connection.fetch(query)
    print(brands)

    await connection.close()

asyncio.run(main())
```

启动数据库事务。

选择品牌以确保事务可以提交。

假设事务成功提交，我们应该看到[<Record brand_name='brand_1'>, <Record brand_name='brand_2'>]输出到控制台。此示例假定运行两个插入语句没有发生错误，并且所有内容均已成功提交。为演示发生回滚时会发生什么，强制发生一个 SQL 错误。为测试这一点，将尝试插入两个具有相同主键 ID 的品牌。第一次插入会成功，但第二次插入会引发重复键错误。

代码清单 5-10　处理事务中的错误

```
import asyncio
import logging
import asyncpg

async def main():
    connection = await asyncpg.connect(host='127.0.0.1',
                                       port=5432,
                                       user='postgres',
                                       database='products',
                                       password='password')
    try:
        async with connection.transaction():
```

```
            insert_brand = "INSERT INTO brand VALUES(9999, 'big_brand')"
            await connection.execute(insert_brand)
            await connection.execute(insert_brand)
    except Exception:
        logging.exception('Error while running transaction')
    finally:
        query = """SELECT brand_name FROM brand
                   WHERE brand_name LIKE 'big_%'"""
        brands = await connection.fetch(query)
        print(f'Query result was: {brands}')

        await connection.close()

asyncio.run(main())
```

如果有异常，则记录错误信息。

由于主键重复，此插入语句将出错。

选择品牌，以确保没有插入任何数据。

在下面的代码中，第二个插入语句会引发错误。并生成如下输出：

```
ERROR:root:Error while running transaction
Traceback (most recent call last):
  File "listing_5_10.py", line 16, in main
    await connection.execute("INSERT INTO brand "
  File "asyncpg/connection.py", line 272, in execute
    return await self._protocol.query(query, timeout)
  File "asyncpg/protocol/protocol.pyx", line 316, in query
asyncpg.exceptions.UniqueViolationError: duplicate key value violates
unique
      constraint "brand_pkey"
DETAIL: Key (brand_id)=(9999) already exists.
Query result was: []
```

首先检索到一个异常，因为我们试图插入重复的数据，然后看到 SELECT 语句的结果是空的，表明成功回滚了事务。

5.6.1 嵌套事务

asyncpg 还通过称为保存点的 Postgres 功能支持嵌套事务的概念。保存点在 Postgres 中使用 SAVEPOINT 命令定义。当定义一个保存点时，我们可以回滚到该保存点，在保存点之后执行的任何 SQL 都将被回滚，但在它之前成功执行的任何 SQL 都不会回滚。

在 asyncpg 中，可通过在现有事务中调用 connection.transaction 上下文管理器来创建保存点。然后，如果这个内部事务中有任何错误，就对它进行回滚，但外部事务不受影响。让我们通过在事务中插入品牌来验证这一点，在嵌套事务中尝试插入数据库中已经存在的“颜色”。

代码清单 5-11　嵌套事务

```
import asyncio
import asyncpg
import logging

async def main():
    connection = await asyncpg.connect(host='127.0.0.1',
                                       port=5432,
                                       user='postgres',
                                       database='products',
                                       password='password')
    async with connection.transaction():
        await connection.execute("INSERT INTO brand VALUES(DEFAULT,
      'my_new_brand')")
        try:
            async with connection.transaction():
                await connection.execute("INSERT INTO product_color
        VALUES(1,
      'black')")
        except Exception as ex:
            logging.warning('Ignoring error inserting product color',
      exc_info=ex)

    await connection.close()

asyncio.run(main())
```

当运行这段代码时，第一个 INSERT 语句运行成功，因为数据库中还没有这个品牌。第二个 INSERT 语句因重复键错误而失败。由于第二个插入语句在事务中，我们捕获并记录异常；尽管出现错误，但外部事务没有回滚，并且标记为正确插入。如果没有嵌套事务，第二个 INSERT 语句将导致品牌插入被回滚。

5.6.2 手动管理事务

到目前为止，我们已经使用异步上下文管理器来处理事务的提交和回滚。由于这比自己管理事情要简单，所以通常是最好的方法。但有时，我们可能发现需要手动管理事务。例如，可能希望在回滚时执行自定义代码，或者希望在除了异常以外的其他情况，进行回滚。

如果打算手动管理事务，可在上下文管理器之外，使用 connection.transaction 返回的事务管理器。这样做时，我们需要手动调用它的 start 方法来启动一个事务，然后在执行成功时提交，并在失败时进行回滚。让我们通过重写第一个示例来看看如何实现这一点。

代码清单 5-12 手动管理事务

```
import asyncio
import asyncpg
from asyncpg.transaction import Transaction

async def main():
    connection = await asyncpg.connect(host='127.0.0.1',
                                       port=5432,
                                       user='postgres',
                                       database='products',
                                       password='password')
    transaction: Transaction = connection.transaction()
    await transaction.start()
    try:
        await connection.execute("INSERT INTO brand "
                                 "VALUES(DEFAULT, 'brand_1')")
        await connection.execute("INSERT INTO brand "
                                 "VALUES(DEFAULT, 'brand_2')")
    except asyncpg.PostgresError:
        print('Errors, rolling back transaction!')
        await transaction.rollback()
    else:
        print('No errors, committing transaction!')
        await transaction.commit()

    query = """SELECT brand_name FROM brand
```

创建事务实例。

开始事务。

如果发生异常，则回滚。

如果没有异常，则提交。

```
                    WHERE brand_name LIKE 'brand%'"""
        brands = await connection.fetch(query)
        print(brands)

        await connection.close()

    asyncio.run(main())
```

首先使用与异步上下文管理器语法相同的方法来创建事务，但这里存储此调用返回的 Transaction 实例。将这个类视为事务管理器，因为有了它，我们将能执行所需的任何提交和回滚。一旦有了一个事务实例，就可以调用 start 协程。这将执行一个查询，从而在 Postgres 中启动事务。然后，在一个 try 块中，可执行我们想要执行的任何查询。这种情况下，我们插入两个品牌。如果这些 INSERT 语句中的任何一个出现错误，将转到 except 块，并通过调用 rollback 协程回滚事务。如果没有错误，我们调用 commit 协程。该线程将结束事务，并将事务中的所有更改永久保存在数据库中。

到目前为止，我们一直在以一种将所有查询结果一次拉入内存的方式运行查询。这对许多应用程序来说是有意义的，因为许多查询将返回较小的结果集。但是，我们可能会遇到一种情况，即可能处理无法一次全部放入内存的大型结果集。此类情况下，我们可能希望流式传输结果，从而避免对系统的 RAM 造成负担。接下来，我们将探索如何使用 asyncpg 来实现这一点，并在此过程中介绍异步生成器。

5.7　异步生成器和流式结果集

asynpg 提供的默认 fetch 实现的一个缺点是，它将我们执行的任何查询中的所有数据全部提取到内存中。这意味着如果有一个返回数百万行的查询，我们会尝试将整个集合从数据库传输到请求的机器。回到产品数据库示例，想象一下如果我们拥有数十亿种产品。很可能会有一些查询返回非常大的结果集，这可能导致性能问题。

当然，可将 LIMIT 语句应用于查询，并对数据进行分页，这对许多应用程序都是有意义的。但这种方法存在一些额外开销，因为我们多次发送相同的查询，这可能给数据库带来额外压力。如果发现自己正受到这些问题的困扰，那么仅在需要时才为特定查询流式传输结果是很好的解决办法。这将节省应用程序层的内存消耗，并降低数据库的负载。但它的代价是在与数据库连接的网络上进行更多的数据传输。

Postgres 通过游标来支持流式查询结果。将游标视为指向当前正在遍历结果集的位置的指针。从流式查询中获得单个结果时，将游标移动到下一个元素，以此类推，直到没有更多结果为止。

使用 asyncpg，可直接从连接中获取游标，然后可使用它来执行流式查询。asyncpg 中的游标使用我们尚未使用的 asyncio 功能，称为异步生成器。异步生成器会逐个异步生成结果，类似于常规的 Python 生成器。还允许我们使用特殊的 for 循环样式语法来迭代我们得到的任何结果。为完全理解这是如何工作的，下面将首先介绍异步生成器以及用来循环这些生成器的 async for 语法。

5.7.1 异步生成器介绍

许多开发人员对 Python 中的同步生成器不会陌生。生成器是迭代器设计模式的一种实现，该模式在 *Design Patterns: Elements of Reusable Object-Oriented Software* 一书中有介绍。这种模式允许我们“懒惰地”定义数据序列，并一次遍历一个元素。这对于潜在的大数据序列很有帮助，我们不需要一次将所有内容都存储在内存中。

简单的同步生成器是一个普通的 Python 函数，它包含一个 yield 语句，而不是 return 语句。例如，让我们创建生成器并使用该生成器返回正整数(从零开始直到指定的结束值)。

代码清单 5-13 同步生成器

```
def positive_integers(until: int):
    for integer in range(until):
        yield integer


positive_iterator = positive_integers(2)


print(next(positive_iterator))
print(next(positive_iterator))
```

在代码清单 5-13 中，创建了一个函数，它接收一个我们想要计数的整数。然后开始一个循环，直到指定的结束值。然后，在循环的每次迭代中，生成序列中的下一个整数。当调用 positive_integers(2)时，程序不会返回整个列表，甚至不会在方法中运行循环。事实上，如果检查 positive_iterator 的类型，将得到<class 'generator'>。

然后使用下一个实用函数在生成器上进行迭代。每次调用 next 时，都会在 positive_integers 中触发 for 循环的一次迭代，每次迭代都返回 yield 语句的结果。因此，代码清单 5-13 中的代码将把 0 和 1 输出到控制台。除了使用 next，还可以在生成器中使用 for 循环来遍历生成器中的所有值。

这适用于同步方法，但如果想使用协程异步生成一系列值怎么办？对于数据库示例，如果我们想从数据库中分批获取记录怎么办？可以使用 Python 的异步生成器和特殊的 async for 语法来做到这一点。为演示一个简单的异步生成器，让我们从正整数示例开始，因为引入了对协程的调用，该调用需要几秒钟才能完成。为此，将使用第 2 章中的 delay 函数。

代码清单 5-14　简单的异步生成器

```
import asyncio
from util import delay, async_timed
async def positive_integers_async(until: int):
    for integer in range(1, until):
        await delay(integer)
        yield integer

@async_timed()
async def main():
    async_generator = positive_integers_async(3)
    print(type(async_generator))
    async for number in async_generator:
        print(f'Got number {number}')

asyncio.run(main())
```

运行代码清单 5-14，我们将看到对象类型不再是一个普通的生成器，而是<class 'async_generator'>，表明它是一个异步生成器。异步生成器与常规生成器的不同之处在于，它将不会生成普通的 Python 对象，而是生成协程，然后可以等待，直至得到结果。正因为如此，正常的 for 循环和 next 函数不适用于这些类型的生成器。但是，我们有一种特殊的语法：async for，通过它可处理这些类型的生成器。在此示例中，将使用此语法来迭代 positive_integers_async。

此代码将输出数字 1 和 2，在返回第一个数字之前等待 1 秒，在返回第二个数字之前等待 2 秒。请注意，这不是执行并发生成的协程；相反，它将串行执行，一次生成一个，并且进行等待。

5.7.2　使用带有流游标的异步生成器

异步生成器的概念与流数据库游标的概念可以很好地结合在一起。使用这些生成器，我们将能够通过简单的 for 循环语法一次获取一行。要使用 asyncpg 执行流，首先需要启动一个事务，因为 Postgres 需要使用游标。一旦启动了事务，就可以调用

connection 类上的 cursor 方法获得一个游标。当调用 cursor 方法时，将传入我们想要流化的查询。这个方法将返回一个异步生成器，我们可以使用它对结果进行流处理。

为熟悉如何操作，让我们运行一个查询，使用游标从数据库中获取所有产品。然后，将使用 async for 语法从结果集中一次获取一个元素。

代码清单 5-15　通过流式读取，每次获取一个元素

```
import asyncpg
import asyncio
import asyncpg

async def main():
    connection = await asyncpg.connect(host='127.0.0.1',
                                       port=5432,
                                       user='postgres',
                                       database='products',
                                       password='password')

    query = 'SELECT product_id, product_name FROM product'
    async with connection.transaction():
        async for product in connection.cursor(query):
            print(product)

    await connection.close()

asyncio.run(main())
```

代码清单 5-15 将输出所有产品。尽管在这个表中放入了 1000 个产品，但每次只将少数几个产品放入内存中。为减少网络流量，游标默认为每次读取 50 条记录。可通过设置 prefetch 参数来改变读取的数量。

还可使用这些游标跳过结果集，每次获取任意数量的行记录。让我们看看如何通过刚才使用的查询来实现这一点。

代码清单 5-16　移动游标并获取记录

```
import asyncpg
import asyncio

async def main():
    connection = await asyncpg.connect(host='127.0.0.1',
```

```
                                port=5432,
                                user='postgres',
                                database='products',
                                password='password')
    async with connection.transaction():
        query = 'SELECT product_id, product_name from product'
        cursor = await connection.cursor(query)
        await cursor.forward(500)
        products = await cursor.fetch(100)
        for product in products:
            print(product)

    await connection.close()

asyncio.run(main())
```

为查询创建游标。

将游标向前移动 500 条记录。

获得接下来的 100 条记录。

代码清单 5-16 中的代码将首先为查询创建一个游标。注意，在 await 语句中使用它(与协程一样，与异步生成器不同)，这是因为在 asyncpg 中，游标既是异步生成器又是可等待对象。大多数情况下，这类似于使用异步生成器，但以这种方式创建游标时，会有不同的预读取行为。该方法不能设置预读取值，这样做将引发 InterfaceError。

有了游标后，使用它的 forward coroutine 方法在结果集中向前移动。这将有效地跳过产品表中的前 500 条记录。将游标向前移动后，获取下 100 个产品，并将它们分别输出到控制台。

默认情况下，这些类型的游标是不可双向移动的，这意味着只能在结果集中向前移动。如果你想使用可以前后移动的可滚动游标，则需要使用 DECLARE ... SCROLL CURSOR 手动执行 SQL 来完成此操作。可在 https://www.postgresql.org/docs/current/plpgsql-cursors.html 了解关于如何使用 Postgres 游标的更多信息。

如果我们有一个非常大的结果集，并且不想让整个结果集驻留在内存中，这两种技术都很有用。代码清单 5-16 中的异步 for 循环对于循环整个集合很有帮助，而创建游标和使用 fetch 协程方法对于获取大块记录或跳过一组记录很有帮助。

但是，如果我们只想通过预读取一次检索一组固定的元素，并且仍然使用异步 for 循环怎么办？可在异步 for 循环中添加一个计数器，并在看到一定数量的元素后中断，但如果我们需要在代码中经常这样做，这种模式的重用性较低。应该构建自己的异步生成器来简化这些操作。我们称这个生成器为 take。该生成器将采用异步生成器和我们希望提取的元素数量。让我们创建它，并从结果集中获取前五个元素，如代码清单 5-17 所示。

代码清单 5-17 使用异步生成器获取特定数量的元素

```
import asyncpg
import asyncio

async def take(generator, to_take: int):
    item_count = 0
    async for item in generator:
        if item_count > to_take - 1:
            return
        item_count = item_count + 1
        yield item

async def main():
    connection = await asyncpg.connect(host='127.0.0.1',
                                       port=5432,
                                       user='postgres',
                                       database='products',
                                       password='password')
    async with connection.transaction():
        query = 'SELECT product_id, product_name from product'
        product_generator = connection.cursor(query)
        async for product in take(product_generator, 5):
            print(product)

        print('Got the first five products!')

    await connection.close()

asyncio.run(main())
```

take 异步生成器使用 item_count 来跟踪到目前为止我们已经遇到了多少个条目。然后输入 async_for 循环，生成所遇到的每条记录。在 yield 之后，检查 item_count，看看是否生成了调用者请求的条目数。如果有，则返回，从而结束异步生成器。在主协程中，可以在普通的 async for 循环中使用 take。在这个例子中，使用它来请求游标的前 5 个元素，结果如下所示：

```
<Record product_id=1 product_name='among paper foot see shoe ride age'>
<Record product_id=2 product_name='major wait half speech lake won't'>
<Record product_id=3 product_name='war area speak listen horse past edge'>
```

```
<Record product_id=4 product_name='smell proper force road house planet'>
<Record product_id=5 product_name='ship many dog fine surface truck'>
Got the first five products!
```

虽然在代码中进行了自定义，但开源库 aiostream 具有此功能，以及更多用于处理异步生成器的功能。你可在 aiostream.readthedocs.io 查看该库的文档。

5.8　本章小结

在本章中，我们学习了以下内容：

- 可使用异步数据库连接在 Postgres 中创建和选择记录。你现在应该能够掌握这些知识，并能创建并发数据库客户端。
- 如何使用 asyncpg 连接到 Postgres 数据库。
- 如何使用各种 asyncpg 协程来创建表、插入记录和执行单个查询。
- 如何使用 asyncpg 创建连接池。这允许使用 asyncio 的 API 方法(如 gather)并发地运行多个查询。使用它，我们可通过串联执行查询来加快应用程序的运行速度。
- 如何使用 asyncpg 管理事务。事务允许回滚由于故障而对数据库所做的任何更改；即使发生意外情况，也可以使数据库保持一致状态。
- 如何创建异步生成器，以及如何将它们用于流式数据库连接。可以同时使用这两个概念来处理无法同时放入内存的大型数据集。

第6章

处理CPU密集型工作

本章内容：

- multiprocessing库
- 创建进程池来处理CPU密集型工作
- 使用async和await来管理CPU密集型工作
- 使用MapReduce来解决asyncio的CPU密集型问题
- 使用锁处理多个进程之间的共享数据
- 提高I/O密集型和CPU密集型工作的效率

到目前为止，我们一直专注于在并发运行I/O密集型工作时使用asyncio可以获得的性能提升。运行I/O密集型工作是asyncio的主要工作，并且按照目前编写代码的方式，需要注意不要在协程中运行任何CPU密集型代码。这似乎严重限制了asyncio的使用，但这个库能做的事情不仅仅限于处理I/O密集型工作。

asyncio有一个用于与Python的multiprocessing库进行互操作的API。这让我们可以使用async await语法以及具有多个进程的asyncio API。通过这个API，即使使用CPU密集型代码，我们也可以获得asyncio库带来的优势。这使我们能够为CPU密集型工作(如数学计算或数据处理)实现性能提升，避开全局解释器锁定，并充分利用多核机器资源。

在本章中，我们将首先了解multiprocessing模块，以熟悉执行多个进程的概念。然后将了解进程池执行器以及如何将它们挂接到asyncio。此后，我们将利用这些知识来解决MapReduce的CPU密集型问题。我们还将学习管理多个进程之间的共享状态，并且了解锁定的概念，以避免并发错误。最后，我们将看看如何使用multiprocessing来提高我们在第5章中看到的I/O和CPU密集型应用程序的性能。

6.1　介绍 multiprocessing 库

在第 1 章中，我们介绍了全局解释器锁。全局解释器锁可防止多个 Python 字节码并行运行。这意味着对于 I/O 密集型任务以外的其他任务，除了一些小的异常，使用多线程不会像在 Java 和 C++等语言中那样提供任何性能优势。对于 Python 中的可并行 CPU 密集型工作，似乎我们可能无法提升性能，但可通过 multiprocessing 库提升性能。

不是通过父进程生成线程来并行处理，而是生成子进程来处理工作。每个子进程都有自己的 Python 解释器，且遵循 GIL；将有多个解释器，每个解释器都有自己的 GIL。假设运行在具有多个 CPU 核的机器上，这意味着可以有效地并行处理任何 CPU 密集型工作负载。即使进程比内核数要多，操作系统也会使用抢占式多任务，来允许多个任务同时运行。这种设置既是并发的，也是并行的。

为了学习 multiprocessing 库，让我们从并行运行几个函数开始。将使用一个非常简单的 CPU 密集型函数，它从 0 计数到一个很大的数字，来检查 API 的工作方式以及可能的性能优势。

代码清单 6-1　通过 multiprocessing 运行两个并行进程

```
import time
from multiprocessing import Process

def count(count_to: int) -> int:
    start = time.time()
    counter = 0
    while counter < count_to:
        counter = counter + 1
    end = time.time()
    print(f'Finished counting to {count_to} in {end-start}')
    return counter

if __name__ == "__main__":
    start_time = time.time()

    to_one_hundred_million = Process(target=count, args=(100000000,))
    to_two_hundred_million = Process(target=count, args=(200000000,))
```

创建进程运行倒计时函数。

```
    to_one_hundred_million.start()
    to_two_hundred_million.start()

    to_one_hundred_million.join()
    to_two_hundred_million.join()

    end_time = time.time()
    print(f'Completed in {end_time-start_time}')
```

启动进程。这个方法将立即返回。

等待该进程执行完成。这个方法会一直阻塞，直到进程完成。

在代码清单 6-1 中，创建了一个简单的 count 函数，它接收一个整数并一个接一个地循环，直到计数到我们传入的整数为止。然后创建两个进程，一个数到 100000000，另一个数到 200000000。Process 类接收两个参数，target 是我们希望在进程中运行的函数名称，而 args 表示我们希望传递给函数的参数元组。然后在每个进程上调用 start 方法。此方法立即返回，并将开始运行该进程。在这个例子中，我们一个接一个地启动两个进程。然后在每个进程上调用 join 方法。这将导致主进程阻塞，直到每个进程完成为止。如果不这样做，我们的程序几乎会立即退出，并终止子进程，因为没有任何东西在等待它们的完成。代码清单 6-1 并发运行两个计数函数；假设在至少有两个 CPU 内核的机器上运行，我们应该会看到应用程序性能提升。当这段代码在 2.5GHz 的 8 核机器上运行时，我们得到以下结果：

```
Finished counting down from 100000000 in 5.3844
Finished counting down from 200000000 in 10.6265
Completed in 10.8586
```

总之，倒计时功能花费了 16 秒多一点的时间，但应用程序在不到 11 秒内完成。这节省了大约 5 秒的运行时间。当然，当运行它时，你看到的结果会根据所使用的机器不同发生变化，但你应该看到一些与此等效的结果。

注意，将 if __name__ == "__main__": 添加到应用程序中。这是 multiprocessing 库的一个特殊要求，如果不添加这行代码，你可能会收到以下错误：An attempt has been made to start a new process before the current process has finished its bootstrapping phase。这样做的原因是为了防止其他人导入代码时不小心启动多个进程。

这给我们带来了不错的性能提升，但是，这很尴尬，因为我们必须为启动的每个进程调用 start 和 join。我们也不知道哪个过程会先完成。如果想完成 asyncio.as_completed 之类的工作，并在结果完成时处理它们，那么上面的解决方案就无法满足要求了。join 方法不会返回目标函数返回的值；事实上，目前无法在不使用共享进程间内存的情况下获取函数返回的值。

这个 API 适用于简单的情况，但如果我们有想要获取函数的返回值，或想要在结果生成时立即处理结果，它显然不起作用。幸运的是，进程池提供了一种解决方法。

6.2 使用进程池

在前面的示例中，我们手动创建了进程，并调用 start 和 join 方法来运行并等待它们。这种方法存在几个问题，包括代码质量以及无法访问返回的结果。multiprocessing 模块有一个 API 可以让我们解决这个问题，称为进程池。

进程池与我们在第 5 章看到的连接池类似。这种情况下，不同之处在于，创建了一个 Python 进程的集合，而不是与数据库的连接集合，可以通过这些进程来并行执行函数。当希望在进程中运行一个 CPU 密集型函数时，会直接请求进程池自动运行它。在后台，将通过可用进程来执行此函数，运行相关函数并返回该函数的返回值。要了解进程池是如何工作的，让我们创建一个简单的进程池，并用它运行一个简单的示例函数。

代码清单 6-2　创建进程池

```
from multiprocessing import Pool

def say_hello(name: str) -> str:
    return f'Hi there, {name}'

if __name__ == "__main__":
    with Pool() as process_pool:          # 创建一个新的进程池。
        hi_jeff = process_pool.apply(say_hello, args=('Jeff',))   # 在单独的进程中运行带有参数'Jeff'的 say_hello 函数，并获得结果。
        hi_john = process_pool.apply(say_hello, args=('John',))
        print(hi_jeff)
        print(hi_john)
```

在代码清单 6-2 中，我们使用 with Pool() as process_pool 创建了一个进程池。这是一个上下文管理器，因为一旦使用了进程池，需要适当地关闭我们创建的 Python 进程。如果不这样做，就存在进程泄露的风险，这可能导致资源利用的问题。当实例化这个池时，它会自动创建与你使用的机器上的 CPU 内核数量相等的 Python 进程。可通过运行 multiprocessing.cpu_count()函数来确定你在 Python 中拥有的 CPU 核心数。可在调用 Pool()时将 processes 参数设置为你需要的任何整数。一般情况下，使用默认值即可。

接下来使用进程池的 apply 方法在一个单独的进程中运行 say_hello 函数。这个方法看起来类似于我们之前对 Process 类所做的，我们在其中传递了一个目标函数和一个参数元组。这里的区别是不需要自己启动进程或调用 join。还得到了函数的返回值，这在前面的例子中是无法完成的。运行此代码，你将看到如下输出：

```
Hi there, Jeff
Hi there, John
```

上面代码可以成功执行，但有一个问题。apply 方法会一直阻塞，直到函数执行完成。这意味着，如果每次调用 say_hello 需要 10 秒，整个程序的运行时间将是大约 20 秒，因为我们是串行运行的，无法并行运行。可通过使用进程池的 apply_async 方法来解决这个问题。

使用异步结果

在前面的示例中，应用程序的每个调用都会发生阻塞，直到函数执行完成。如果想构建一个真正的并行工作流，通过前面的代码将无法实现。为了解决这个问题，可以使用 apply_async 方法。该方法立即返回 AsyncResult，并将开始在后台运行该进程。一旦有了 AsyncResult，就可以使用它的 get 方法来阻塞并获取函数调用的结果。以 say_hello 示例为例，并对其进行调整以使用异步结果。

代码清单 6-3　将异步结果与进程池一起使用

```
from multiprocessing import Pool

def say_hello(name: str) -> str:
    return f'Hi there, {name}'

if __name__ == "__main__":
    with Pool() as process_pool:
        hi_jeff = process_pool.apply_async(say_hello, args=('Jeff',))
        hi_john = process_pool.apply_async(say_hello, args=('John',))
        print(hi_jeff.get())
        print(hi_john.get())
```

调用 apply_async 时，对 say_hello 的两个调用会立即在不同的进程中开始执行。然后，当调用 get 方法时，父进程会阻塞，直到每个进程都返回一个值。这让程序可以同时运行，但如果 hi_jeff 用了 10 秒，而 hi_john 只用了 1 秒呢？这种情况下，因为我们首先在 hi_jeff 上调用 get，所以程序会在输出 hi_john 消息之前阻塞 10 秒，即使我们只在 1 秒后就准备好了也同样如此。如果想在事情完成后立即作出回应，就会遇到问题。这种情况下，真正想要的是类似于 asyncio.as_completed 的对象。接下来，看看如何将进程池执行器与 asyncio 一起使用，以便我们解决这个问题。

6.3 进程池执行器与 asyncio

我们已经了解了如何使用进程池同时运行 CPU 密集型操作。这些池适用于简单的用例，但 Python 在 concurrent.futures 模块中的多处理进程池上提供了一个抽象。该模块包含进程和线程的执行器，它们可以单独使用，也可与 asyncio 互操作。首先，将学习 ProcessPoolExecutor 的基础知识，它类似于 ProcessPool。然后，我们将了解如何将其挂接到 asyncio 中，以便使用其 API 函数的强大功能，例如 gather。

6.3.1 进程池执行器

Python 的进程池 API 与进程强耦合，但 multiprocessing 是实现抢占式多任务的两种方法之一，另一种方法是多线程。如果我们需要轻松改变处理并发的方式，在进程和线程之间无缝切换怎么办？如果想要这样的设计，我们需要构建一个抽象，它包含将工作分配到资源池的核心内容，而不关心这些资源是进程、线程还是其他构造。

concurrent.futures 模块通过 Executor 抽象类提供了这个抽象。该类定义了两种异步执行工作的方法。第一个是 submit，它将接收一个可调用对象并返回一个 future(注意，asyncio future 是 concurrent.futures 模块的一部分，与此不同)——这相当于我们在稍后看到的 Pool.apply_async 方法部分。二是 map；该方法将采用可调用函数和函数参数列表，然后异步执行列表中的每个参数。它将返回调用结果的迭代器，类似于 asyncio.as_completed，因为结果一旦完成就可被使用。Executor 有两个具体的实现：ProcessPoolExecutor 和 ThreadPoolExecutor。由于我们使用多个进程来处理 CPU 密集型工作，因此将专注于 ProcessPoolExecutor。在第 7 章中，我们将使用 ThreadPoolExecutor 检查线程。要了解 ProcessPoolExecutor 是如何工作的，我们将使用几个小数字和几个大数字来重用计数示例，以显示结果是如何产生的。

代码清单 6-4 线程池执行器

```
import time
from concurrent.futures import ProcessPoolExecutor
def count(count_to: int) -> int:
```

```
    start = time.time()
    counter = 0
    while counter < count_to:
        counter = counter + 1
    end = time.time()
    print(f'Finished counting to {count_to} in {end - start}')
    return counter


if __name__ == "__main__":
    with ProcessPoolExecutor() as process_pool:
        numbers = [1, 3, 5, 22, 100000000]
        for result in process_pool.map(count, numbers):
            print(result)
```

与之前一样，在上下文管理器中创建一个 ProcessPoolExecutor。资源的数量也默认为机器的 CPU 核心数，就像进程池一样。然后将 process_pool.map 与 count 函数和想要计数的数字列表一起使用。

当运行代码清单 6-4 时，会看到对较小数字倒计时的调用将很快完成，并几乎立即输出。然而，调用 100000000 的倒计时会花费更长时间，并会在几个较小的数字之后输出，我们将得到如下输出：

```
Finished counting down from 1 in 9.5367e-07
Finished counting down from 3 in 9.5367e-07
Finished counting down from 5 in 9.5367e-07
Finished counting down from 22 in 3.0994e-06
1
3
5
22
Finished counting down from 100000000 in 5.2097
100000000
```

虽然看起来这与 asyncio.as_completed 的工作方式相同，但迭代顺序是根据在数字列表中传递的顺序确定的。这意味着如果 100000000 是传入的第一个数字，我们将等待该调用完成，然后才能输出之前完成的其他结果。这意味着我们不像 asyncio.as_completed 那样可以响应迅速。

6.3.2 带有异步事件循环的进程池执行器

现在我们已经了解了进程池执行器如何工作的基础知识，让我们看看如何将它们挂接到 asyncio 事件循环中。这将让我们使用在第 4 章中学习的 Gather 和 as_completed 等 API 函数来管理多个进程。

创建一个与 asyncio 一起使用的进程池执行器与刚刚介绍的没有什么不同。也就是说，可在上下文管理器中进行创建。一旦有了一个进程池，就可以在异步事件循环上使用一个特殊的方法，称为 run_in_executor。该方法将在执行程序(可以是线程池或进程池)旁接收一个可调用对象，并将在池中运行该可调用对象。然后它返回一个 awaitable 对象，我们可在 await 语句中使用它或传递给一个 API 函数，例如 gather。

让我们使用进程池执行器来实现之前的计数示例。将向执行器提交多个计数任务，并等待它们全部完成，gather.run_in_executor 只接收一个可调用的对象，并且不允许我们提供函数参数。因此，为解决这个问题，我们将使用偏函数应用来构建带有 0 个参数的倒计时调用。

什么是偏函数应用？

偏函数应用在 functools 模块中实现。偏函数应用接收一个使用某些参数的函数，并将其转换为一个接收较少参数的函数。它通过“冻结”我们提供的一些参数来做到这一点。例如，count 函数接收一个参数。可通过使用 functools.partial 和我们想要使用的参数，将它变成一个有 0 个参数的函数。如果我们想调用 count(42)但不传入任何参数，我们可以设定 call_with_42=functools.partial(count,42)，然后可以直接调用 call_with_42( )。

代码清单 6-5 使用 asyncio 的进程池执行器

```
import asyncio
from asyncio.events import AbstractEventLoop
from concurrent.futures import ProcessPoolExecutor
from functools import partial
from typing import List

def count(count_to: int) -> int:
    counter = 0
    while counter < count_to:
```

```
        counter = counter + 1
    return counter


async def main():
    with ProcessPoolExecutor() as process_pool:
        loop: AbstractEventLoop = asyncio.get_running_loop()
        nums = [1, 3, 5, 22, 100000000]
        calls: List[partial[int]] = [partial(count, num) for num in nums]
        call_coros = []

        for call in calls:
            call_coros.append(loop.run_in_executor(process_pool, call))

        results = await asyncio.gather(*call_coros)
        for result in results:
            print(result)


if __name__ == "__main__":
    asyncio.run(main())
```

使用其参数为倒计时创建一个偏应用的函数。

将每个调用提交到进程池，并将其附加到列表中。

等待所有结果完成。

首先创建一个进程池执行器，就像我们之前所做的那样。一旦有了进程池执行器，就可以进行 asyncio 事件循环，run_in_executor 是 AbstractEventLoop 上的一个方法。因为我们不能直接调用 count，所以将 nums 中的每个数字先应用到 count 函数。一旦有了 count 函数调用，就可将它们提交给执行器。对这些调用进行循环，对每个偏应用的 count 函数调用 loop.run_in_executor，并在 call_coros 中跟踪它返回的可等待对象。然后使用 asyncio.gather 获取这个列表，等待所有操作完成。

如有必要，也可使用 asyncio.as_completed 在子流程完成时从它们获得结果。这将解决我们之前在进程池的 map 方法中看到的问题：在这个方法中，如果包含一个任务，它会花费很长时间。

现在我们已经看到了使用 asyncio 进程池所需要的一切。接下来，让我们看看如何使用 multiprocessing 和 asyncio 提高实际性能。

6.4　使用 asyncio 解决 MapReduce 的问题

为了理解可以用 MapReduce 解决的问题类型，将引入一个假设的问题。然后，我们将通过对它的理解，来解决一个类似的问题，这里将使用一个免费的大型数据集。

回到第 5 章中的电子商务店铺示例，我们将假设网站通过客户在线提交信息收到大量文本数据。由于站点访问人数较多，这个客户反馈数据集的大小可能是 TB 级的，并且每天都在增长。

为了更好地了解用户面临的常见问题，我们的任务是在这个数据集内找到最常用的词。一个简单的解决方案是使用单个进程循环每个评论，并跟踪每个单词出现的次数。这样做可以实现目标，但由于数据很大，因此串行执行该操作可能需要很长时间。有没有更快的方法可以解决此类问题？

这正是 MapReduce 可以解决的问题。MapReduce 编程模型首先将大型数据集划分为较小的块来解决问题。然后，可以针对较小的数据子集而不是整个集合来解决问题——这称为映射(mapping)，因为我们将数据“映射”到部分结果。

一旦解决了每个子集的问题，就可将结果组合成最终答案。此步骤称为归约(reducing)，因为我们将多个答案“归约”为一个。计算大型文本数据集中单词的频率是一个典型的 MapReduce 问题。如果我们有足够大的数据集，将其分成更小的块可以带来性能优势，因为每个映射操作都可以并行执行，如图 6-1 所示。

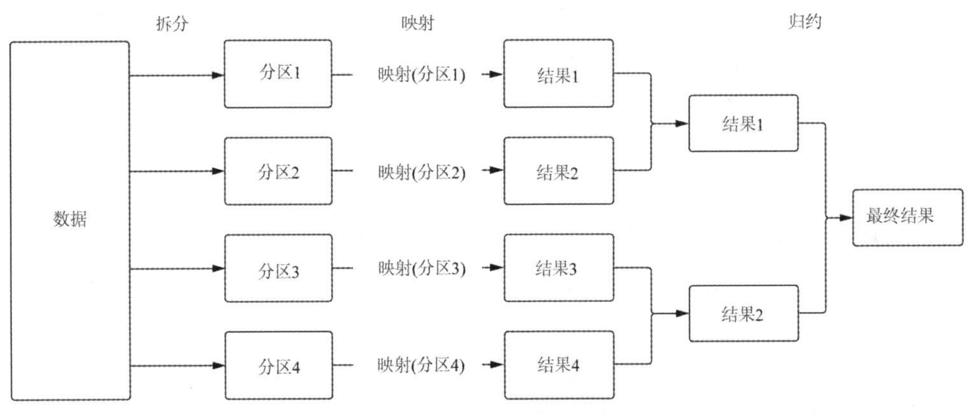

图 6-1　将大型数据分割成多个分区，然后使用 map 函数生成中间结果，这些中间结果将进行进一步处理，最后生成最终结果

像 Hadoop 和 Spark 这样的系统是为真正的大型数据集在计算机集群中执行 MapReduce 操作而存在的。然而，许多较小的工作负载可以通过 multiprocessing 在一台计算机上完成。在本节中，我们将看到如何实现具有 multiprocessing 功能的 MapReduce 工作流，从而查找自 1500 年以来某些单词在文献中出现的频率。

6.4.1　简单的 MapReduce 示例

为了充分理解 MapReduce 是如何工作的，让我们来看一个具体例子。假设文件的每一行都有文本数据。对于这个例子，假设有四行文本需要处理：

```
I know what I know.
I know that I know.
I don't know that much.
They don't know much.
```

我们想要计算每个不同的单词在这个数据集中出现的次数。这个示例非常小，可以用一个简单的 for 循环来解决它，此处使用一个 MapReduce 模型来处理它。

首先，需要将这个数据集分割成更小的块。为简单起见，我们将一行文本定义为一个块。接下来需要定义映射操作。因为我们想要计算单词频率，所以使用空格对文本行进行分隔。这将得到由单词组成的数组。然后，可以对其进行循环，跟踪字典文本行中每个不同的单词。

最后，需要定义一个 reduce 操作。这将从 map 操作中获取一个或多个结果，并将它们组合成一个答案。在本例中，需要从 map 操作中获取两个字典，并将它们合并为一个字典。如果一个单词在两个字典中都存在，将它们的单词计数相加；如果不是，则将单词计数复制到结果字典中。一旦定义了这些操作，就可以对每一行文本运行 map 操作，对每一对 map 结果运行 reduce 操作。让我们看看如何使用前面介绍的四行文本在代码中完成这个示例。

代码清单 6-6　单线程 MapReduce

```
import functools
from typing import Dict


def map_frequency(text: str) -> Dict[str, int]:
    words = text.split(' ')
    frequencies = {}
    for word in words:
        if word in frequencies:
            frequencies[word] = frequencies[word] + 1
        else:
            frequencies[word] = 1
    return frequencies
```

如果频率字典中有这个词，那么在计数中加上 1。

如果频率字典中没有该单词，则将其计数设置为 1。

```
def merge_dictionaries(first: Dict[str, int],
                       second: Dict[str, int]) -> Dict[str, int]:
    merged = first
    for key in second:
        if key in merged:
            merged[key] = merged[key] + second[key]    ◄── 如果单词在两个字典中同时存在，则合并频率计数。
        else:
            merged[key] = second[key]    ◄── 如果单词不同时在两个字典中，则复制频率计数。
    return merged

lines = ["I know what I know",
         "I know that I know",
         "I don't know much",
         "They don't know much"]

mapped_results = [map_frequency(line) for line in lines]    ◄── 对于每一行文本，执行 map 操作。

for result in mapped_results:
    print(result)

print(functools.reduce(merge_dictionaries, mapped_results))    ◄── 将所有的中间频率计数归约为一个结果。
```

对于每行文本，应用映射操作，给出每行文本的频率计数。一旦有了这些映射的部分结果，就可以开始对它们进行组合。我们使用 merge 函数 merge_dictionary 和 functools .reduce 函数。这将生成中间结果，并将它们加到一个结果字典中，将得到如下输出：

```
Mapped results:
{'I': 2, 'know': 2, 'what': 1}
{'I': 2, 'know': 2, 'that': 1}
{'I': 1, "don't": 1, 'know': 1, 'much': 1}
{'They': 1, "don't": 1, 'know': 1, 'much': 1}

Final Result:
{'I': 5, 'know': 6, 'what': 1, 'that': 1, "don't": 2, 'much': 2, 'They': 1}
```

现在我们已经了解了 MapReduce 的基础知识，并学习了一个示例，我们将看到如何将其应用到实际数据集，在这个数据集中，multiprocessing 可以带来性能提升。

6.4.2　Google Books Ngram 数据集

我们需要通过足够大的数据集来了解 MapReduce 与 multiprocessing 的优势。如果数据集太小，将看不到 MapReduce 带来的任何收益，并且可能会因为管理流程的开销而导致性能下降。几个未压缩的数据集应该足以让我们看到 MapReduce 带来的性能提升。

Google Books Ngram 是一个足够大的数据集。为了理解这个数据集是什么，我们首先定义什么是 n-gram。

n-gram 是来自自然语言处理的概念，表示给定文本样本的 N 个单词的短语。短语“thefastdog”有 6 个 n-gram：3 个 1-gram 或 unigram(the、fast 和 dog)、2 个 2-gram 或 digram(fast 和 fast dog)和 1 个 3-gram 或 trigram(fast dog)。

Google Books Ngram 数据集是对一组超过 8000000 本书的 n-gram 扫描，可追溯到 1500 年，占所有已出版书籍的 6%以上。它计算不同 n-gram 在文本中出现的次数，按出现的年份分组。该数据集以制表符进行分隔从 unigram 到 5-gram 的所有内容。该数据集的每一行都有一个 n-gram，它出现的年份、出现的次数以及出现在多少本书中。让我们看一下 unigram 数据集中的前几个条目中关于单词 aardvark 的情况：

```
aardvark  1822  2   1
aardvark  1824  3   1
aardvark  1827  10  7
```

这意味着在 1822 年，aardvark 一词在一本书中出现了两次。然后，在 1827 年，aardvark 一词在七本不同的书中出现了十次。该数据集有更多关于 aardvark 的条目(例如，aardvark 在 2007 年出现了 1200 次)，展示了多年来文献中 aardvark 出现次数的上升轨迹。

对于这个例子，我们将计算以 a 开头的单个单词(unigrams)的出现次数。该数据集大小约为 1.8 GB。我们将把它汇总到自 1500 年以来每个单词在文学作品中出现的次数。我们将用它来回答这个问题：“自 1500 年以来，aardvark 一词在文学作品中出现了多少次？”我们要使用的相关文件可从 https://storage.googleapis.com/books/ngrams/books/googlebooks-eng-all-1gram-20120701-a.gz 或 https://mattfowler.io/data/googlebooks-eng-all-1gram-20120701-a.gz 下载。你还可从 http://storage.googleapis.com/books/ngrams/books/datasetsv2.html 下载分组后的数据集。

6.4.3 使用 asyncio 进行映射和归约

为了有一个基线进行比较，首先编写一个同步版本的程序来计算单词的频率。然后将使用这个频率词典来回答这个问题："自 1500 年以来，aardvark 这个词在文学作品中出现了多少次？"我们首先将数据集全部加载到内存中。然后用字典来跟踪单词与它们出现的总次数的映射。对于文件的每一行，如果该行上的单词在字典中，将把该单词的计数添加到字典的计数中。否则，将该行上的单词和对应计数添加到字典中。

代码清单 6-7 计算以 a 开头的单词的频率

```
import time

freqs = {}

with open('googlebooks-eng-all-1gram-20120701-a', encoding='utf-8')
as f:
    lines = f.readlines()

    start = time.time()

    for line in lines:
        data = line.split('\t')
        word = data[0]
        count = int(data[2])
        if word in freqs:
            freqs[word] = freqs[word] + count
        else:
            freqs[word] = count

    end = time.time()
    print(f'{end-start:.4f}')
```

为了测试 CPU 密集型操作花费了多长时间，我们将只计算频率计数花费的时间，不包括加载文件所需的时间。为使 multiprocessing 成为可行的解决方案，需要运行在具有足够 CPU 核的机器上，从而进行并行化。为获得足够的性能提升，可能需要一台拥有比大多数笔记本电脑更多 CPU 的机器。为在这样的机器上进行测试，将使用 Amazon Web Servers (AWS)上的一个大型弹性计算云(EC2)实例。

AWS 是亚马逊运营的云计算服务。AWS 是一个云服务集合，允许用户处理从文件存储到大规模机器学习等任务——所有这些都不必管理自己的物理服务器。我们经常使用的计算服务为 EC2。使用它，你可以在 AWS 中租用一个虚拟机来运行你想要执行的任何应用程序，你可以设定虚拟机的 CPU 核数和内存大小。你可以通过 https://aws.amazon.com/ec2 了解关于 AWS 和 EC2 的更多信息。

将在 c5ad.8xlarge 实例上进行测试。在撰写本书时，这台机器有 32 个 CPU 内核、64GB 内存和一个固态驱动器。这种情况下，代码清单 6-7 的脚本大约需要 76 秒。让我们看看是否可以在 multiprocessing 和异步方面做得更好。如果你在 CPU 内核或其他资源较少的机器上运行此程序，你的结果可能会有所不同。

第一步是获取数据集，并将其划分为一组较小的块。让我们定义一个分区生成器，它可以获取大数据集，并分割为任意大小的块。

```
def partition(data: List,
              chunk_size: int) -> List:
    for i in range(0, len(data), chunk_size):
        yield data[i:i + chunk_size]
```

可使用这个分区生成器来创建大小为 chunk_size 的数据切片。将使用它来生成数据，从而传递给 map 函数，然后将并行运行。接下来定义 map 函数。这与上一个示例中的 ourmap 函数几乎相同，做了微调，从而适应数据集。

```
def map_frequencies(chunk: List[str]) -> Dict[str, int]:
    counter = {}
    for line in chunk:
        word, _, count, _ = line.split('\t')
        if counter.get(word):
            counter[word] = counter[word] + int(count)
        else:
            counter[word] = int(count)
    return counter
```

现在，将保留 reduce 操作，就像前面的示例一样。现在拥有并行化映射操作所需的所有块。接下来将创建一个进程池，将数据分成块，并利用进程池中的资源为每个分区运行 map_frequencies。我们几乎拥有所需的一切，但还有一个问题：分区应该多大?

对此没有一个简单的答案。一个经验法则是 Goldilocks 方法，即分区不宜过大或过小。分区大小不应该很小的原因是，当创建分区时，它们被序列化并发送到 worker 进程，然后 worker 进程将它们解开。序列化和反序列化这些数据的过程可能会占用大量时间，如果我们经常这样做，就会抵消并行所带来的性能提升。例如，大小为 2 的块将是一个糟糕的选择，因为将有近 1000000 次序列化和反序列化操作。

我们也不希望分区太大。否则，可能无法充分利用机器的算力。例如，如果有 10 个 CPU 内核，但只创建了两个分区，就浪费了可以并行运行工作负载的 8 个内核。

对于本示例，将选择分区大小 60000，因为这似乎为我们使用的基于基准测试的 AWS 机器提供了合理的性能。如果你正在考虑为数据使用这种方法，将需要测试几个不同的分区大小，从而找到适合的分区大小，或开发一种启发式算法来确定合适的分区大小。现在可将所有这些部分与进程池和事件循环的 run_in_executor 协程组合在一起，以并行化映射操作。

代码清单 6-8　带有进程池的并行 MapReduce

```
import asyncio
import concurrent.futures
import functools
import time
from typing import Dict, List

def partition(data: List,
              chunk_size: int) -> List:
    for i in range(0, len(data), chunk_size):
        yield data[i:i + chunk_size]

def map_frequencies(chunk: List[str]) -> Dict[str, int]:
    counter = {}
    for line in chunk:
        word, _, count, _ = line.split('\t')
        if counter.get(word):
            counter[word] = counter[word] + int(count)
        else:
            counter[word] = int(count)
    return counter

def merge_dictionaries(first: Dict[str, int],
                       second: Dict[str, int]) -> Dict[str, int]:
    merged = first
    for key in second:
        if key in merged:
```

```
            merged[key] = merged[key] + second[key]
        else:
            merged[key] = second[key]
    return merged


async def main(partition_size: int):
    with open('googlebooks-eng-all-1gram-20120701-a',
encoding='utf-8') as f:
        contents = f.readlines()
        loop = asyncio.get_running_loop()
        tasks = []
        start = time.time()
        with concurrent.futures.ProcessPoolExecutor() as pool:
            for chunk in partition(contents, partition_size):
                tasks.append(loop.run_in_executor(pool,
    functools.partial(map_frequencies, chunk)))

            intermediate_results = await asyncio.gather(*tasks)
            final_result = functools.reduce(merge_dictionaries,
    intermediate_results)

            print(f"Aardvark has appeared {final_result['Aardvark']}
times.")

            end = time.time()
            print(f'MapReduce took: {(end - start):.4f} seconds')


if __name__ == "__main__":
    asyncio.run(main(partition_size=60000))
```

对于每个分区，在单独的进程中运行映射操作。

等待所有映射操作完成。

将所有的中间映射结果缩减为一个最终结果。

在主协程中，我们创建一个进程池，并对数据进行分区。对于每个分区，我们在单独的进程中启动 map_frequencies 函数。然后使用 asyncio.gather 等待所有中间字典完成。一旦所有 map 操作完成，将运行 reduce 操作来生成最终结果。

在之前提到的实例上运行代码清单 6-8，此代码在大约 18 秒内完成；与串行版本相比，提供了显著的性能提升。性能提升的效果很令人满意。你可能还希望在具有更多 CPU 内核的机器上进行试验，看看能否进一步提高该算法的性能。

你可能会注意到，在这个实现中，父进程中仍然有一些 CPU 密集型工作发生，这些工作可并行执行。reduce 操作需要数千个字典，并将它们组合在一起。可以应用我们在原始数据集上使用的分区逻辑，将这些字典拆分成块，并在多个进程中组合它们。让我们编写一个新的 reduce 函数来实现这一点。在这个函数中，我们将对列表进行分区，并对工作进程中的每个块调用 reduce。一旦完成，将继续分区和归约，直到剩下一个字典(在代码清单 6-9 中，为简洁起见，我们删除了 partition、map 和 merge 函数)。

代码清单 6-9 并行化 reduce 操作

```
import asyncio
import concurrent.futures
import functools
import time
from typing import Dict, List
from chapter_06.listing_6_8 import partition, merge_dictionaries,
    map_frequencies

async def reduce(loop, pool, counters, chunk_size) -> Dict[str, int]:
    chunks: List[List[Dict]] = list(partition(counters, chunk_size))
    reducers = []
    while len(chunks[0]) > 1:
        for chunk in chunks:
            reducer = functools.partial(functools.reduce,
                merge_dictionaries, chunk)
            reducers.append(loop.run_in_executor(pool, reducer))
        reducer_chunks = await asyncio.gather(*reducers)
        chunks = list(partition(reducer_chunks, chunk_size))
        reducers.clear()
    return chunks[0][0]

async def main(partition_size: int):
    with open('googlebooks-eng-all-1gram-20120701-a', encoding='utf-8') as f:
        contents = f.readlines()
        loop = asyncio.get_running_loop()
        tasks = []
        with concurrent.futures.ProcessPoolExecutor() as pool:
            start = time.time()

            for chunk in partition(contents, partition_size):
                tasks.append(loop.run_in_executor(pool,
```

将字典划分为可并行化的块。

将每个分区缩减为一个字典。

等待所有 reduce 操作完成。

再次对结果进行分区，并开始新的循环迭代。

```
            functools.partial(map_frequencies, chunk)))

        intermediate_results = await asyncio.gather(*tasks)
        final_result = await reduce(loop, pool,
intermediate_results, 500)

        print(f"Aardvark has appeared {final_result['Aardvark']}
times.")

        end = time.time()
        print(f'MapReduce took: {(end - start):.4f} seconds')

if __name__ == "__main__":
    asyncio.run(main(partition_size=60000))
```

如果运行这个并行化的 reduce，可能会看到一些较小的性能提升，具体取决于运行的机器。这种情况下，序列化中间字典并将它们发送到子进程的开销，将与并行运行所带来的性能提升相抵消。这种优化可能对解决前面提出的问题没有多大作用。但是，如果 reduce 操作占用更多 CPU 资源，或者我们拥有更大的数据集，那么这种方法可以具有很好的性能优势。

与同步方法相比，multiprocessing 方法具有明显的性能优势，但目前还没有一种简单的方法可以查看我们在任何给定时间完成了多少映射操作。在同步版本的程序中，只需要为处理的每一行添加一个递增的计数器，看看运行了多少次映射操作。由于默认情况下多个进程不共享任何内存，我们如何创建一个计数器来跟踪任务进度？

6.5　共享数据和锁

在第 1 章中，我们讨论了这样一种情况，即在多进程中，每个进程都有自己的内存，与其他进程分开。当共享要跟踪的状态时，我们将遇到挑战。如果它们的内存空间都是不同的，我们如何在进程之间共享数据呢？

multiprocessing 支持称为共享内存对象的概念。共享内存对象是分配给一组独立进程可以访问的一块内存。如图 6-2 所示，每个进程可以根据需要读取和写入该内存空间。

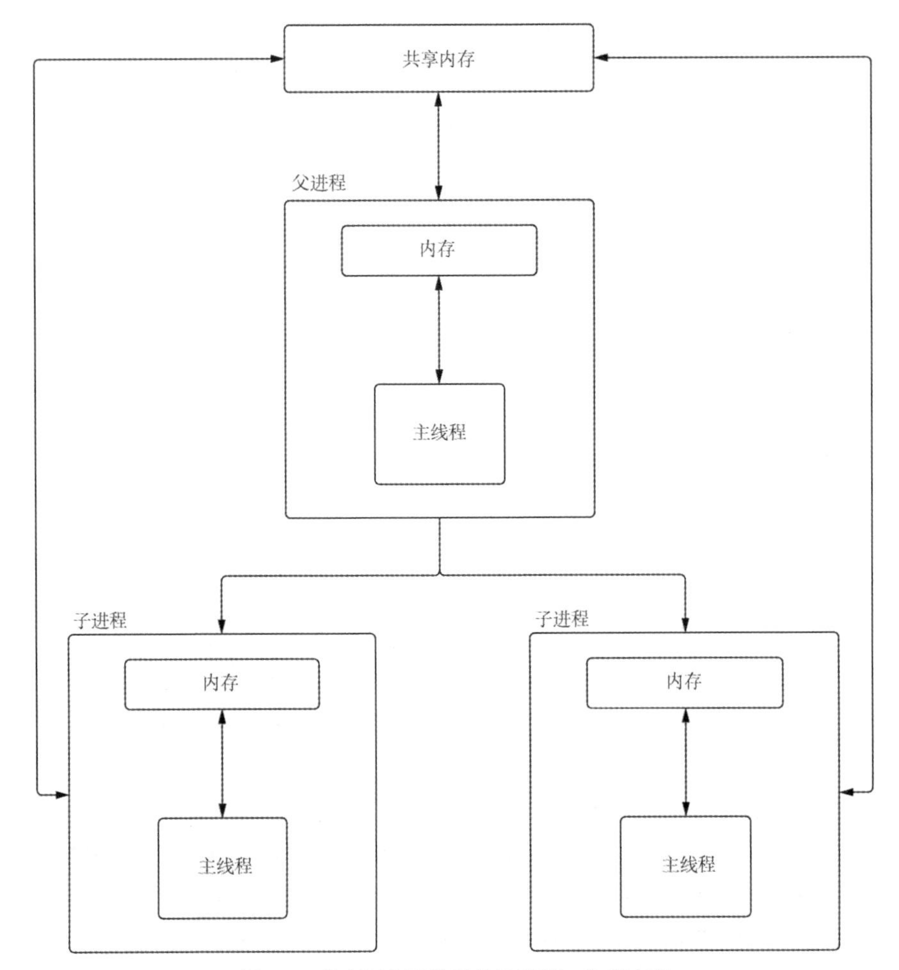

图 6-2 带有两个子进程的父进程，共享内存

共享状态很复杂，如果实施不当，可能导致难以重现的错误。通常，如果可能，最好避免共享状态。也就是说，只有在必要时才引入共享状态，如共享计数器。

要了解有关共享数据的更多信息，我们将从上面的 MapReduce 示例中获取并记录已经完成了多少映射操作。然后我们会定期输出这个数字，从而了解程序的运行情况。

6.5.1 共享数据和竞争条件

multiprocessing 支持两种共享数据方法：值和数组。值是奇异值，例如整数或浮点数。数组是奇异值的数组。我们可以在内存中共享的数据类型受到 Python 数组模块中定义的类型的限制，可以通过 https://docs.python.org/3/library/array.html#module-array

获取该模块的更多信息。

要创建一个值或数组，我们首先需要使用数组模块中的类型代码，它只是一个字符。让我们创建两个共享的数据——一个整数值和一个整数数组。然后将创建两个进程来并行增加这些共享数据。

代码清单 6-10　共享值和数组

```
from multiprocessing import Process, Value, Array

def increment_value(shared_int: Value):
    shared_int.value = shared_int.value + 1

def increment_array(shared_array: Array):
    for index, integer in enumerate(shared_array):
        shared_array[index] = integer + 1

if __name__ == '__main__':
    integer = Value('i', 0)
    integer_array = Array('i', [0, 0])

    procs = [Process(target=increment_value, args=(integer,)),
             Process(target=increment_array, args=(integer_array,))]

    [p.start() for p in procs]
    [p.join() for p in procs]

    print(integer.value)
    print(integer_array[:])
```

在代码清单 6-10 中，我们创建了两个进程——一个用于递增共享整数值，另一个用于递增共享数组中的每个元素。一旦两个子流程完成，就可以输出数据。

由于两条数据从未被不同的进程接触过，因此这段代码运行良好。如果有多个进程修改相同的共享数据，这段代码还会正常运行吗？让我们通过创建两个进程，并行增加一个共享整数值来测试这一点。我们将在循环中重复运行这段代码，看看我们是否可以得到一致的结果。由于有两个进程，每个进程都将共享计数器加 1，因此一旦进程完成，我们希望共享值始终为 2。

代码清单 6-11 对共享计数器进行并行递增

```
from multiprocessing import Process, Value

def increment_value(shared_int: Value):
    shared_int.value = shared_int.value + 1

if __name__ == '__main__':
    for _ in range(100):
        integer = Value('i', 0)
        procs = [Process(target=increment_value, args=(integer,)),
                 Process(target=increment_value, args=(integer,))]

        [p.start() for p in procs]
        [p.join() for p in procs]
        print(integer.value)
        assert(integer.value == 2)
```

此问题是不确定的，你将看到不同的输出，有时结果未必是 2。

```
2
2
2
Traceback (most recent call last):
  File "listing_6_11.py", line 17, in <module>
    assert(integer.value == 2)
AssertionError
1
```

有时结果是 1，为什么是这样？这种情况称为竞态条件。当一组操作的结果取决于哪个操作先完成时，就会出现竞态条件。可将这些操作想象成相互竞争的一组操作，如果操作以正确的顺序完成，那么一切正常。如果他们以错误的顺序执行完成，就会导致不可预测的结果。

那么在我们的示例中，竞争发生在哪里？问题在于增加一个值涉及读取和写入操作。要增加一个值，我们首先需要读取该值，将其加 1，然后将结果写回内存。每个进程在共享数据中看到的值完全取决于它读取共享值的时间。

如果进程按以下顺序运行，则一切正常，如图 6-3 所示。

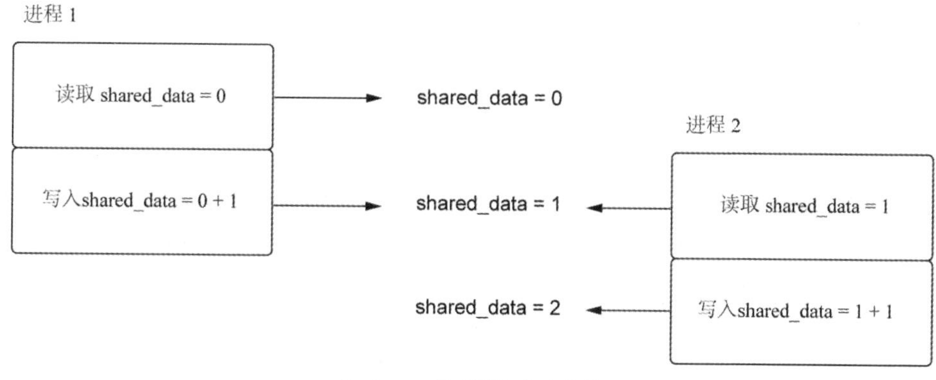

图 6-3　成功避免竞态条件

在此示例中，进程 1 在进程 2 读取该值并在发生竞争之前递增该值。由于进程 2 排在第二位，这意味着将看到正确的值 1，并将对它进行加 1，从而生成正确的最终值。

如果虚拟“比赛”出现平局怎么办？如图 6-4 所示。

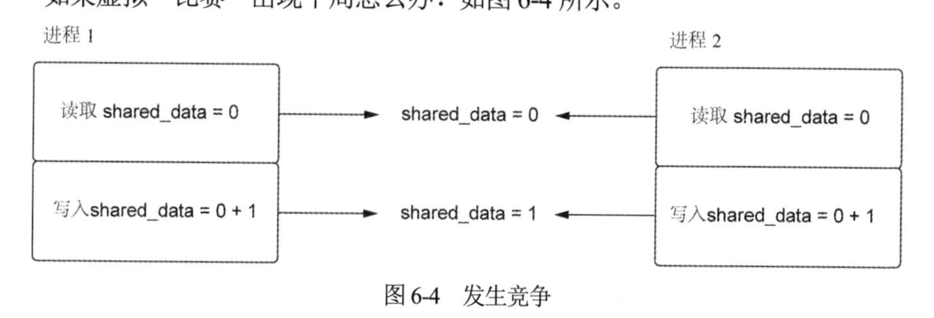

图 6-4　发生竞争

这种情况下，进程 1 和 2 都读取初始值零。然后将该值增加到 1，同时将其写回，从而产生不正确的结果。

你可能会问：“我们的代码只有一行。为什么会有两次操作？”在后台，递增被写为两个操作，这导致了这个问题。这使得它不是原子性的，或不是线程安全的。这并不容易弄清楚其中的原因。http://mng.bz/5Kj4 上提供了有关哪些操作是原子性操作，以及哪些操作是非原子性操作的说明。

这些类型的错误很棘手，因为它们通常难以重现。它们不像普通的错误，而取决于操作系统运行程序的顺序；当使用 multiprocessing 时，这是我们无法控制的。我们如何修复这个错误呢？

6.5.2　使用锁进行同步

可通过同步访问我们想要修改的任何共享数据来避免竞态条件。同步访问是什么意思？重新审视前面的示例，这意味着将控制对任何共享数据的访问，以便所做的任何操作都以有意义的顺序完成执行。如果处于两个操作之间可能出现“平局”的情况，我们会明确阻止第二个操作运行，直到第一个操作完成，从而保证操作以一致的方式完成执行。可将其想象为终点线的裁判，看到平局即将发生，并告诉跑步者：“等一下。一次通过一个选手！”并选择一名跑者让其等待，而另一名选手越过终点线。

同步访问共享数据的一种机制是锁，也称为互斥锁。这些结构允许单个进程“锁定”一段代码，防止其他进程运行该代码。代码的锁定部分通常称为临界区。这意味着如果一个进程正在执行锁定部分的代码，而第二个进程试图访问该代码，则第二个进程将需要等待，直到第一个进程完成锁定部分。

锁支持两种主要操作：获取和释放。当一个进程获得锁时，可以保证它是运行该代码段的唯一进程。一旦需要同步访问的代码部分完成执行，我们就释放锁。这允许其他进程获取锁，并运行临界区中的任何代码。如果一个进程试图运行被另一个进程锁定的代码，将发生阻塞，直到另一个进程释放该锁。

通过图 6-5，回顾一下反竞态条件示例，让我们想象一下，当两个进程几乎同时尝试获取锁会发生什么。然后，让我们看看它如何防止计数器得到错误的值。

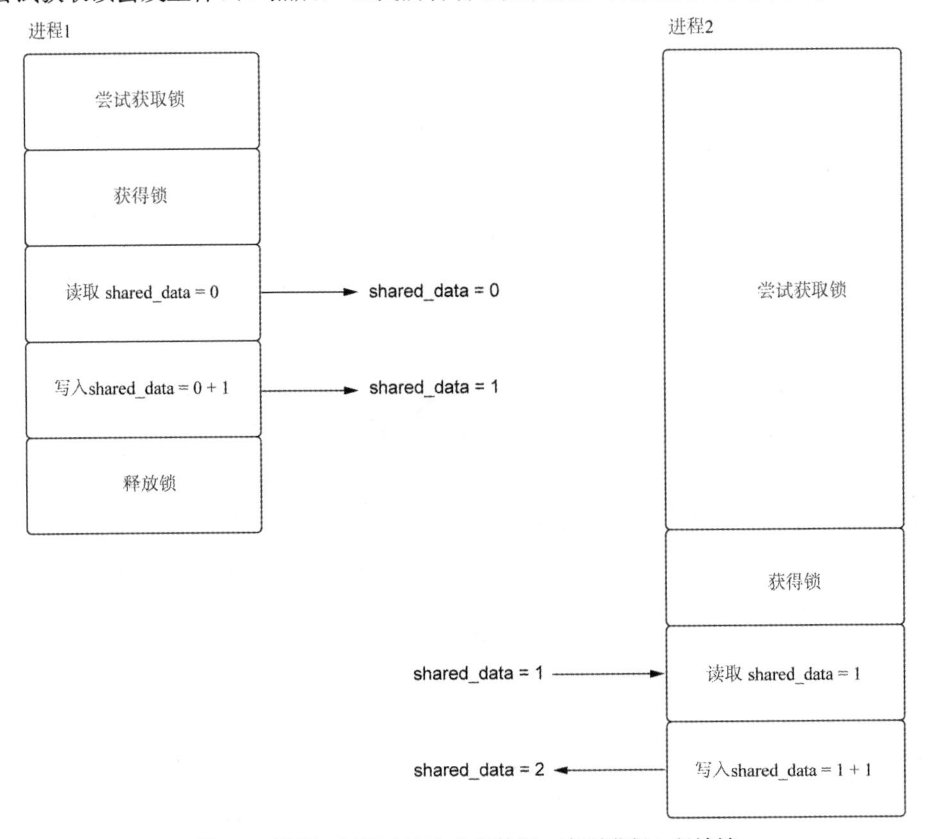

图 6-5　进程 2 被阻止读取共享数据，直到进程 1 释放锁

在此图中，进程 1 首先成功获取锁，并读取及递增共享数据。第二个进程尝试获取锁，但在第一个进程释放锁之前，被阻止继续运行。一旦第一个进程释放锁，第二个进程就可以成功获取锁，并对共享数据进行增加。这可以防止竞争条件，因为锁可以防止多个进程同时读取和写入共享数据。

那么我们如何实现与共享数据的同步呢？multiprocessing API 的实现者考虑到这一点，并且很好地包含一个方法来获取值和数组的锁定。要获取锁，我们调用 get_lock().acquire()；要释放锁，我们调用 get_lock().release()。使用代码清单 6-12，让我们将它们应用于之前的示例，从而修复错误。

代码清单 6-12　获取和释放锁

```
from multiprocessing import Process, Value

def increment_value(shared_int: Value):
    shared_int.get_lock().acquire()
    shared_int.value = shared_int.value + 1
    shared_int.get_lock().release()

if __name__ == '__main__':
    for _ in range(100):
        integer = Value('i', 0)
        procs = [Process(target=increment_value, args=(integer,)),
                 Process(target=increment_value, args=(integer,))]

        [p.start() for p in procs]
        [p.join() for p in procs]
        print(integer.value)
        assert (integer.value == 2)
```

运行代码清单 6-12 时，得到的每个值都应该是 2。我们已经修复了竞态条件。请注意，锁也是上下文管理器，为了清理代码，可使用 with 块编写 increment_value。这将自动获取和释放锁：

```
def increment_value(shared_int: Value):
    with shared_int.get_lock():
        shared_int.value = shared_int.value + 1
```

请注意，我们采用了并发代码，只是强制它是顺序执行，否定了并行运行的价值。这是一个重要的观察结果，通常是对并发性中的同步和共享数据的警告。为避免竞态条件，必须使并行代码在临界区中是连续的。这会损害 multiprocessing 代码的性能。只锁定绝对必须锁定的部分，以便应用程序的其他部分可以并发执行。当遇到竞态条件错误时，很容易使用锁来保护所有代码。这可以“修复”问题，但可能降低应用程序的性能。

6.5.3 与进程池共享数据

我们刚刚看到了如何在几个进程中共享数据，那么如何将这些知识应用到进程池中呢？进程池的运行方式与手动创建进程略有不同，这为共享数据带来了挑战。为什么会这样？

将任务提交到进程池时，它可能不会立即运行，因为池中的进程可能正忙于其他任务。进程池如何处理这个问题？在后台，进程池执行器通过一个任务队列来管理它。向进程池提交任务时，它的参数会被序列化，并放入任务队列。然后，每个工作进程在准备好工作时，从队列中请求一个任务。当工作进程将任务从队列中拉出时，它会对参数反序列化，并开始执行任务。

根据定义，共享数据是在工作进程之间共享的。因此，对它进行序列化和反序列化，从而在进程之间来回发送它几乎没有意义。事实上，无论是 Value 还是 Array 对象都不能被序列化，所以如果像以前一样，尝试将共享数据作为参数传递给函数，会得到一个类似于 can't pickle Value objects 的错误。

为了处理这个问题，需要将共享计数器放在一个全局变量中，并以某种方式让工作进程知道它的存在。可以使用进程池初始化器来实现这一点。它是在池中的每个进程启动时调用的特殊函数。使用它，我们可创建对父进程共享内存的引用。可以在创建进程池时传入这个函数。为了解它是如何工作的，让我们查看一个递增计数器的简单示例。

代码清单 6-13 初始化进程池

```
from concurrent.futures import ProcessPoolExecutor
import asyncio
from multiprocessing import Value

shared_counter: Value

def init(counter: Value):
    global shared_counter
    shared_counter = counter
```

```
def increment():
    with shared_counter.get_lock():
        shared_counter.value += 1


async def main():
    counter = Value('d', 0)
    with ProcessPoolExecutor(initializer=init,
                             initargs=(counter,)) as pool:
        await asyncio.get_running_loop().run_in_executor(pool,
increment)
        print(counter.value)


if __name__ == "__main__":
    asyncio.run(main())
```

这告诉进程池使用每个进程的参数 counter 执行函数 init。

首先定义一个全局变量 shared_counter，它将包含对我们创建的共享值对象的引用。在 init 函数中，接收一个 Value 并将 shared_counter 初始化为该值。然后，在主协程中，创建计数器并将其初始化为 0，然后在创建进程池时将 init 函数和计数器传递给初始化程序以及 initargs 参数。将为进程池创建的每个进程调用 init 函数，将 shared_counter 正确初始化为在主协程中创建的那个对象。

你可能会问，“我们为什么要这么麻烦？我们不能将全局变量初始化为 shared_counter:Value=Value('d', 0)而不是让它为空吗？”我们不能这样做的原因是，当创建每个进程时，创建它的脚本将在每个进程中再次运行。这意味着每个启动的进程将执行 shared_counter:Value=Value('d', 0)；如果有 100 个进程，将得到 100 个 shared_counter 值，每个值都设置为 0，导致不正确的结果。

现在我们知道如何使用进程池正确初始化共享数据，让我们看看如何将其应用于 MapReduce 应用程序。将创建一个共享计数器，每次映射操作完成时都会递增该计数器的值。还将创建一个 progress reporter1 任务，该任务将在后台运行，并每秒将进度输出到控制台。对于这个例子，将导入一些关于分区和归约的代码，从而避免重复。

代码清单 6-14　跟踪映射操作进度

```
from concurrent.futures import ProcessPoolExecutor
import functools
import asyncio
from multiprocessing import Value
```

```
from typing import List, Dict
from chapter_06.listing_6_8 import partition, merge_dictionaries

map_progress: Value

def init(progress: Value):
    global map_progress
    map_progress = progress

def map_frequencies(chunk: List[str]) -> Dict[str, int]:
    counter = {}
    for line in chunk:
        word, _, count, _ = line.split('\t')
        if counter.get(word):
            counter[word] = counter[word] + int(count)
        else:
            counter[word] = int(count)

    with map_progress.get_lock():
        map_progress.value += 1

    return counter

async def progress_reporter(total_partitions: int):
    while map_progress.value < total_partitions:
        print(f'Finished {map_progress.value}/{total_partitions} map
    operations')
        await asyncio.sleep(1)

async def main(partiton_size: int):
    global map_progress

    with open('googlebooks-eng-all-1gram-20120701-a', encoding='utf-8')
as f:
        contents = f.readlines()
        loop = asyncio.get_running_loop()
        tasks = []
        map_progress = Value('i', 0)
```

```
        with ProcessPoolExecutor(initializer=init,
                                 initargs=(map_progress,)) as pool:
            total_partitions = len(contents) // partiton_size
            reporter =
    asyncio.create_task(progress_reporter(total_partitions))
        for chunk in partition(contents, partiton_size):
            tasks.append(loop.run_in_executor(pool,
    functools.partial(map_frequencies, chunk)))

        counters = await asyncio.gather(*tasks)

        await reporter

        final_result = functools.reduce(merge_dictionaries, counters)

        print(f"Aardvark has appeared {final_result['Aardvark']}
    times.")

if __name__ == "__main__":
    asyncio.run(main(partiton_size=60000))
```

除了初始化一个共享计数器，与最初的 MapReduce 实现相比，主要变化在 map_frequencies 函数中。一旦完成对该块中所有单词的计数，就获取共享计数器的锁并将其递增。还添加了一个 progress_reporter 协程，它将在后台运行并报告每秒完成了多少任务。运行此程序时，你应该会看到类似于以下内容的输出：

```
Finished 17/1443 map operations
Finished 144/1443 map operations
Finished 281/1443 map operations
Finished 419/1443 map operations
Finished 560/1443 map operations
Finished 701/1443 map operations
Finished 839/1443 map operations
Finished 976/1443 map operations
Finished 1099/1443 map operations
Finished 1230/1443 map operations
Finished 1353/1443 map operations
Aardvark has appeared 15209 times.
```

现在已经知道如何使用 asyncio 的 multiprocessing 来提高 CPU 密集型工作的性能。

如果工作负载同时具有大量 CPU 密集型和 I/O 密集型操作，会发生什么情况？可以使用 multiprocessing，但有没有办法将 multiprocessing 的思想和单线程并发模型结合起来，进一步提高性能呢？

6.6 多进程，多事件循环

虽然 multiprocessing 主要用于 CPU 密集型任务，但也可为 I/O 密集型工作负载带来益处。以代码清单 5-8 中的并发运行多个 SQL 查询为例。我们可使用 multiprocessing 进一步提高其性能吗？让我们看一下它在单核 CPU 上的利用率图标，如图 6-6 所示。

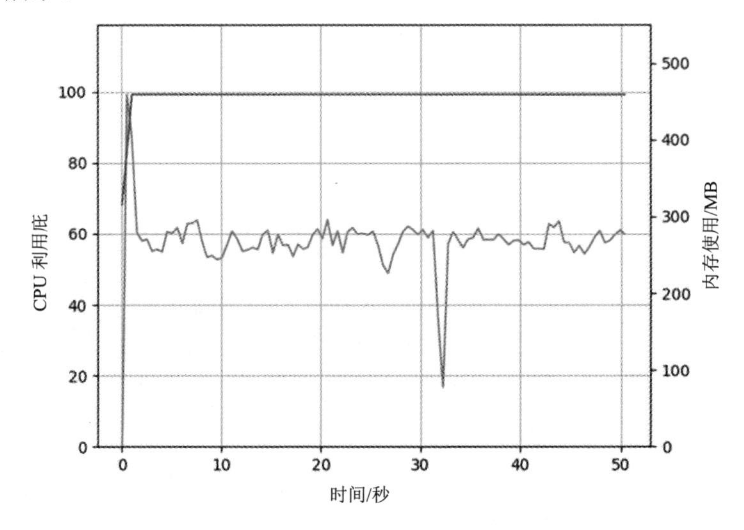

图 6-6　代码清单 5-8 中代码的 CPU 利用率图

虽然这段代码主要是对数据库进行 I/O 密集型查询，但仍然存在大量 CPU 利用率。为什么是这样？这种情况下，我们需要处理从 Postgres 获得的原始结果，从而导致更高的 CPU 利用率。由于使用单线程，当这种 CPU 密集型工作运行时，事件循环不会处理来自其他查询的结果。这带来了潜在的吞吐量问题。如果同时发出 10000 个 SQL 查询，但一次只能处理一个结果，这将导致许多结果堆积等待被处理。

有没有办法通过使用 multiprocessing 来提高吞吐量？使用 multiprocessing，每个进程都有自己的线程和自己的 Python 解释器。这为我们池中的每个进程创建一个事件循环提供了机会。使用此模型，可将查询分布在多个进程中。如图 6-7 所示，这会将 CPU 负载分散到多个进程中。

虽然这不会增加 I/O 吞吐量，但它会增加一次可以处理的查询结果的数量。这将增加应用程序的整体性能。以代码清单 5-7 中的示例为例，并用它创建这个体系结构，如代码清单 6-15 所示。

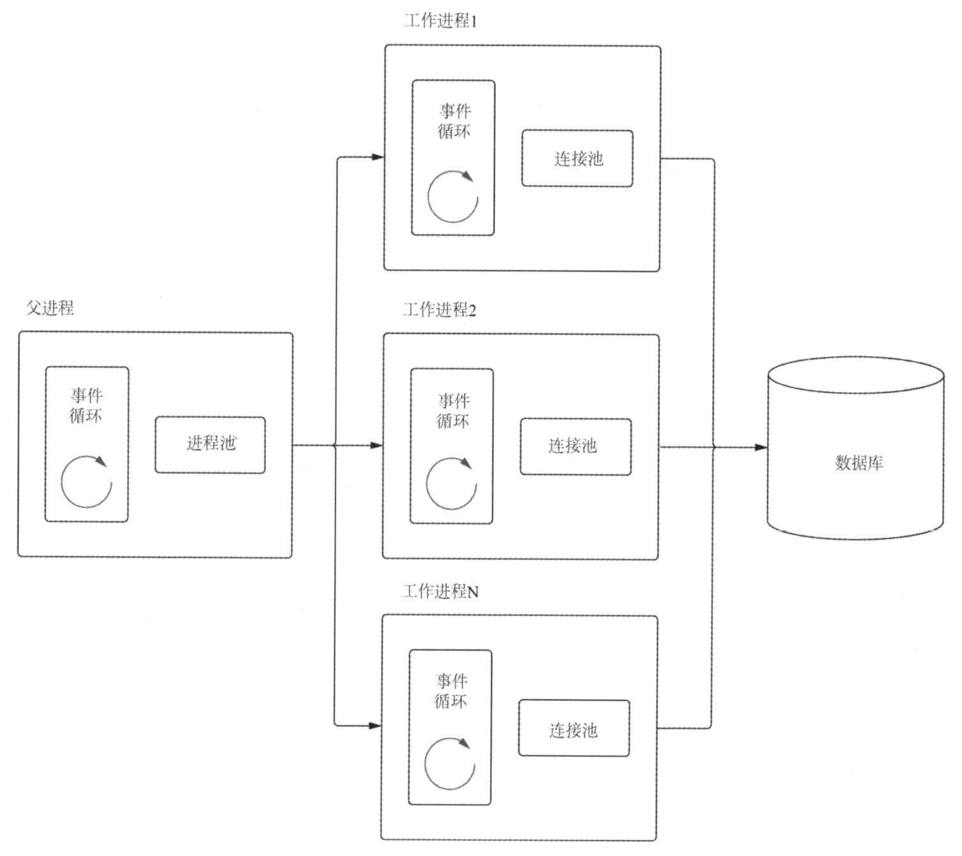

图 6-7　父进程创建进程池。然后父进程创建工作进程，每个工作进程都有自己的事件循环

代码清单 6-15　每个进程都有一个事件循环

```
import asyncio
import asyncpg
from util import async_timed
from typing import List, Dict
from concurrent.futures.process import ProcessPoolExecutor

product_query = \
    """
SELECT
```

```
p.product_id,
p.product_name,
p.brand_id,
s.sku_id,
pc.product_color_name,
ps.product_size_name
FROM product as p
JOIN sku as s on s.product_id = p.product_id
JOIN product_color as pc on pc.product_color_id = s.product_color_id
JOIN product_size as ps on ps.product_size_id = s.product_size_id
WHERE p.product_id = 100"""

async def query_product(pool):
    async with pool.acquire() as connection:
        return await connection.fetchrow(product_query)


@async_timed()
async def query_products_concurrently(pool, queries):
    queries = [query_product(pool) for _ in range(queries)]
    return await asyncio.gather(*queries)

def run_in_new_loop(num_queries: int) -> List[Dict]:
    async def run_queries():
        async with asyncpg.create_pool(host='127.0.0.1',
                                       port=5432,
                                       user='postgres',
                                       password='password',
                                       database='products',
                                       min_size=6,
                                       max_size=6) as pool:
            return await query_products_concurrently(pool, num_queries)

    results = [dict(result) for result in asyncio.run(run_queries())]  ◄── 在一个新的事件循环中运行查询，并将其转换为字典。
    return results


@async_timed()
async def main():
```

```
    loop = asyncio.get_running_loop()
    pool = ProcessPoolExecutor()
    tasks = [loop.run_in_executor(pool, run_in_new_loop, 10000) for _ in
      range(5)]    ←── 创建 5 个进程，每个进程都有自己的事件循环来运行查询。
    all_results = await asyncio.gather(*tasks)  ←── 等待所有查询结果完成。
    total_queries = sum([len(result) for result in all_results])
    print(f'Retrieved {total_queries} products the product database.')

if __name__ == "__main__":
    asyncio.run(main())
```

我们创建一个新函数 run_in_new_loop。这个函数有一个内部协程 run_queries；它创建一个连接池，然后并发地运行指定数量的查询。再使用 asyncio.run 调用 run_queries，它将创建一个新的事件循环并运行协程。

这里需要注意的一点是，我们将结果转换为字典，因为 asyncpg 记录对象不能被序列化。转换为可序列化的数据结构可以确保将结果发送回父进程。

在主协程中创建了一个进程池，并对 run_in_new_loop 进行了 5 次调用。这将并发地启动 50000 个查询，5 个进程中的每个进程执行 10000 个查询。当运行它时，你应该看到快速启动 5 个进程，然后每个进程大致同时完成。整个应用程序的运行时间应该比最慢的进程稍长。当在一个 8 核的机器上运行这个脚本时，这个脚本可在大约 13 秒内完成。回到第 5 章的例子，我们在大约 6 秒内执行了 10000 次查询。这个输出意味着获得了每秒大约 1666 个查询的吞吐量。使用 multiprocessing 和多事件循环方法，我们在 13 秒内完成了 50000 次查询，即大约每秒 3800 次查询，使吞吐量增加了一倍以上。

6.7　本章小结

在本章中，我们学习了以下内容：

- 在进程池中并行运行多个 Python 函数。
- 创建进程池执行器，以及并行运行 Python 函数。进程池执行器允许使用 gather 等 asyncio API 方法并发地运行多个进程，并等待结果。
- 使用进程池和 asyncio 来解决 MapReduce 的问题。这个工作流不仅适用于 MapReduce，也可以用于任何 CPU 密集型工作；可将这些工作分割成多个较小的块。

- 在多个进程之间共享状态，从而能够跟踪与我们启动的子流程相关的数据，例如状态计数器。
- 使用锁来避免竞态条件。当多个进程试图几乎同时访问数据时，就会出现竞态条件，这可能导致难以重现的 bug。
- 通过为每个进程创建事件循环，使用 multiprocessing 来扩展 asyncio 的功能。这可能提高混合使用 CPU 密集型和 I/O 密集型的工作负载的性能。

第7章 通过线程处理阻塞任务

本章内容：

- multithreading 库
- 创建线程池来处理阻塞的 I/O
- 使用 async 和 await 来管理线程
- 使用线程池处理阻塞的 I/O 库
- 使用线程处理共享数据和锁定
- 在线程中处理 CPU 密集型工作

在从头开始开发新的 I/ O 密集型应用程序时，asyncio 可能是首选技术。从一开始，你就能在开发时使用与 asyncio 搭配工作的非阻塞库，如 asyncpg 和 aiohttp。然而，greenfields(一个缺乏先前工作限制的项目)开发是许多软件开发人员所没有的奢侈品。我们工作的很大一部分可能是使用阻塞 I/O 库管理现有的代码，例如对 HTTP 的请求，用于 Postgres 数据库的 psycopg，或其他阻塞库。我们可能还会遇到不支持异步库的情况。在这些情况下，是否有一种方法可以获得并发，并带来性能提升，同时仍然使用 asyncio API?

多线程是这个问题的一种解决方案。由于阻塞 I/O 会释放全局解释器锁，因此可以在单独的线程中同时运行 I/O。与 multiprocessing 库非常相似，asyncio 提供了一种利用线程池的方法，因此我们可以在仍然使用 asyncio API 的同时获得线程带来的优势，例如 gather 和 wait。

在本章中，我们将学习如何使用多线程和 asyncio 在线程中运行阻塞 API，例如请求。此外，将学习如何像上一章那样同步共享数据，并研究更高级的锁定主题，例如可重入锁和死锁。我们还将了解如何通过构建响应式 GUI 来运行 HTTP 压力测试，从而将 asyncio 与同步代码结合起来。最后，我们将研究几个例外情况，在这些例外情况下，线程可用于 CPU 密集型工作。

7.1 threading 模块

Python 允许开发人员通过 threading 模块创建和管理线程。该模块公开了 Thread 类，该类在实例化时接收一个函数，从而可以在单独的线程中运行它。Python 解释器在一个进程中运行单线程，这意味着即使代码在多个线程中运行，一次也只能运行一段 Python 字节码。全局解释器锁一次只允许一个线程执行代码。

这似乎是 Python 限制了我们使用多线程所带来的优势，但在少数情况下，全局解释器锁被释放，主要是在 I/O 操作期间。这种情况下，Python 可以释放 GIL，因为在底层，Python 正在通过低级操作系统调用来执行 I/O。这些系统调用在 Python 解释器之外，这意味着在我们等待 I/O 完成时不需要运行任何 Python 字节码。

为更好地了解如何在阻塞 I/O 的上下文中创建和运行线程，我们重温一下第 3 章中的回显服务器示例。回顾一下，要处理多个连接，我们需要将套接字切换为非阻塞模式，并使用 select 模块来监视套接字上的事件。如果使用的是不能选择非阻塞套接字的遗留代码库怎么办？还能构建一个可以同时处理多个客户端的回显服务器吗？

由于套接字的 recv 和 sendall 是 I/O 密集型方法，因此释放 GIL，我们应该能够在单独的线程中同时运行它们。这意味着可为每个连接的客户端创建一个线程，并在该线程中读取和写入数据。此模型是 Apache 等 Web 服务器中的常见范例，被称为 thread-per-connection 模型。让我们通过在主线程中等待连接，然后为每个连接的客户端创建一个线程来尝试这个想法。

代码清单 7-1　多线程回显服务器

```
from threading import Thread
import socket
def echo(client: socket):
    while True:
        data = client.recv(2048)
        print(f'Received {data}, sending!')
        client.sendall(data)

with socket.socket(socket.AF_INET, socket.SOCK_STREAM) as server:
    server.setsockopt(socket.SOL_SOCKET, socket.SO_REUSEADDR, 1)
    server.bind(('127.0.0.1', 8000))
```

```
server.listen()
while True:
    connection, _ = server.accept()
    thread = Thread(target=echo, args=(connection,))
    thread.start()
```

阻塞，等待客户端连接。

开始运行线程。

一旦客户端完成连接，创建一个线程来运行 echo 函数。

在代码清单 7-1 中，通过一个无限循环来监听服务器套接字上的连接。一旦有客户端进行连接，就创建一个新线程来运行 echo 函数。为线程提供了一个目标，即要运行的 echo 函数，以及 args，它是传递给 echo 的参数元组。这意味着我们将在线程中调用 echo(connection)。然后启动线程并再次循环，等待第二个连接。同时，在创建的线程中，一直循环监听来自客户端的数据，当得到数据时，会回显它。

你应该能够同时连接任意数量的 telnet 客户端，并正确回显消息。由于每个 recv 和 sendall 在每个客户端的单独线程中运行，因此这些操作不会相互阻塞。只会阻塞正在运行的线程。

这解决了多个客户端无法通过阻塞套接字同时连接的问题，尽管该方法存在一些线程独有的问题。如果在连接客户端时尝试使用 CTRL+C 终止该进程会发生什么？应用程序是否可以干净地关闭我们创建的线程？

事实证明，进程并没有干净地被关闭。如果你终止应用程序，应该会在 server.accept( )上看到一个 KeyboardInterrupt 异常，应用程序将挂起，因为后台线程一直将程序保持活动状态。此外，任何已经连接的客户端仍然可发送和接收消息。

不幸的是，Python 中用户创建的线程不会收到 KeyboardInterrupt 异常。只有主线程会接收异常。这意味着线程将继续运行，并且继续从客户端读取数据，并阻止应用程序退出。

有几种方法可以处理这个问题，具体来说，我们可以使用所谓的守护线程(demon)，或者可以设计自己的方式来取消或“中断”正在运行的线程。守护线程是一种用于长时间运行后台任务的特殊线程。这些线程不会阻止应用程序关闭。事实上，当只有守护线程在运行时，应用程序才可以自动关闭。由于 Python 的主线程不是守护线程，这意味着，如果将所有连接线程都设为守护线程，应用程序将在发生 KeyboardInterrupt 时终止。通过修改代码清单 7-1 中的代码，可以轻松使用守护线程，我们需要做的就是在运行 thread.start()之前设置 thread.daemon=True。一旦进行了更改，应用程序将在 CTRL+C 发生时正确终止。

这种方法的问题是当线程停止时我们无法运行任何清理或关闭逻辑，因为守护线程会突然终止。假设在关闭时，我们想向每个客户端写出服务器正在关闭的信息。有没有办法让异常中断线程时，可以干净地关闭套接字？如果调用套接字的 shutdown 方法，任何现有的对 recv 的调用都将返回 zero，并且 sendall 将抛出异常。如果从主线程调用 shutdown，这将会中断正在阻塞 recv 或 sendall 调用的客户端线程。然后，可在客户端线程中处理异常，并执行任何我们想要的清理逻辑。

为此，将通过继承 Thread 类本身来创建线程，这与以前略有不同。这将允许用 cancel 方法定义自己的线程，在这个方法中可关闭客户端套接字。然后，对 recv 和 sendall 的调用将被中断，允许我们退出 while 循环并关闭线程。

Thread 类有一个可以重写的 run 方法。当创建 Thread 的子类时，使用我们希望线程在启动时运行的代码来实现此方法。在我们的例子中，将是 recv 和 sendall 的 echo 循环。

代码清单 7-2　子类化线程类，从而可以彻底关闭

```
from threading import Thread
import socket

class ClientEchoThread(Thread):

    def __init__(self, client):
        super().__init__()
        self.client = client

    def run(self):
        try:
            while True:
                data = self.client.recv(2048)
                if not data:
                    raise BrokenPipeError('Connection closed!')
                print(f'Received {data}, sending!')
                self.client.sendall(data)
        except OSError as e:
            print(f'Thread interrupted by {e} exception, shutting down!')

    def close(self):
        if self.is_alive():
            self.client.sendall(bytes('Shutting down!', encoding='utf-8'))
            self.client.shutdown(socket.SHUT_RDWR)
```

如果没有数据，则引发异常。当连接被客户端关闭时，就会发生这种情况。

当我们遇到异常时，退出 run 方法。这将终止线程。

如果线程处于活动状态，则关闭连接；如果客户端关闭连接，线程可能处于不活动状态。

关闭客户端连接以进行读取和写入。

```
with socket.socket(socket.AF_INET, socket.SOCK_STREAM) as server:
    server.setsockopt(socket.SOL_SOCKET, socket.SO_REUSEADDR, 1)
    server.bind(('127.0.0.1', 8000))
    server.listen()
    connection_threads = []
    try:
        while True:
            connection, addr = server.accept()
            thread = ClientEchoThread(connection)
            connection_threads.append(thread)
            thread.start()
    except KeyboardInterrupt:
        print('Shutting down!')
        [thread.close() for thread in connection_threads]  ◄── 在我们的线程上调用close方法，以在键盘发出中断时关闭每个客户端连接。
```

首先创建一个继承自 Thread 的新类 ClientEchoThread。这个类用我们原来的 echo 函数的代码覆盖了 run 方法，但做了一些修改。首先将所有内容包装在一个 try catch 块中并拦截 OSError 异常。当关闭客户端套接字时，sendall 等方法会抛出此类异常。我们还检查来自 recv 的数据是否为 0，两种情况将带来数据为 0 的结果：客户端关闭连接(例如，有人退出 telnet)或当我们自己关闭客户端连接时。这种情况下，我们自己抛出一个 BrokenPipeError(OSError 的子类)，在 except 块中执行 print 语句，然后退出 run 方法，该方法会关闭线程。

我们还在 ClientEchoThread 类上定义了一个 close 方法。此方法在关闭客户端连接之前，首先检查线程是否处于活动状态。线程“处于活动状态”意味着什么，为什么我们需要这样做？如果它的 run 方法正在执行，则线程是活动的。这种情况下，如果 run 方法没有抛出任何异常，这是正确的。我们需要执行这个检查，因为客户端本身可能已经关闭了连接，导致在我们调用 close 之前的 run 方法中出现了 BrokenPipeError 异常。这意味着调用 sendall 将导致异常，因为连接不再有效。

最后，在监听新传入连接的主循环中，我们拦截 KeyboardInterrupt 异常。一旦遇到异常，就在创建的每个线程上调用 close 方法。如果连接仍处于活动状态，将向客户端发送一条消息，并关闭连接。

总之，取消 Python 中正在运行的线程，通常是一个棘手的问题，并且取决于你试图处理的特定关闭情况。你需要特别注意线程不会阻塞应用程序退出，你需要确定在何处放置适当的中断点，从而退出线程。

我们已经看到了两种自己手动管理线程的方法，创建一个带有 target 函数的线程对象，继承 Thread 类，并覆盖 run 方法。现在我们已经理解了线程的基础知识，让我们看看如何将它们与 asyncio 一起使用来利用流行的阻塞库。

7.2 通过 asyncio 使用线程

我们现在知道如何创建和管理多个线程来处理阻塞工作。这种方法的缺点是必须单独创建和跟踪线程。我们希望能够使用学到的所有基于异步的 API 来等待线程的结果，而无需自己管理。就像第 6 章中的进程池一样，可以使用线程池，以池的方式管理线程。在本节中，将介绍一个流行的阻塞 HTTP 客户端库，并了解如何使用线程和 asyncio 来并发运行 Web 请求。

7.2.1 request 库

requests 库是一个流行的 Python HTTP 客户端库，自称为“人类的 HTTP”。你可以在 https://requests.readthedocs.io/en/master/查看该库的最新文档。通过它，你可以像使用 aiohttp 一样向 Web 服务器发出 HTTP 请求。我们将使用最新版本的库(在撰写本书时，版本为 2.24.0)。你可通过运行以下 pip 命令来安装此库：

```
pip install -Iv requests==2.24.0
```

一旦安装了这个库，就可以发出一些基本的 HTTP 请求了。首先向 example.com 发出几个请求，从而检索状态码，就像之前对 aiohttp 所做的那样。

代码清单 7-3 requests 的基本用法

```
import requests

def get_status_code(url: str) -> int:
    response = requests.get(url)
    return response.status_code

url = 'https://www.example.com'
print(get_status_code(url))
print(get_status_code(url))
```

代码清单 7-3 依次执行两个 HTTP GET 请求。运行上述代码，你应该看到两个 200 的状态码输出。这里没有创建 HTTP 会话，就像我们对 aiohttp 所做的那样，但是该库确实根据需要支持会话的创建，以使 cookie 在不同的请求中保持持久性。

requests 库是阻塞的，这意味着每次调用 requests.get 都会阻止任何线程执行其他 Python 代码，直到请求完成。这对我们如何在 asyncio 中使用这个库会产生影响。如果尝试在协程或任务中单独使用这个库，它将阻塞整个事件循环，直到请求完成。如果有一个需要 2 秒的 HTTP 请求，应用程序除了等待这 2 秒之外什么也做不了。要在 asyncio 中正确使用这个库，必须在线程内运行这些阻塞操作。

7.2.2　线程池执行器

与进程池执行器非常相似，concurrent.futures 库提供了 Executor 抽象类的实现，以使用名为 ThreadPoolExecutor 的线程。线程池执行器不会像进程池那样维护工作进程池，而是创建并维护一个线程池，然后可将任务提交到该线程池。

虽然默认情况下，进程池会为机器可用的每个 CPU 内核创建一个工作进程，但确定要创建多少个工作线程有点复杂。在后台，默认线程数的公式是 min(32,os.cpu_count()+4)。这会导致工作线程的最大(上限)为 32，最小(下限)为 5。上限设置为 32 以避免在具有大量 CPU 内核的机器上创建数量惊人的线程(请记住，线程的创建和维护将耗费资源)。下限设置为 5，因为在较小的 1～2 核机器上，仅启动几个线程不太可能提高性能。为 I/O 密集型工作创建比可用 CPU 核数更多的线程通常是有意义的。例如，在 8 核机器上，通过上面的公式，将创建 12 个线程。虽然只有 8 个线程可以并发运行，但可让其他线程暂停等待 I/O 完成，让操作在 I/O 完成时恢复它们。

让我们修改代码清单 7-3 中的示例，使用线程池同时运行 1000 个 HTTP 请求。将对结果进行计时，以了解会获得怎样的性能提升。

代码清单 7-4　使用线程池运行 requests

```
import time
import requests
from concurrent.futures import ThreadPoolExecutor

def get_status_code(url: str) -> int:
    response = requests.get(url)
    return response.status_code

start = time.time()

with ThreadPoolExecutor() as pool:
    urls = ['https://www.example.com' for _ in range(1000)]
```

```
    results = pool.map(get_status_code, urls)
    for result in results:
        print(result)

end = time.time()

print(f'finished requests in {end - start:.4f} second(s)')
```

在具有高速互联网连接的 8 核机器上，使用默认线程数，此代码可以在短短 8～9 秒内执行完成。如果不使用线程池(比如通过以下代码执行相同的请求操作)，所用时间将存在很大的差异：

```
start = time.time()

urls = ['https://www.example.com' for _ in range(1000)]

for url in urls:
    print(get_status_code(url))

end = time.time()

print(f'finished requests in {end - start:.4f} second(s)')
```

运行此代码可能需要 100 秒以上的时间。这使得线程代码比同步代码快 10 多倍，使用线程池给我们带来了相当大的性能提升。

虽然使用线程池带来了不小的性能提升，但你可能还记得在第 4 章中，通过 aiohttp，我们能够在不到 1 秒的时间内并发执行 1000 个请求。为什么这个比线程版本比之前慢这么多？请记住，工作线程的最大数量被限制为 32(即 CPU 的数量加上 4)，这意味着在默认情况下，只能同时运行最大 32 个请求。可通过在创建线程池时传入 max_workers=1000 来解决这个问题，如下所示：

```
with ThreadPoolExecutor(max_workers=1000) as pool:
    urls = ['https://www.example.com' for _ in range(1000)]
    results = pool.map(get_status_code, urls)
    for result in results:
        print(result)
```

这种方法可以带来一些改进，因为现在每个发出的请求都有一个线程。但是，这仍然不会带来基于协程的代码所提供的性能。这是由于与线程相关的资源开销较大。

线程是在操作系统级别创建的，创建起来比协程消耗更多的资源。此外，线程在操作系统级别具有上下文切换成本。在上下文切换发生时，保存和恢复线程状态会消耗掉使用线程获得的一些性能增益。

确定用于特定问题的线程数量时，最好从小处着手(将 CPU 内核数加上较小的数字作为起点)，对其进行测试和基准测试，逐渐增加线程数量。通常会找到一个“最佳位置”，此后无论添加多少线程，运行时间都会停滞不前，甚至可能会带来性能下降。相对于要发出的请求而言，这个最佳位置通常是一个相当小的数字(明确地说，为 1000 个请求创建 1000 个线程可能不会带来最佳的资源利用率)。

7.2.3　使用 asyncio 的线程池执行器

使用带有异步事件循环的线程池执行器与使用 ProcessPoolExecutors 没有太大区别。这就是利用抽象 Executor 基类的美妙之处，因为我们只需要更改一行代码就可以使用相同的代码来运行线程或进程。让我们修改运行 1000 个 HTTP 请求的示例，从而使用 asyncio.gather 而不是 pool.map。

代码清单 7-5　使用带有 asyncio 的线程池执行器

```
import functools
import requests
import asyncio
from concurrent.futures import ThreadPoolExecutor
from util import async_timed

def get_status_code(url: str) -> int:
    response = requests.get(url)
    return response.status_code

@async_timed()
async def main():
    loop = asyncio.get_running_loop()
    with ThreadPoolExecutor() as pool:
        urls = ['https://www.example.com' for _ in range(1000)]
        tasks = [loop.run_in_executor(pool,
    functools.partial(get_status_code, url)) for url in urls]
        results = await asyncio.gather(*tasks)
        print(results)
```

```
asyncio.run(main())
```

我们像以前一样创建线程池，但不是使用 map，而是通过使用 loop.run_in_executor 调用 get_status_code 函数来创建任务列表。一旦有了任务列表，就可以使用 asyncio.gather 或我们之前学习的任何其他 asyncio API 等待它们完成。

在后台，loop.run_in_executor 调用线程池执行器的 submit 方法。这会将传入的每个函数放入一个队列中。然后池中的工作线程从队列中取出相关函数，运行每个工作项直到它完成。与使用没有 asyncio 的线程池相比，这种方法不会产生任何性能优势，但是当我们等待 await asyncio.gather 完成时，其他代码可以运行。

7.2.4 默认执行器

阅读 asyncio 文档，你可能会注意到 run_in_executor 方法的 executor 参数可以设置为 None。这种情况下，run_in_executor 将使用事件循环的默认执行器。什么是默认执行器？将其视为整个应用程序的可重用独立执行器。默认执行器将始终默认为 ThreadPoolExecutor，除非使用 loop.set_default_executor 方法设置自定义执行器。这意味着可以简化代码清单 7-5 中的代码，如下面的代码清单所示。

代码清单 7-6 使用默认执行器

```
import functools
import requests
import asyncio
from util import async_timed

def get_status_code(url: str) -> int:
    response = requests.get(url)
    return response.status_code

@async_timed()
async def main():
    loop = asyncio.get_running_loop()
    urls = ['https://www.example.com' for _ in range(1000)]
    tasks = [loop.run_in_executor(None, functools.partial(get_status_code,
      url)) for url in urls]
    results = await asyncio.gather(*tasks)
    print(results)
```

```
asyncio.run(main())
```

在代码清单 7-6 中，我们不再创建自己的 ThreadPoolExecutor，然后像以前那样在上下文管理器中，将 None 作为执行器传入。第一次调用 run_in_executor 时，asyncio 为我们创建并缓存了一个默认的线程池执行器。对 run_in_executor 的每个后续调用都重用之前创建的默认执行器，这意味着该执行程序将作为后续事件循环的全局执行程序。这个池的关闭也和之前看到的不同。以前，当退出带有块的上下文管理器时，创建的线程池执行器将关闭。当使用默认执行器时，它直到事件循环关闭时才会被关闭，这通常发生在应用程序完成时。想要使用线程时，使用默认的线程池执行器可以简化编码和程序执行，但可以让这一切变得更简单吗？

在 Python 3.9 中，引入 asyncio.to_thread 协程以进一步简化将任务放在默认线程池执行程序中。它接收一个在线程中运行的函数和一组要传递给该函数的参数。以前，必须使用 functools.partial 来传递参数。使用 asyncio.to_thread 协程，使代码更简洁。然后它在默认线程池执行器和当前运行的事件循环中运行带有参数的函数。这让我们可以进一步简化线程代码。使用 to_thread 协程消除了使用 functools.partial 以及对 asyncio.get_running_loop 的调用，从而减少了总代码行数。

代码清单 7-7　使用 to_thread 协程

```
import requests
import asyncio
from util import async_timed

def get_status_code(url: str) -> int:
    response = requests.get(url)
    return response.status_code

@async_timed()
async def main():
    urls = ['https://www.example.com' for _ in range(1000)]
    tasks = [asyncio.to_thread(get_status_code, url) for url in urls]
    results = await asyncio.gather(*tasks)
    print(results)

asyncio.run(main())
```

到目前为止，只看到了如何在线程内运行阻塞代码。将线程与 asyncio 相结合的强大之处在于，可以在等待线程完成时运行其他代码。要了解如何在线程运行时运行其他代码，我们将重温第 6 章中关于定期输出长时间运行任务状态的示例。

7.3 锁、共享数据和死锁

就像 multiprocessing 代码一样，当共享数据时，多线程代码也容易受到竞态条件的影响，因为我们不能控制执行顺序。每当你有两个线程或进程可以修改共享的非线程安全数据时，你都需要使用锁来确保正确的同步访问。从概念上讲，这与我们采用 multiprocessing 的方法没有什么不同。但线程的内存模型稍微改变了这种方法。

回顾一下，在使用 multiprocessing 时，默认情况下，我们创建的进程不共享内存。这意味着需要创建特殊的共享内存对象，并正确地初始化它们，以便每个进程都可对该对象进行读写。由于线程确实可以访问它们与父进程相同的内存，所以不再需要额外的共享操作，线程可以直接访问共享变量。

这稍微简化了一些，但是因为不会使用内置锁的共享 Value 对象，所以需要自行创建它们。要实现这一点，需要使用线程模块的 Lock 实现，这与我们在 multiprocessing 中使用的 Lock 实现不同。这就像从线程模块导入 Lock，然后围绕关键代码段调用它的 acquire 和 release 方法，或者在上下文管理器中使用它一样简单。

要了解如何在线程中使用锁，让我们重温第 6 章中的任务，即跟踪和显示长任务的进度。将采用之前发出数千个 Web 请求的示例，并使用共享计数器来跟踪到目前为止已经完成了多少请求。

代码清单 7-8 输出请求状态

```
import functools
import requests
import asyncio
from concurrent.futures import ThreadPoolExecutor
from threading import Lock
from util import async_timed

counter_lock = Lock()
counter: int = 0

def get_status_code(url: str) -> int:
    global counter
    response = requests.get(url)
    with counter_lock:
```

```
        counter = counter + 1
    return response.status_code


async def reporter(request_count: int):
    while counter < request_count:
        print(f'Finished {counter}/{request_count} requests')
        await asyncio.sleep(.5)


@async_timed()
async def main():
    loop = asyncio.get_running_loop()
    with ThreadPoolExecutor() as pool:
        request_count = 200
        urls = ['https://www.example.com' for _ in range(request_count)]
        reporter_task = asyncio.create_task(reporter(request_count))
        tasks = [loop.run_in_executor(pool,
    functools.partial(get_status_code, url)) for url in urls]
        results = await asyncio.gather(*tasks)
        await reporter_task
        print(results)


asyncio.run(main())
```

这应该看起来很熟悉，因为它就像我们在第 6 章中编写的用于输出 map 操作进度的代码。我们创建了一个全局计数器变量，以及一个 counter_lock，以便在临界区同步对它的访问。在 get_status_code 函数中，在增加计数器时获取锁。然后，在主协程中，启动了一个报告后台任务，该任务输出每 500 毫秒完成了多少请求。运行此程序，你应该会看到类似于以下内容的输出：

```
Finished 0/200 requests
Finished 48/200 requests
Finished 97/200 requests
Finished 163/200 requests
```

现在知道了多线程和 multithreading 锁的基础知识，但是关于锁还有很多东西需要学习。接下来，我们将了解一下可重入(reentrancy)的概念。

7.3.1 可重入锁

简单的锁可以很好地协调多个线程对共享变量的访问，但当一个线程试图获取它已经取得的锁时会发生什么呢？这是安全的吗？由于同一个线程已经获得锁，这应该没问题，因为根据定义这是单线程的，因此是线程安全的。

虽然这种访问应该没问题，但它确实会导致当前使用的锁出现问题。为了说明这一点，假设有一个递归求和函数，它接收一个整数列表并生成列表的总和。想要求和的列表可从多个线程中修改，因此需要使用锁来确保求和的列表在求和操作期间不会被修改。让我们尝试用一个普通的锁来实现它，看看会发生什么。还将添加一些控制台输出来查看函数是如何执行的。

代码清单 7-9 带锁的递归

```
from threading import Lock, Thread
from typing import List

list_lock = Lock()

def sum_list(int_list: List[int]) -> int:
    print('Waiting to acquire lock...')
    with list_lock:
        print('Acquired lock.')
        if len(int_list) == 0:
            print('Finished summing.')
            return 0
        else:
            head, *tail = int_list
            print('Summing rest of list.')
            return head + sum_list(tail)
thread = Thread(target=sum_list, args=([1, 2, 3, 4],))
thread.start()
thread.join()
```

运行代码清单 7-9，将看到如下信息，然后应用程序将永远挂起：

```
Waiting to acquire lock...
Acquired lock.
Summing rest of list.
Waiting to acquire lock...
```

为什么会发生这种情况？如果运行这个程序，第一次完全可以获得 list_lock。然后解包列表，并递归地对列表的其余部分调用 sum_list。这将导致尝试第二次获取 list_lock。这是代码挂起的地方，因为已经获得了锁，所以会永远阻塞第二次获得锁的行为。这也意味着永远不会退出第一个 with 块，也不能释放锁，我们在等一个永远不会释放的锁。

由于这个递归来自产生它的同一个线程，因此多次获得锁应该不是问题，因为这不会导致竞态条件。为了支持这些用例，线程库提供了可重入锁。可重入锁是一种特殊类型的锁，同一个线程可以多次获得这种锁，从而允许该线程“重新进入”关键部分。线程模块在 RLock 类中提供了可重入锁。只需要修改两行代码，我们就可以用上面的代码来解决这个问题——import 语句和 list_lock 的创建：

```
from threading import Rlock

list_lock = RLock()
```

如果修改这些行，代码将正常工作，并且单个线程将能多次获得锁。在内部，可重入锁通过保持递归计数来工作。每次从第一个获得锁的线程获得锁时，计数就会增加，而每次释放锁时，计数就会减少。当计数为 0 时，锁最终被释放，以便其他线程可以获取它。

让我们了解一个更真实的应用程序，从而真正理解带锁的递归概念。想象一下，我们正在尝试构建一个线程安全的整数列表类，该类使用一种方法来查找具有某个值的所有元素，并将其替换为不同的值。这个类将包含一个普通的 Python 列表和一个用来防止竞态条件的锁。假设现有的类已经有一个名为 indices_of(to_find:int)的方法，它接收一个整数，并返回列表中与 to_find 匹配的所有索引。由于要遵循 DRY(不要重复自己)规则，因此将在定义查找和替换方法时重用此方法(请注意，这在技术上不是最有效的方法，这样做是为了说明这个概念)。这意味着类和方法将类似于以下代码清单。

代码清单 7-10　一个线程安全的列表类

```
from threading import Lock
from typing import List

class IntListThreadsafe:

    def __init__(self, wrapped_list: List[int]):
        self._lock = Lock()
```

```
            self._inner_list = wrapped_list

        def indices_of(self, to_find: int) -> List[int]:
            with self._lock:
                enumerator = enumerate(self._inner_list)
                return [index for index, value in enumerator if value ==
            to_find]

        def find_and_replace(self,
                             to_replace: int,
                             replace_with: int) -> None:
            with self._lock:
                indices = self.indices_of(to_replace)
                for index in indices:
                    self._inner_list[index] = replace_with

    threadsafe_list = IntListThreadsafe([1, 2, 1, 2, 1])
    threadsafe_list.find_and_replace(1, 2)
```

如果另一个线程在 indices_of 调用期间修改了列表，可能会获得错误的返回值，因此需要在搜索匹配的索引之前获取锁。出于同样的原因，find_and_replace 方法必须获取锁。然而，对于普通锁，当调用 find_and_replace 时，程序最终会永远挂起。find_and_replace 方法首先获取锁，然后调用另一个方法，该方法尝试获取相同的锁。这种情况下，使用 RLock 将解决此问题，因为对 find_and_replace 的调用将始终从同一线程获取所有锁。这说明了何时需要使用可重入锁的一般准则。如果你正在开发一个线程安全的类，其中包含获取锁的方法 A 和也需要获取锁并调用方法 A 的方法 B，你可能需要使用可重入锁。

7.3.2 死锁

你可能熟悉新闻政治谈判中的僵局概念，即一方向另一方提出要求，另一方提出反要求。双方在下一步问题上存在分歧，谈判陷入僵局。计算机科学中的某些概念与之相似，因为我们达到了一个没有解决方案的共享资源争用状态，应用程序将永远挂起。

在上一节中看到的问题是不可重入锁可能导致程序永远挂起，这就是死锁的一个例子。这种情况下，我们会陷入与自己的谈判停滞不前的状态，要求获得一个永远不会释放的锁。当两个线程使用多个锁时，也会出现这种情况。图 7-1 说明了这种情况：

如果线程 A 请求线程 B 获得的锁，而线程 B 正在请求 A 获得的锁，将陷入挂起和死锁。这种情况下，使用可重入锁也无济于事，因为有多个线程卡在等待另一个线程持有的资源上。

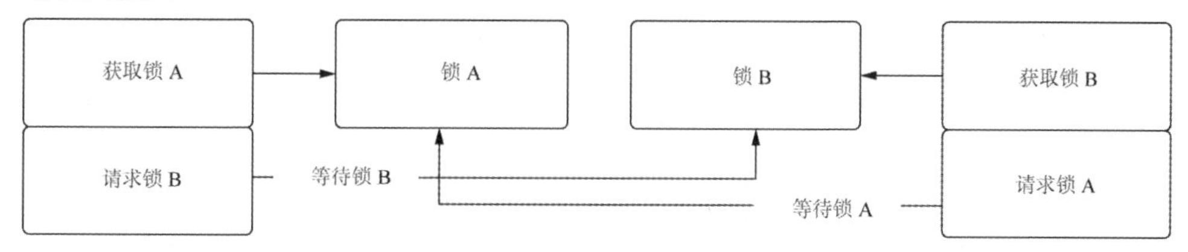

图 7-1　线程 1 和 2 大致同时获得锁 A 和 B。然后，线程 1 等待线程 2 持有的锁 B；同时，线程 2 正在等待线程 1 持有的 A。这种循环依赖会导致死锁，并导致应用程序挂起

让我们看看如何在代码中创建这种类型的死锁。将创建两个锁，锁 A 和 B。需要具有获取这两个锁的两个方法：一种方法是先获取锁 A，然后获取锁 B；另一种方法是先获取锁 B，然后获取锁 A。

代码清单 7-11　代码中的死锁

```
from threading import Lock, Thread
import time


lock_a = Lock()
lock_b = Lock()


def a():
    with lock_a:                                          # 获取锁 A。
        print('Acquired lock a from method a!')
        time.sleep(1)                                     # 休眠 1 秒，这确保为死锁创造了正确的条件。
        with lock_b:                                      # 获取锁 B。
            print('Acquired both locks from method a!')


def b():
    with lock_b:                                          # 获取锁 B。
        print('Acquired lock b from method b!')
        with lock_a:                                      # 获取锁 A。
            print('Acquired both locks from method b!')


thread_1 = Thread(target=a)
thread_2 = Thread(target=b)
thread_1.start()
```

```
thread_2.start()
thread_1.join()
thread_2.join()
```

当运行此代码时，将看到以下输出，应用程序将永远挂起：

```
Acquired lock a from method a!
Acquired lock b from method b!
```

首先调用方法A并获取锁A，然后引入了人为的延迟，让方法B有机会获取锁B。这将处于方法A持有锁A，而方法B持有锁B的状态。接下来，方法A尝试获取锁B，但方法B持有该锁。同时，方法B尝试获取锁A，但方法A持有它，挂起等待B释放它的锁。两个方法都被挂起，彼此等待释放资源，程序陷入了死锁。

如何处理这种情况？一种解决方案是所谓的“鸵鸟算法”，它以鸵鸟在感觉到危险时将头伸入沙子的情况命名(尽管鸵鸟实际上并没有这种行为)。使用这种策略，我们忽略了问题，并设计了一种策略来在遇到问题时重新启动应用程序。这种方法背后的驱动理念是，如果问题很少出现，那么投资修复是不值得的。如果从上面的代码中去掉sleep，将很少看到死锁发生，因为它依赖于一个非常特定的操作序列。这并不是真正的修复，也不是理想的解决方案，而是用于很少发生死锁时的一种策略。

但是，有一个简单的解决方法，将两个方法中的锁，更改为始终以相同的顺序获取。例如，方法 A 和 B 都可以先获取锁 A，然后获取锁 B。问题就这样解决了，因为我们永远不会按照可能发生死锁的顺序来获取锁。另一种选择是重构锁，这样我们就只使用一个锁而不是两个锁。一个锁不可能出现死锁(不包括我们前面看到的可重入的死锁)。总之，在处理需要获取的多个锁时，请事先考虑：“我是否以一致的顺序获取这些锁？有没有一种方法可以重构它，使它只使用一个锁？”

现在已经看到了如何使用asyncio有效地使用线程，并研究了更复杂的锁定场景。接下来，让我们看看如何使用线程将 asyncio 集成到现有的同步应用程序中，这些应用程序可能无法使用asyncio顺利运行。

7.4 单线程中的事件循环

我们主要关注于构建完全使用协程和 asyncio 自下而上实现的应用程序。当遇到那些不适合单线程并发模型的工作时，就在线程或进程中运行它。并不是所有的应用程序都适合这个范例。如果在一个现有的同步应用程序中工作，并且希望使用asyncio，该怎么办？

我们常遇到这种情况是构建桌面用户界面。构建 GUI 的框架通常会运行自己的事件循环，而事件循环会阻塞主线程。这意味着任何长时间运行的操作都可能导致用户界面挂起。此外，这个 UI 事件循环会阻止我们创建异步事件循环。在本节中，将通过在 Tkinter 中构建响应式 HTTP 压力测试用户界面，来学习如何使用多线程同时运行多个事件循环。

7.4.1 Tkinter

Tkinter 是默认 Python 安装中提供的独立于平台的桌面 GUI 工具包。Tkinter 是 Tk interface 的缩写，是用 tcl 语言编写的低级 Tk GUI 工具包的接口。随着 Tkinter Python 库的创建，Tk 已经成长为 Python 开发人员构建桌面用户界面的流行方式。

Tkinter 带有一组“小部件”，例如标签、文本框和按钮，可将它们放置在桌面窗口中。当与小部件交互时，例如输入文本或按下按钮，可以触发一个函数来执行代码，响应用户操作而运行的代码可以是更新另一个小部件或触发另一个操作。

Tkinter 和其他许多 GUI 库通过自己的事件循环绘制小部件，并处理小部件交互。事件循环不断地重新绘制应用程序、处理事件并检查是否有任何代码应该运行，以响应小部件事件。为了熟悉 Tkinter 及其事件循环，让我们创建一个简单的 Hello world 应用程序。将创建一个带有“Say hello”按钮的应用程序，当点击该按钮时，将在控制台输出“Hello there!”。

代码清单 7-12　使用 Tkinter 创建 Hello world 程序

```
import tkinter
from tkinter import ttk

window = tkinter.Tk()
window.title('Hello world app')
window.geometry('200x100')

def say_hello():
    print('Hello there!')

hello_button = ttk.Button(window, text='Say hello', command=say_hello)
hello_button.pack()

window.mainloop()
```

此代码首先创建一个 Tkinter 窗口(如图 7-2 所示)，并设置应用程序标题和窗口大小。然后在窗口上放置一个按钮，并将其命令设置为 say_hello 函数。当用户按下此按钮时，say_hello 函数将执行，输出消息。然后调用 window.mainloop()来启动 Tk 事件循环，运行应用程序。

图 7-2 代码清单 7-12 中的“Hello world”应用程序

这里要注意的一件事是应用程序将阻塞 window.mainloop()。在内部，此方法运行 Tk 事件循环。这是一个无限循环，它将检查窗口事件并不断重绘窗口，直到我们关闭它。Tk 事件循环与 asyncio 事件循环有一些相似之处。例如，如果尝试在按钮的命令中运行阻塞工作会发生什么？如果使用 time.sleep(10)为 say_hello 函数添加 10 秒的延迟，将看到一个问题：应用程序将冻结 10 秒！

与 asyncio 非常相似，Tkinter 在其事件循环中运行所有内容。这意味着如果有一个长时间运行的操作，例如发出一个 Web 请求或加载一个大型文件，将阻塞 Tk 事件循环，直到该操作完成。对用户的影响是 UI 将挂起，并变得无响应。用户不能点击任何按钮，我们不能更新任何带有状态或进度的小部件，并且操作系统可能会显示一个转轮(如图 7-3 所示)以指示应用程序正在挂起。这显然是一个不受欢迎的、反应迟钝的用户界面。

图 7-3 当我们在 Mac 上阻止事件循环时，可怕的“毁灭沙滩球”就会出现

这是一个异步编程在理论上可以帮助我们的例子。如果可以发出不阻塞 Tk 事件循环的异步请求，就可以避免这个问题。实际情况比看起来更棘手，因为 Tkinter 不支持 asyncio，而且你无法传入协程以在单击按钮时运行。可以尝试在同一个线程中同时运行两个事件循环，但这行不通。Tkinter 和 asyncio 都是单线程的——这个想法就像试图在同一个线程中同时运行两个无限循环一样，这无法实现。如果在 Tkinter 事件循环之前启动 asyncio 事件循环，则 asyncio 事件循环将阻止 Tkinter 循环运行，反之亦然。有没有办法在单线程应用程序同时运行 asyncio 应用程序？

事实上，可通过在单独的线程中运行 asyncio 事件循环来组合这两个事件循环，从而创建一个可以正常运行的应用程序。让我们看看如何使用一个应用程序来执行此操作，该应用程序将使用进度条来响应长时间运行任务的状态。

7.4.2　使用 asyncio 和线程构建响应式 UI

首先，让我们介绍一下应用程序，并勾勒出一个基本的 UI。我们将构建一个 URL 压力测试应用程序。此应用程序将接收一个 URL 和发送请求的次数。当按下提交按钮时，将使用 aiohttp 尽快发送 Web 请求，向选择的 Web 服务器提供预定义的负载。由于这可能需要很长时间，我们将添加一个进度条来可视化测试中的进度。每完成 1% 的总请求，我们将更新进度条以显示进度。此外，如果用户愿意，可以提供取消请求的按钮。UI 将包含一些小部件，包括用于输入 URL 的文本框、用于设定请求次数的文本框、开始按钮和进度条。我们将设计一个如图 7-4 所示的 UI。

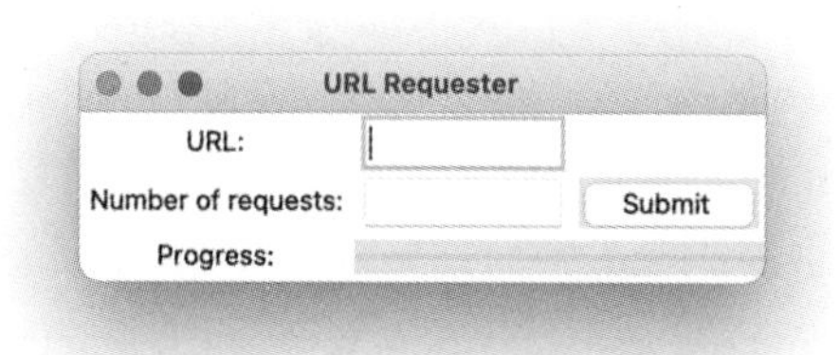

图 7-4　URL 请求器的用户界面

现在已经勾勒出了 UI，我们需要考虑如何让两个事件循环并行运行。基本思想是将在主线程中运行 Tkinter 事件循环，并在单独的线程中运行 asyncio 事件循环。然后，当用户单击“提交”时，我们将向 asyncio 事件循环提交一个协程来运行压力测试。随着压力测试的运行，将从 asyncio 事件循环发出命令返回到 Tkinter 事件循环，从而更新进度条。程序运行架构如图 7-5 所示。

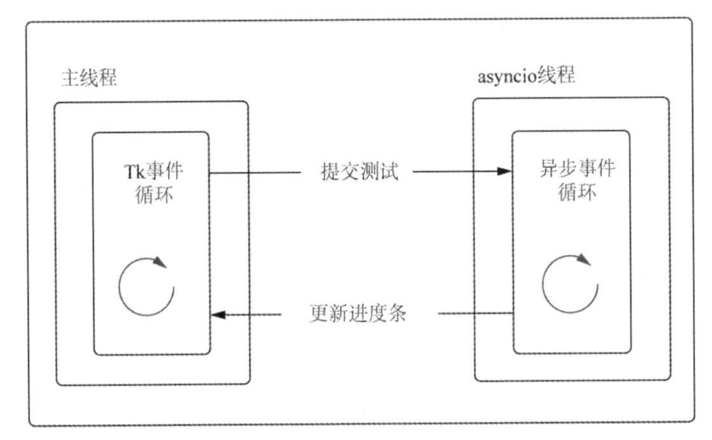

图 7-5　Tk 事件循环向 asyncio 事件循环提交任务，该循环在单独的线程中运行

这种新架构包括跨线程通信。这种情况下，我们需要注意竞态条件，特别是因为异步事件循环不是线程安全的。Tkinter 在设计时考虑了线程安全，因此从单独的线程调用它的问题更少(至少在 Python 3+中是这样，稍后会进行更详细的介绍)。

我们可能很想使用 asyncio.run 从 Tkinter 提交协程，但是这个函数会阻塞，直到传入的协程完成，并导致 Tkinter 应用程序挂起。需要一个函数，它可以将协程提交到事件循环而不会阻塞。有一些新的 asyncio 函数需要学习，它们既是非阻塞的，又具有内置的线程安全性，可以正确提交此类任务。第一个是异步事件循环中名为 call_soon_threadsafe 的方法。这个函数接收一个 Python 函数(不是协程)，并安排它在 asyncio 事件循环的下一次迭代中以线程安全的方式执行它。第二个函数是 asyncio.run_coroutine_threadsafe，这个函数接收一个协程，并提交它以线程安全的方式运行。立即返回一个 future，我们可以使用它来访问协程的结果。重要且令人困惑的是，这个 future 不是 asyncio future，而是来自 concurrent.futures 模块。背后的逻辑是 asyncio future 不是线程安全的，但 concurrent.futures 中的 future 是线程安全的。然而，这个 future 类确实与 asyncio 模块中的 future 具有相同的功能。

让我们开始定义并实现一些类，从而根据上面描述的内容构建压力测试应用程序。将首先构建压力测试类。该类将负责启动和停止一项压力测试，并跟踪已完成的请求数量。构造函数将接收一个 URL、一个异步事件循环、要发出的请求数量，以及一个进度更新器回调。当想要触发进度条更新时，会调用这个回调。开始实现 UI 时，此回调将触发对进度条的更新。在内部，将计算一个刷新率，这是执行回调的频率。我们会将这个比率设置为计划发送的总请求数的 1%。

代码清单 7-13　压力测试类

```
import asyncio
from concurrent.futures import Future
from asyncio import AbstractEventLoop
from typing import Callable, Optional
from aiohttp import ClientSession

class StressTest:

    def __init__(self,
                 loop: AbstractEventLoop,
                 url: str,
                 total_requests: int,
                 callback: Callable[[int, int], None]):
        self._completed_requests: int = 0
        self._load_test_future: Optional[Future] = None
        self._loop = loop
        self._url = url
        self._total_requests = total_requests
        self._callback = callback
        self._refresh_rate = total_requests // 100

    def start(self):
        future = asyncio.run_coroutine_threadsafe(self._make_requests(),
    self._loop)
        self._load_test_future = future

    def cancel(self):
        if self._load_test_future:
            self._loop.call_soon_threadsafe(self._load_test_future.cancel)

    async def _get_url(self, session: ClientSession, url: str):
        try:
            await session.get(url)
        except Exception as e:
            print(e)
        self._completed_requests = self._completed_requests + 1
        if self._completed_requests % self._refresh_rate == 0 \
                or self._completed_requests == self._total_requests:
```

开始发出请求，并存储 future，以便以后可以在需要时取消。

如果想取消，在负载测试 future 时调用 cancel 函数。

一旦完成了 1%的请求，使用已完成的请求数和总请求数调用回调。

```
            self._callback(self._completed_requests,
        self._total_requests)

        async def _make_requests(self):
            async with ClientSession() as session:
                reqs = [self._get_url(session, self._url) for _ in
        range(self._total_requests)]
                await asyncio.gather(*reqs)
```

在 start 方法中，使用_make_requests 调用 run_coroutine_threadsafe，它将开始在 asyncio 事件循环上发出请求。还在_load_test_future 中跟踪返回的 future。跟踪这个 future 可以让我们在 cancel 方法中取消负载测试。在_make_requests 方法中，我们创建了一个列表协程来发出所有 Web 请求，并将它们传递给 asyncio.gather 以运行它们。_get_url 协程发出请求，递增_completed_requests 计数器，并在必要时使用已完成请求的总数调用回调。可通过简单地实例化它，并调用 start 方法来使用这个类，也可通过调用 cancel 方法来取消执行。

需要注意，尽管来自多个协程的更新发生在_completed_requests 计数器周围，但我们没有使用任何锁定。请记住，asyncio 是单线程的，并且 asyncio 事件循环在任何给定时间只运行一段 Python 代码。这具有在与 asyncio 一起使用时使计数器原子性递增的效果，尽管它在多个线程之间是非原子性的。asyncio 使我们免于在多线程中看到多种竞态条件，但事情并不总是这样。我们将在后续章节中对此进行更多研究。

接下来，让我们实现 Tkinter GUI 来使用这个负载测试器类。为了代码简洁，我们将直接继承 TK 类，并在构造函数中初始化小部件。当用户单击开始按钮时，我们将创建一个新的 StressTest 实例并启动它。现在的问题变成了将什么作为回调传递给 StressTest 实例？线程安全在这里会是一个问题，因为回调将在工作线程中调用。如果回调从主线程也可以修改的工作线程修改共享数据，这可能导致竞态条件。在我们的例子中，由于 Tkinter 内置了线程安全，我们所做的只是更新进度条，这不会产生问题。但是，如果我们需要对共享数据进行修改呢？可以通过锁定来解决，但如果可在主线程中运行回调，将避免任何竞态条件。将使用通用模式来演示如何做到这一点，尽管直接更新进度条应该是安全的。

实现此目的的一种常见模式是使用队列模块中的共享线程安全队列。asyncio 线程可将进度更新放入此队列。然后，Tkinter 线程可以在其线程中检查此队列的更新，在正确的线程中更新进度条。我们需要告诉 Tkinter 轮询主线程中的队列来执行此操作。

Tkinter 有一个方法，可以让我们在主线程调用指定的时间增量后，将函数排队运行。将使用它来运行一个方法，该方法询问队列是否有新的进度更新(见代码清单 7-14)。如果有更新，可从主线程安全地更新进度条。将每 25 毫秒轮询一次队列，以确保在合理的延迟下获得更新。

Tkinter 真的是线程安全的吗？

如果搜索 Tkinter 和线程安全，会发现很多相互矛盾的信息。Tkinter 中的线程情况相当复杂。这部分是因为多年来，Tk 和 Tkinter 缺乏适当的线程支持。即使添加了线程模式，也存在若干 bug。Tk 支持非线程和线程模式。在非线程模式下，不是线程安全的，并且从主线程以外的任何地方使用 Tkinter 都会导致崩溃。在旧版本的 Python 中，没有开启 Tk 线程安全，但在 Python 3 及更高版本中，默认情况下启用了线程安全，并有线程安全保证。在线程模式下，如果从工作线程发出更新，Tkinter 会获取一个互斥体，并将更新事件写入主线程队列供后续处理。发生这种情况的相关代码在 CPythonModules/_tkinter.c 的 Tkapp_Call 函数中。

代码清单 7-14　Tkinter GUI

```
from queue import Queue
from tkinter import Tk
from tkinter import Label
from tkinter import Entry
from tkinter import ttk
from typing import Optional
from chapter_07.listing_7_13 import StressTest

class LoadTester(Tk):

    def __init__(self, loop, *args, **kwargs):
        Tk.__init__(self, *args, **kwargs)
        self._queue = Queue()
        self._refresh_ms = 25

        self._loop = loop
        self._load_test: Optional[StressTest] = None
        self.title('URL Requester')

        self._url_label = Label(self, text="URL:")
```

在构造函数中，我们设置文本输入、标签、提交按钮和进度条。

```
        self._url_label.grid(column=0, row=0)

        self._url_field = Entry(self, width=10)
        self._url_field.grid(column=1, row=0)

        self._request_label = Label(self, text="Number of requests:")
        self._request_label.grid(column=0, row=1)

        self._request_field = Entry(self, width=10)
        self._request_field.grid(column=1, row=1)

        self._submit = ttk.Button(self, text="Submit", command=self._start)

        self._submit.grid(column=2, row=1)

        self._pb_label = Label(self, text="Progress:")
        self._pb_label.grid(column=0, row=3)

        self._pb = ttk.Progressbar(self, orient="horizontal", length=200,
mode="determinate")
        self._pb.grid(column=1, row=3, columnspan=2)

    def _update_bar(self, pct: int):
        if pct == 100:
            self._load_test = None
            self._submit['text'] = 'Submit'
        else:
            self._pb['value'] = pct
            self.after(self._refresh_ms, self._poll_queue)

    def _queue_update(self, completed_requests: int, total_requests: int):
        self._queue.put(int(completed_requests / total_requests * 100))

    def _poll_queue(self):
        if not self._queue.empty():
            percent_complete = self._queue.get()
            self._update_bar(percent_complete)
        else:
            if self._load_test:
```

当被单击时，提交按钮将调用_start 方法。

更新进度条方法将进度条设置为从 0 到 100 的百分比完成值。这个方法应该只在主线程中调用。

这个方法是传递给压力测试的回调函数，它将进度更新添加到队列中。

尝试从队列中获取进度更新，如果队列有更新，则更新进度条。

```
            self.after(self._refresh_ms, self._poll_queue)

    def _start(self):
        if self._load_test is None:
            self._submit['text'] = 'Cancel'
            test = StressTest(self._loop,
                              self._url_field.get(),
                              int(self._request_field.get()),
                              self._queue_update)
            self.after(self._refresh_ms, self._poll_queue)
            test.start()
            self._load_test = test
        else:
            self._load_test.cancel()
            self._load_test = None
            self._submit['text'] = 'Submit'
```

启动负载测试，并开始每 25 毫秒轮询一次队列更新。

在应用程序的构造函数中，我们创建了用户界面需要的所有小部件。最值得注意的是，我们为要测试的 URL、要运行的请求数、提交按钮和水平进度条创建了 Entry 小部件，还使用 grid 方法在窗口中适当地排列这些小部件。

创建提交按钮小部件时，将命令指定为_start 方法。此方法将创建一个 StressTest 对象，并开始运行它(除非我们已经有一个负载测试在运行)，在这种情况下我们将取消它。当创建一个 StressTest 对象时，将_queue_update 方法作为回调传递进来。每当有进度更新要发布时，StressTest 对象将调用该方法。当此方法运行时，计算适当的百分比，并将其放入队列。然后使用 Tkinter 的 after 方法，每 25 毫秒运行一次_poll_queue 方法。

使用队列作为共享通信机制，而不是直接调用_update_bar，这将确保_update_bar 方法在 Tkinter 事件循环线程中运行。如果我们不这样做，进度条更新将在 asyncio 事件循环中发生，因为回调在该线程中运行。

现在已经实现了 UI 应用程序，可将这些部分结合在一起来创建一个功能齐全的应用程序。将创建一个新线程在后台运行事件循环，然后启动新创建的 LoadTester 应用程序。

代码清单 7-15 负载测试程序

```
import asyncio
from asyncio import AbstractEventLoop
```

```
from threading import Thread
from chapter_07.listing_7_14 import LoadTester

class ThreadedEventLoop(Thread):
    def __init__(self, loop: AbstractEventLoop):
        super().__init__()
        self._loop = loop
        self.daemon = True

    def run(self):
        self._loop.run_forever()

loop = asyncio.new_event_loop()

asyncio_thread = ThreadedEventLoop(loop)
asyncio_thread.start()

app = LoadTester(loop)
app.mainloop()
```

创建一个新的线程类来持久运行 asyncio 事件循环。

启动新线程以在后台运行 asyncio 事件循环。

创建负载测试器 Tkinter 应用程序，并启动其主事件循环。

首先定义一个继承自 Thread 的 ThreadedEventLoop 来运行事件循环。在这个类的构造函数中，接收一个事件循环，并将线程设置为守护线程。将线程设置为守护进程，是因为异步事件循环将在该线程中阻塞并永远运行。如果在非守护程序模式下运行，这种类型的无限循环将阻止 GUI 应用程序关闭。在线程的 run 方法中，调用事件循环的 run_forever 方法，它实际上只是启动事件循环，一直运行下去，直到停止事件循环。

一旦创建了这个类，就用 new_event_loop 方法创建一个新的 asyncio 事件循环。然后创建一个 ThreadedEventLoop 实例，将刚创建的循环传入并启动它。这将创建一个新线程，其中运行事件循环。最后，创建 LoadTester 应用程序的一个实例，并调用 mainloop 方法，启动 Tkinter 事件循环。

用这个应用程序运行一个压力测试时，应该看到进度条在没有冻结用户界面的情况下平滑地更新。应用程序保持具有响应性，我们可随时单击 cancel 来停止负载测试。这种在单独的线程中运行 asyncio 事件循环的技术，对于构建响应式 GUI 非常有用，同时，对于协程和 asyncio 不能顺利配合的任何同步遗留应用程序也很有用。

我们现在已经了解了如何将线程用于各种 I/O 密集型工作负载，但是对于 CPU 密集型的工作负载呢？回顾一下，GIL 阻止在线程中同时运行 Python 字节码，但是有一些值得注意的例外情况，让我们可以在线程中执行一些 CPU 密集型工作。

7.5　使用线程执行 CPU 密集型工作

全局解释器锁是 Python 中的一个棘手问题。一般情况下，多线程只对阻塞 I/O 工作有意义，因为 I/O 会释放 GIL。在大多数情况下都是如此。为了正确释放 GIL 并避免任何并发错误，正在运行的代码需要避免与 Python 对象(字典、列表、Python 整数等)交互。当库的大部分工作是在低级 C 代码中完成时，就会发生这种情况。有一些著名的库(例如 hashlib 和 NumPy)，它们在纯 C 中执行 CPU 密集型工作并发布 GIL。这使我们能使用多线程来提高某些 CPU 密集型工作负载的性能。我们将研究两个这样的例子：出于安全目的将敏感文本散列化，以及使用 NumPy 解决数据分析问题。

7.5.1　多线程与 hashlib

自古以来，数据安全从未像现在这样重要。确保数据不被黑客读取是避免泄露客户敏感数据(如密码或其他可用于识别或伤害客户的信息)的关键。

散列算法通过获取一段输入数据，并创建一段对人类来说不可读和不可恢复(如果算法是安全的)的新数据来解决这个问题。例如，密码 password 可能被散列成一个看起来更像 a12bc21df 的字符串。虽然没有人可以读取或恢复输入数据，但我们仍能检查一条数据是否与哈希值匹配。这对于在登录时验证用户密码或检查数据是否被篡改等场景非常有用。

当今有许多不同的哈希算法，例如 SHA512、BLAKE2 和 scrypt，但 SHA 不是存储密码的最佳选择，因为它容易受到暴力攻击。其中一些算法在 Python 的 hashlib 库中实现。该库中的许多函数在散列大于 2048 字节的数据时释放 GIL，因此多线程是提高该库性能的一种方法。此外，用于散列密码的 scrypt 函数总是释放 GIL。

让我们了解一个假设场景，看看多线程何时可能为 hashlib 带来性能提升。想象一下，你刚刚开始在一家公司担任首席软件架构师。经理为你分配了第一个 bug，让你开始学习公司的开发过程——登录系统的一个小问题。为了调试这个问题，你开始查看一些数据库表，但令你惊讶的是，你发现所有客户的密码都以明文形式存储的。这意味着，如果数据库遭到入侵，攻击者可以获取所有客户的密码，并以他们的身份登录，从而可能暴露敏感数据，例如保存的信用卡号。你将此问题提请你的经理注意，经理要求你尽快找到问题的解决方案。

使用 scrypt 算法对明文密码进行哈希处理是解决此类问题的很好方法。它是安全的，并且原始密码是不可恢复的，因为它引入了 salt。salt 是一个随机数，可确保为密码获得的哈希值是唯一的。为了使用 scrypt 进行测试，可以快速编写一个同步脚本来创建随机密码，并对它们进行哈希处理，以了解需要运行多长时间。在本例中，我们将测试 10000 个随机密码。

代码清单 7-16　使用 scrypt 对密码进行哈希计算

```
import hashlib
import os
import string
import time
import random

def random_password(length: int) -> bytes:
    ascii_lowercase = string.ascii_lowercase.encode()
    return b''.join(bytes(random.choice(ascii_lowercase)) for _ in
      range(length))

passwords = [random_password(10) for _ in range(10000)]

def hash(password: bytes) -> str:
    salt = os.urandom(16)
    return str(hashlib.scrypt(password, salt=salt, n=2048, p=1, r=8))

start = time.time()

for password in passwords:
    hash(password)

end = time.time()
print(end - start)
```

首先编写一个函数来创建随机小写密码，然后使用它创建 10000 个随机密码，每个密码 10 个字符。然后使用 scrypt 函数对每个密码进行哈希处理。我们将忽略细节(scrypt 函数的 n、p 和 r 参数)，但是这些参数可用于调优哈希的安全性和内存/CPU 使用情况。

在 2.4 GHz 的 8 核服务器上运行此代码，只需 40 秒多一点就可以完成，这个运行时间还算是满意。问题是你的用户数据众多，你需要哈希 100 000 000 个密码。根据这个测试进行计算，将花费 40 多天的时间哈希整个数据库中的密码。可将数据集分开，在多台机器上运行这个过程，但考虑到这个过程非常慢，我们需要很多机器来完成这个过程。是否可以使用多线程来提高速度，从而减少需要使用的时间和机器？让我们应用多线程的知识来尝试一下。将创建一个线程池，并在多个线程中进行密码哈希计算。

代码清单 7-17 使用多线程和 asyncio 进行哈希计算

```
import asyncio
import functools
import hashlib
import os
from concurrent.futures.thread import ThreadPoolExecutor
import random
import string

from util import async_timed

def random_password(length: int) -> bytes:
    ascii_lowercase = string.ascii_lowercase.encode()
    return b''.join(bytes(random.choice(ascii_lowercase)) for _ in
      range(length))

passwords = [random_password(10) for _ in range(10000)]

def hash(password: bytes) -> str:
    salt = os.urandom(16)
    return str(hashlib.scrypt(password, salt=salt, n=2048, p=1, r=8))

@async_timed()
async def main():
    loop = asyncio.get_running_loop()
    tasks = []

    with ThreadPoolExecutor() as pool:
        for password in passwords:
           tasks.append(loop.run_in_executor(pool, functools.partial(hash,
```

```
        password)))

    await asyncio.gather(*tasks)

asyncio.run(main())
```

这种方法需要创建一个线程池执行器，并为希望进行散列计算的每个密码创建一个任务。由于 hashlib 释放了 GIL，我们实现了不错的性能提升。这段代码只需要运行 5 秒，而不是之前的 40 秒。这样，可将运行时间从 47 天减少到 5 天多一点。下一步，我们可以在不同的机器上并发地运行这个应用程序，从而进一步减少运行时间，或者可以使用一个具有更多 CPU 核的机器。

7.5.2　多线程与 NumPy

NumPy 是一个非常流行的 Python 库，广泛用于数据科学和机器学习项目。它包含许多数学函数，其性能往往优于普通的 Python 数组。性能的提高是因为底层库的大部分是用 C 和 Fortran 实现的，这两种低级语言往往比 Python 性能更好。

因为这个库的许多操作都在 Python 之外的低级代码中，这为 NumPy 释放 GIL 并允许我们对一些代码进行多线程处理提供了机会。这里需要注意的是，这个功能没有详细的说明文档，但通常可以安全地假设矩阵运算可能是多线程的，从而获得性能优势。也就是说，根据 NumPy 函数的实现方式，性能提升可能很大也可能很小。如果代码直接调用 C 函数并释放 GIL，则有可能获得更大的性能提升。如果调用中使用很多 Python 代码，那么性能提升将会较小。鉴于这没有详细的文档可供参考，你可能必须通过多次尝试来找到合适的设置。另外，你需要评估这些额外的设置所带来的成本与性能提升相比，是否合算。

为了在实际中看到这一点，将创建一个包含 50 行 40 亿个数据点的大型矩阵。我们的任务是求出行的平均值。NumPy 有一个平均值函数，mean，可以用来计算平均值。这个函数有一个 axis 参数，它让我们可以计算一个轴上的所有平均值，而不必编写循环。在本例中，轴为 1 表示每一行的均值。

代码清单 7-18　使用 NumPy 计算大型矩阵的平均值

```
import numpy as np
import time

data_points = 4000000000
```

```
rows = 50
columns = int(data_points / rows)

matrix = np.arange(data_points).reshape(rows, columns)

s = time.time()

res = np.mean(matrix, axis=1)

e = time.time()
print(e - s)
```

这个脚本首先创建一个包含 40 亿个整数数据点的数组，范围为 1 000 000 000 000～4 000 000 000(注意，这需要相当多的内存空间，如果你的应用程序因内存不足而崩溃，请降低这个数字)。然后将数组“重塑”为一个具有 50 行数据的矩阵。最后调用轴为 1 的 NumPy 的 mean 函数，计算每一行的均值。总之，这个脚本在 8 核 2.4 GHz CPU 上运行 25～30 秒。让我们稍微调整一下这段代码，使用线程进行计算。将在单独的线程中运行每一行的均值，并使用 asyncio.gather 等待所有行的均值。

代码清单 7-19　线程与 NumPy

```
import functools
from concurrent.futures.thread import ThreadPoolExecutor
import numpy as np
import asyncio
from util import async_timed

def mean_for_row(arr, row):
    return np.mean(arr[row])

data_points = 4000000000
rows = 50
columns = int(data_points / rows)

matrix = np.arange(data_points).reshape(rows, columns)

@async_timed()
async def main():
    loop = asyncio.get_running_loop()
```

```
    with ThreadPoolExecutor() as pool:
        tasks = []
        for i in range(rows):
            mean = functools.partial(mean_for_row, matrix, i)
            tasks.append(loop.run_in_executor(pool, mean))

        results = asyncio.gather(*tasks)

asyncio.run(main())
```

首先，创建一个 mean_for_row 函数，它计算一行的平均值。由于计划在单独的线程中计算每一行的均值，因此不能再像以前那样使用带有轴的 mean 函数。创建一个带有线程池执行器的主协程，并创建一个任务来计算每一行的平均值，等待所有计算完成 gather。

在同一台机器上，这段代码的运行时间约为 9～10 秒，性能提升了近 3 倍！某些情况下，多线程可以帮助我们使用 NumPy，但在撰写本书时仍缺乏关于可从线程中受益的相关文档。如果想知道线程对受 CPU 密集型的工作负载是否有帮助，可以通过基准测试进行验证。

此外请记住，在尝试使用线程化或 multiprocessing 来提高性能之前，应该尽可能对 NumPy 代码进行向量化。这意味着避免使用 Python 循环或 NumPy 的 apply_along_axis 这样的函数，后者只是隐藏了 Python 循环。在 NumPy 中，通过将尽可能多的计算推入库的底层实现，通常会得到更好的性能。

7.6 本章小结

在本章中，我们学习了以下内容：

- 如何使用线程模块运行 I/O 密集型工作。
- 如何在应用程序关闭时干净地终止线程。
- 如何使用线程池执行器将工作分配给线程池。这允许使用像 gather 这样的 asyncio API 方法来等待线程的结果。
- 如何使用现有的阻塞 I/O API，例如请求，并在线程中运行它们，使用线程池和 asyncio 来提升性能。
- 如何使用线程模块中的锁来避免竞态条件。我们还学习了如何使用可重入锁来避免死锁。

- 如何在单独的线程中运行 asyncio 事件循环，并以线程安全的方式向其发送协程。这让我们可以使用 Tkinter 等框架构建响应式用户界面。
- 如何为 hashlib 和 numpy 使用多线程。低级库有时会释放 GIL，这让我们可以使用线程处理 CPU 密集型工作。

第8章 流

本章内容：

- 传输和协议
- 使用流进行网络连接
- 异步处理命令行输入
- 使用流创建客户端/服务器应用程序

在编写网络应用程序(例如前面章节中的echo客户端)时，我们使用了socket库来读取和写入客户端。虽然在构建低级网络库时直接使用套接字很有效，但它们最终是复杂的组件，它们的细微差别超出了本书的范围。也就是说，套接字的许多用例依赖于一些概念上简单的操作，例如启动服务器、等待客户端连接以及向客户端发送数据。asyncio的设计者意识到这一点，并构建了网络流API来抽象处理套接字的细微差别。这些更高级的API比套接字更容易使用，利用这些API创建的任何客户端-服务器应用程序比我们自己使用套接字更容易构建且更健壮。使用流是在asyncio中构建基于网络的应用程序的推荐方法。

在本章中，将首先通过构建一个简单的HTTP客户端来学习使用较低级的传输和协议API。了解这些API将为我们理解更高级的流API如何在后台工作奠定基础。然后将使用这些知识来了解流读取器和写入器，并使用它们来构建非阻塞命令行SQL客户端。该应用程序将异步处理用户输入，这将允许我们从命令行同时运行多个查询。最后，我们将学习如何使用asyncio的服务器API创建客户端与服务器应用程序，构建聊天服务器和聊天客户端。

8.1 流

在 asyncio 中，流是一组高级的类和函数，用于创建、管理网络连接和通用数据流。使用它们，我们可以创建客户端连接来读取和写入服务器，甚至可以创建服务器，并自己管理它们。这些 API 抽象了很多关于管理套接字的方法，例如处理 SSL 或丢失的连接，极大地减轻了开发人员的工作负担。

流 API 构建在称为传输和协议的一组较低级别的 API 之上。这些 API 直接包装了我们在前几章中使用的套接字(通常是通用数据流)，提供了一个简单的 API 来读取套接字数据以及将数据写入套接字。

这些 API 的结构与其他 API 稍有不同，因为它们使用回调样式设计。与之前所做的那些主动等待套接字数据不同，当数据可用时，我们会调用实现的类上的方法。然后根据需要处理在此方法中收到的数据。要开始学习这些基于回调的 API 是如何工作的，让我们首先看看如何通过构建一个基本的 HTTP 客户端来使用较低级的传输和协议 API。

8.2 传输和协议

在高层次上，传输是与任意数据流进行通信的抽象。与套接字或任何数据流(如标准输入)通信时，我们将使用一组熟悉的操作。从数据源读取数据或向目标写入数据，当我们完成对它的处理时，将关闭相应的数据源。套接字完全符合我们定义这种传输抽象的方式，也就是说，读取和写入数据，一旦完成，就关闭它。简而言之，传输提供了向源发送数据和从源接收数据的定义。传输有多种实现，具体取决于我们使用的源类型。我们主要关注 ReadTransport、WriteTransport 和 Transport，还有其他一些用于处理 UDP 连接和子进程通信的实现。图 8-1 说明了传输类的层次结构。

在套接字之间来回传输数据只是这个过程的一部分。那么套接字的生命周期是怎样的呢？我们建立联系，写入数据，然后处理得到的任何响应。这些是协议拥有的一组操作。注意，这里的协议只指一个 Python 类，而不是 HTTP 或 FTP 之类的协议。传输可以管理数据的传递，并在事件发生时调用协议上的方法，例如建立连接或准备处理数据，如图 8-2 所示。

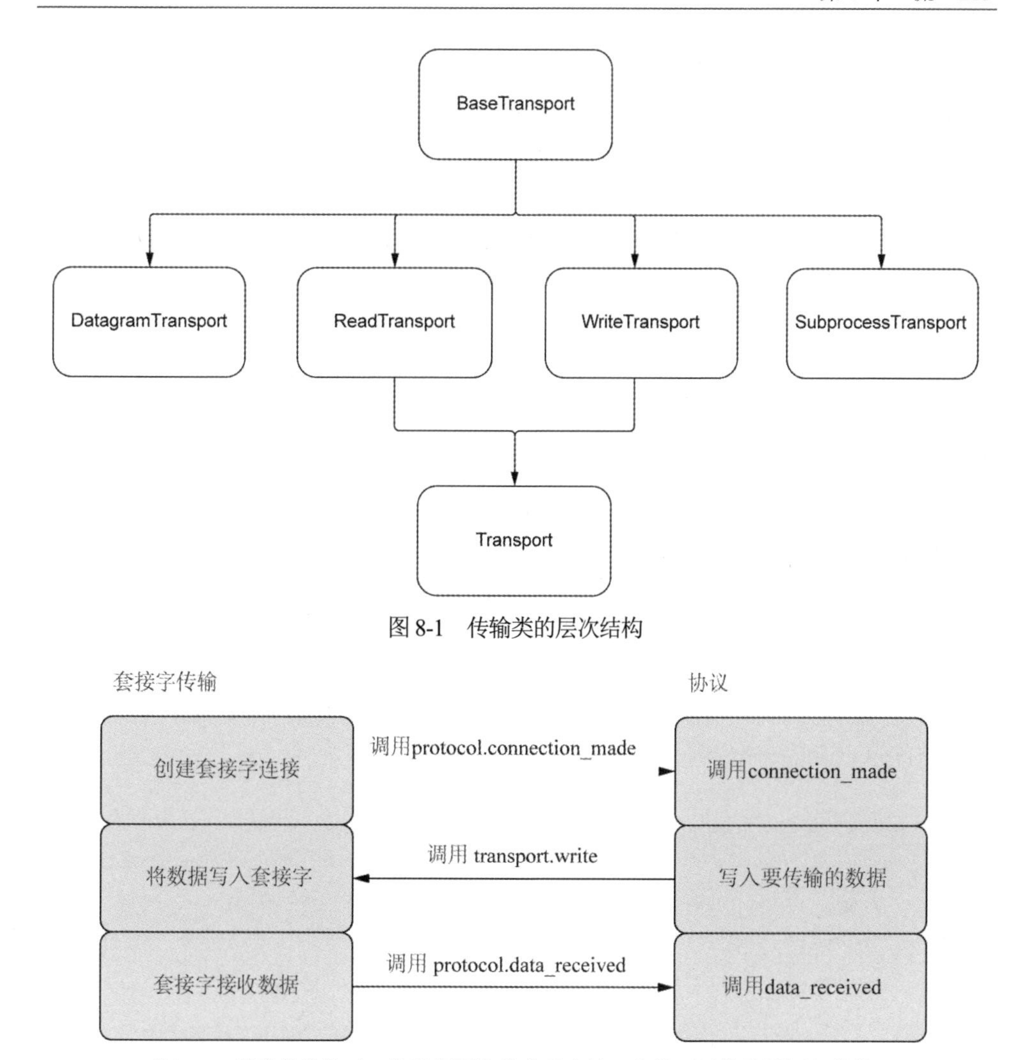

图 8-1　传输类的层次结构

图 8-2　当事件发生时，传输调用协议上的方法。协议可以将数据写入传输

为了解传输和协议如何协同工作，我们将构建一个基本应用程序来运行单个 HTTP GET 请求。我们需要做的第一件事是定义一个继承 asyncio.Protocol 的类。将从基类中实现一些方法来发出请求、从请求中接收数据，并处理连接中的任何错误。

需要实现的第一个协议方法是 connection_made。当底层套接字与 HTTP 服务器成功连接时，传输将调用此方法。此方法使用 Transport 作为参数，我们可以使用它与服务器通信。这种情况下，将使用传输立即发送 HTTP 请求。

需要实现的第二个方法是 data_received。传输在接收数据时调用此方法，并将其作为字节传递给我们。这个方法可以被多次调用，所以需要创建一个内部缓冲区来存储数据。

现在的问题是，如何判断响应何时完成？为回答这个问题，我们将实现一个名为 eof_received 的方法。当收到文件结尾时调用此方法；在使用套接字的情况下，当服务器关闭连接时调用此方法。一旦调用了这个方法，保证 data_received 永远不会被再次调用。eof_received 方法返回一个布尔值，该值确定如何关闭传输(在此示例中是关闭客户端套接字)。返回 False 确保传输将自行关闭，而 True 意味着需要编写协议实现来关闭一切。这种情况下，由于不需要在关闭时执行任何特殊逻辑，方法应该返回 False，因此我们不需要自己处理关闭传输。

根据所描述的情况，只有一种方法可将内容存储在内部缓冲区中。那么，一旦请求完成，协议的使用者如何获得结果？为此，可在内部创建一个 Future 来保存完成时的结果。在 eof_received 方法中，将 future 的结果设置为 HTTP 响应的结果。然后定义一个协程，并将其命名为 get_response，将使用它来等待 future。

把上面描述的内容作为我们自己的协议来实现。将其称为 HTTPGetClient- Protocol。

代码清单 8-1　使用传输和协议运行 HTTP 请求

```
import asyncio
from asyncio import Transport, Future, AbstractEventLoop
from typing import Optional

class HTTPGetClientProtocol(asyncio.Protocol):

    def __init__(self, host: str, loop: AbstractEventLoop):
        self._host: str = host
        self._future: Future = loop.create_future()
        self._transport: Optional[Transport] = None
        self._response_buffer: bytes = b''

    async def get_response(self):
        return await self._future

    def _get_request_bytes(self) -> bytes:
        request = f"GET / HTTP/1.1\r\n" \
                  f"Connection: close\r\n" \
                  f"Host: {self._host}\r\n\r\n"
        return request.encode()

    def connection_made(self, transport: Transport):
```

等待内部的 future，直至得到服务器的响应。

创建 HTTP 请求。

```
        print(f'Connection made to {self._host}')
        self._transport = transport
        self._transport.write(self._get_request_bytes())

    def data_received(self, data):
        print(f'Data received!')
        self._response_buffer = self._response_buffer + data

    def eof_received(self) -> Optional[bool]:
        self._future.set_result(self._response_buffer.decode())
        return False

    def connection_lost(self, exc: Optional[Exception]) -> None:
        if exc is None:
            print('Connection closed without error.')
        else:
            self._future.set_exception(exc)
```

一旦建立了连接，使用传输来发送请求。

一旦得到数据，将其保存到内部缓冲区。

连接关闭后，使用缓冲区完成 future。

如果连接正常关闭，则什么也不做；否则，通过异常完成 future。

现在已经实现了协议，我们用它来发出一个真正的请求。为此，需要在名为 create_connection 的异步事件循环上学习一种新的协程方法。此方法将创建到给定主机的套接字连接，并将其包装在适当的传输中。除了主机和端口，还包含一个协议工厂(protocol factory)。协议工厂是创建协议实例的函数，在本例中，是我们刚创建的 HTTPGetClientProtocol 类的一个实例。调用这个协程时，会返回协程创建的传输以及工厂创建的协议实例。

代码清单 8-2 使用协议

```
import asyncio
from asyncio import AbstractEventLoop
from chapter_08.listing_8_1 import HTTPGetClientProtocol

async def make_request(host: str, port: int, loop: AbstractEventLoop)
-> str:
    def protocol_factory():
        return HTTPGetClientProtocol(host, loop)

    _, protocol = await loop.create_connection(protocol_factory,
host=host,
        port=port)
```

```
    return await protocol.get_response()

async def main():
    loop = asyncio.get_running_loop()
    result = await make_request('www.example.com', 80, loop)
    print(result)

asyncio.run(main())
```

首先定义一个 make_request 方法，它接收我们想要向其发出请求的主机和端口，以及服务器的响应。在这个方法中，为协议工厂创建一个内部方法，该方法创建一个新的 HTTPGetClientProtocol。然后使用主机和端口调用 create_connection，返回传输和工厂创建协议。不需要传输，所以忽略它，但需要协议，因为想要使用 get_response 协程。因此，将在 protocol 变量中跟踪它。最后等待协议的 get_response 协程，该协程将等待 HTTP 服务器响应结果。在主协程中等待 make_request 并输出响应。执行此操作，你应该会看到如下所示的 HTTP 响应(为简洁起见，此处省略了 HTML 正文)：

```
Connection made to www.example.com
Data received!
HTTP/1.1 200 OK
Age: 193241
Cache-Control: max-age=604800
Content-Type: text/html; charset=UTF-8
Connection closed without error.
```

我们已经学会了使用传输和协议。这些 API 是较低级别的，因此不推荐在 asyncio 中使用流。让我们看看如何使用流，这是一种扩展了传输和协议的更高级别的抽象。

8.3 流读取与流写入

传输和协议是较低级别的 API，最适合在发送和接收数据时直接控制所发生的事情。例如，如果正在设计一个网络库或 Web 框架，可能会考虑传输和协议。对于大多数应用程序，我们不需要这种级别的控制，使用传输和协议将涉及编写一些重复的代码。

asyncio 的设计者意识到了这一点，并创建了更高级别的流 API。该 API 将传输和协议的标准用例封装成两个易于理解和使用的类：StreamReader 和 StreamWriter。顾名思义，它们分别处理对流的读取和写入。使用这些类是在 asyncio 中开发网络应用程序的推荐方法。

为帮助你了解如何使用这些 API，下面列举一个发出 HTTP GET 请求并将其转换为流的示例。asyncio 没有直接生成 StreamReader 和 StreamWriter 的实例，而是提供一个名为 open_connection 的库协程函数，它将创建这些实例。这个协程接收将连接到的主机地址和端口，并以元组形式返回 StreamReader 和 StreamWriter。我们的计划是使用 StreamWriter 发送 HTTP 请求，并使用 StreamReader 读取响应。StreamReader 方法很容易理解，我们有一个方便的 readline 协程，它会一直等到我们获得一行数据。或者，也可以使用 StreamReader 的 read 协程等待指定数量的字节到达。

StreamWriter 稍微复杂一些。它有一个 write 方法，该方法是一个普通方法而不是协程。在内部，流写入器尝试立即写入套接字的输出缓冲区，但此缓冲区可能已满。如果套接字的写入缓冲区已满，则数据将存储在内部队列中，以后可以进入缓冲区。这带来一个潜在问题，即调用 write 不一定会立即发送数据。这可能导致潜在的内存问题。想象一下，网络连接变慢了，每秒只能发送 1 KB，但应用程序每秒写入 1 MB。这种情况下，应用程序的写缓冲区填满的速度比将数据发送到套接字缓冲区的速度快得多，最终将达到机器内存的限制，并导致崩溃。

怎么能等到所有数据都正确地发送出去呢？为解决这个问题，可使用一个叫做 drain 的协程方法。这个协程将阻塞(直到所有排队的数据被发送到套接字)，确保我们在继续运行程序之前，已经写出所有内容。在调用 write 之后我们想要使用函数的模式，因此总是等待调用 drain。从技术角度看，不必在每次写入后调用 drain，但这有助于防止错误发生。

代码清单 8-3　带有流读取器和写入器的 HTTP 请求

```
import asyncio
from asyncio import StreamReader
from typing import AsyncGenerator

async def read_until_empty(stream_reader: StreamReader) ->
      AsyncGenerator[str, None]:
    while response := await stream_reader.readline():
        yield response.decode()

async def main():
    host: str = 'www.example.com'
    request: str = f"GET / HTTP/1.1\r\n" \
```

读取一行并对其进行解码，直到没有任何剩余数据。

```
                      f"Connection: close\r\n" \
                      f"Host: {host}\r\n\r\n"

    stream_reader, stream_writer = await
      asyncio.open_connection('www.example.com', 80)

    try:
        stream_writer.write(request.encode())  ◄── 写出 HTTP 请求，然后对writer调用drain方法。
        await stream_writer.drain()

        responses = [response async for response in
    read_until_empty(stream_reader)]  ◄── 读取每一行，并将其存储在一个列表中。

        print(''.join(responses))
    finally:
        stream_writer.close()  ◄── 关闭 writer，并等待它完成关闭。
        await stream_writer.wait_closed()

asyncio.run(main())
```

在代码清单 8-3 中，我们首先创建了一个简单的异步生成器从 StreamReader 读取所有行，将它们解码为字符串，直到我们没有任何剩余的数据要处理。然后，在主协程中，打开一个到 example.com 的连接，在这个过程中创建一个 StreamReader 和 StreamWriter 实例。然后分别使用 write 和 drain 写入请求。一旦完成了写入请求，将使用异步生成器从响应中获取每一行数据，将它们存储在响应列表中。最后通过调用 close 关闭 StreamWriter 实例，然后等待 wait_closed 协程。为什么需要在这里调用一个方法和一个协程？原因是当调用 close 时会执行一些动作，例如取消注册套接字和调用底层传输的 connection_lost 方法。这些都是在事件循环的后续迭代中异步发生的，这意味着在调用 close 之后，连接不会马上关闭，而是直到稍后的某个时间才会关闭。如果你需要等待连接关闭才能继续操作，或者担心关闭时可能发生的任何异常，最好调用 wait_closed。

现在通过发出 Web 请求了解了有关流 API 的基础知识。这些类的用处超出了基于 Web 和网络的应用程序。接下来，我们将了解如何利用流读取器来创建非阻塞命令行应用程序。

8.4　非阻塞命令行输入

一般情况下，在 Python 中，当需要获取用户输入时，我们使用 input 函数。该函数将停止执行流程，直到用户提供输入并按下 Enter 键。如果想在后台运行代码，同时保持对输入的响应呢？例如，我们可能想让用户同时启动多个长时间运行的任务，例如长时间运行的 SQL 查询。对于命令行聊天应用程序，可能希望用户能够在接收来自其他用户的消息时键入自己的消息。

由于 asyncio 是单线程的，在 asyncio 应用程序中使用 input 意味着停止运行事件循环，直到用户提供输入内容，这将停止整个应用程序。即使使用任务在后台启动操作也行不通。为演示这一点，让我们尝试创建一个应用程序，用户输入应用程序的休眠时间。我们希望能够在接收用户输入的同时，一起运行多个这些休眠操作，因此将询问休眠的秒数，并在循环中创建一个延迟任务。

代码清单 8-4　尝试在后台执行任务

```
import asyncio
from util import delay


async def main():
    while True:
        delay_time = input('Enter a time to sleep:')
        asyncio.create_task(delay(int(delay_time)))


asyncio.run(main())
```

如果这段代码按照我们的预期执行，在输入一个数字后，我们希望看到 sleep for n seconds(s)输出，然后在 n seconds 后输出 finished sleeping for n second(s)。然而，情况并非如此，除了提示输入休眠时间外，我们什么也看不到。这是因为代码中没有等待，因此任务永远没有机会在事件循环上运行。可以通过将 await asyncio.sleep(0)放在将安排任务的 create_task 行之后来解决这个问题(这被称为“屈服于事件循环”，将在第 14 章中介绍)。即使使用这个技巧，当它停止整个线程时，input 调用仍然会阻塞我们创建的任何后台任务。

我们真正想要的是将 input 函数改为协程，因此可以编写类似 delay_time = await input('Enter a time to sleep:')的代码。如果能做到这一点，任务将正确调度，并在等待用户输入时继续运行。不幸的是，input 没有协程变体，所以需要使用其他技术来实现。

这是协议和流读取器可以帮助我们的地方。回顾一下，流读取器有 readline 协程，这是我们正在寻找的协程类型。如果有办法将流读取器连接到标准输入，就可以使用这个协程实现用户输入。

asyncio 在事件循环上有一个名为 connect_read_pipe 的协程方法，它将协议连接到类似文件的对象，这与我们预想的几乎相同。这个协程方法接收一个协议工厂(protocol factory)和一个管道(pipe)。协议工厂只是一个创建协议实例的函数。管道(pipe)是一个类似文件的对象，它被定义为一个对象，上面有读写等方法。connect_read_pipe 协程将管道连接到工厂创建的协议，从管道中获取数据，并将其发送到协议。

就标准控制台输入而言，sys.stdin 符合传递给 connect_read_pipe 的类文件对象的要求。一旦调用了这个协程，就会得到一个工厂函数创建的协议元组和一个 ReadTransport。现在的问题是我们应该在工厂中创建什么协议，以及如何将它与具有我们想要使用的 readline 协程的 StreamReader 连接起来？

asyncio 提供了一个名为 StreamReaderProtocol 的实用程序类，用于将流读取器的实例连接到协议。当实例化这个类时，我们传入一个流读取器的实例。然后协议类委托给我们创建的流读取器，允许使用流读取器从标准输入中读取数据。将所有这些内容放在一起，可创建一个在等待用户输入时，不会阻塞事件循环的命令行应用程序。

对于 Windows 用户

令人遗憾的是，在 Windows 上，connect_read_pipe 与 sys.stdin 不匹配。这是由于 Windows 实现文件描述符的方式导致的未修复错误。要在 Windows 上运行，需要使用第 7 章中探讨的技术，在单独的线程中调用 sys.stdin.readline()。你可在 https://bugs.python.org/issue26832 了解更多详细信息。

由于将在本章的其余部分重用读取器中的异步标准，让我们单独创建一个文件来保存它，如 listing_8_5.py 所示。然后我们将在本章的其余部分导入它。

代码清单 8-5 一个异步标准输入读取器

```
import asyncio
from asyncio import StreamReader
import sys

async def create_stdin_reader() -> StreamReader:
    stream_reader = asyncio.StreamReader()
    protocol = asyncio.StreamReaderProtocol(stream_reader)
    loop = asyncio.get_running_loop()
```

```
    await loop.connect_read_pipe(lambda: protocol, sys.stdin)
    return stream_reader
```

在代码清单 8-5 中，创建了一个名为 create_stdin_reader 的可重用协程，它创建了一个 StreamReader，我们将使用它来异步读取标准输入。首先创建一个流读取器实例，并将其传递给流读取器协议。然后调用 connect_read_pipe，将协议工厂作为 lambda 函数传入。这个 lambda 返回我们之前创建的流读取器协议。通过 sys.stdin 将标准输入连接到流读取器协议。由于不需要它们，因此忽略了 connect_read_pipe 返回的传输和协议。现在可以使用此函数从标准输入异步读取，并构建应用程序。

代码清单 8-6　为 input 使用流读取器

```
import asyncio
from chapter_08.listing_8_5 import create_stdin_reader
from util import delay

async def main():
    stdin_reader = await create_stdin_reader()
    while True:
        delay_time = await stdin_reader.readline()
        asyncio.create_task(delay(int(delay_time)))

asyncio.run(main())
```

在主协程中，调用 create_stdin_reader 并永久循环，等待来自具有 readline 协程的用户的输入。一旦用户在键盘上按下 Enter 键，这个协程就会传递输入的文本。一旦从用户那里得到输入的内容，就将它转换成一个整数(注意，对于一个真正的应用程序，应该添加代码来处理错误的输入，因为如果现在传入一个字符串，应用程序将崩溃)，并创建一个 delay 任务。运行它，你将能在输入命令行输入的同时，运行多个 delay 任务。例如，分别输入 5、4 和 3 秒的延迟，你应该看到以下输出：

```
5
sleeping for 5 second(s)
4
sleeping for 4 second(s)
3
sleeping for 3 second(s)
finished sleeping for 5 second(s)
finished sleeping for 4 second(s)
finished sleeping for 3 second(s)
```

虽然上面的代码可以运行，但这种方法有一个严重的缺陷。如果在输入延迟时间时，控制台上出现一条消息会发生什么？为测试这一点，将输入 3 秒的延迟时间，然后开始快速按 1。这样，我们将看到如下内容：

```
3
sleeping for 3 second(s)
111111finished sleeping for 3 second(s)
11
```

在我们输入的时候，延迟任务的信息会输出，打断输入行，并迫使在下一行继续。此外，输入缓冲区现在只有 11，这意味着如果按 Enter 键，将在该时间段内创建一个延迟任务，并丢失前几条输入。这是因为，默认情况下，终端以 cooked 模式运行。这种模式下，终端将用户输入回显到标准输出，并处理特殊键，例如 Enter 和 CTRL+C。出现此问题是因为延迟协程在终端回显输出的同时，写入标准输出，从而导致竞态条件。

屏幕上还有一个标准输出写入的位置。这被称为光标，很像你在文字处理器中看到的光标。当输入内容时，光标停留在输出内容的行上。这意味着来自其他协程的任何输出消息都将输出到与输入相同的行上，因为这是光标所在的位置，从而导致混乱的输出结果。

为解决这些问题，需要将两种解决方案组合在一起。第一个是将来自终端的输入回显带入 Python 应用程序。这将确保在回显来自用户的输入时，不会从其他协程写入任何输出消息，因为我们是单线程的。第二个是在编写输出消息时，在屏幕上移动光标，确保不会将输出消息写在与输入相同的行上。可以通过操作终端的设置和使用转义序列来实现这一点。

终端 raw 模式和读取协程

因为终端在 cooked 模式下运行，它会在应用程序之外处理在 readline 上回显用户输入。如何将这种处理引入应用程序中？这样就可以避免之前看到的竞态条件。

答案是将终端切换到 raw 模式。在 raw 模式下，不是终端为我们进行缓冲、预处理和回显，而将每次击键直接发送到应用程序。然后我们根据需要进行回显和预处理。虽然这意味着必须完成额外的工作，但这也意味着可对标准输出的写入进行细粒度控制，从而提供避免竞态条件所需的能力。

Python 允许我们将终端更改为 raw 模式，但也允许使用 cbreak 模式。这种模式的行为类似于 raw 模式，不同之处在于仍会解释像 CTRL+C 这样的键，从而为我们节省了一些工作。可以使用 tty 模块和 setcbreak 函数进入 raw 模式，如下所示：

```
import tty
import sys
tty.setcbreak(sys.stdin)
```

一旦进入 cbreak 模式，需要重新考虑如何设计应用程序。readline 协程将不再工作，因为它不会在 raw 模式下回显任何输入。相反，希望一次读取一个字符，并将其存储在自己的内部缓冲区中，回显输入的每个字符。创建的标准输入流读取器有一个名为 read 的方法，它需要读取多个字节流。调用 read(1)将一次读取一个字符，然后可将其存储在缓冲区中，并回显到标准输出。

现在需要通过两部分来解决这个问题，进入 cbreak 模式，每次读取一个输入字符，将其回显到标准输出。需要考虑如何显示 delay 协程的输出，这样它就不会干扰我们的输入。

让我们定义一些需求，使应用程序可以更加友好，并解决输出结果发生混乱，在同一行显示的问题。然后，将根据这些需求来实现它们：

(1) 用户输入文本框应始终保留在屏幕底部。

(2) 协程输出应该从屏幕顶部开始向下移动。

(3) 当屏幕上的消息多于可用行时，现有消息应向上滚动。

鉴于这些需求，如何显示 delay 协程的输出？鉴于我们希望在消息多于可用行数时向上滚动消息，使用 print 直接写入标准输出不能满足我们的要求，因此我们保留想要写入标准输出的消息的双端队列。将双端队列中的最大元素数设置为终端屏幕上的行数。当双端队列已满时，这将提供我们想要的滚动行为，因为双端队列后面的项目将被丢弃。当新消息附加到双端队列时，将移动到屏幕顶部并重绘每条消息。这将使我们获得想要的滚动行为，而不必保留有关标准状态的大量信息。应用程序流程如图 8-3 所示。

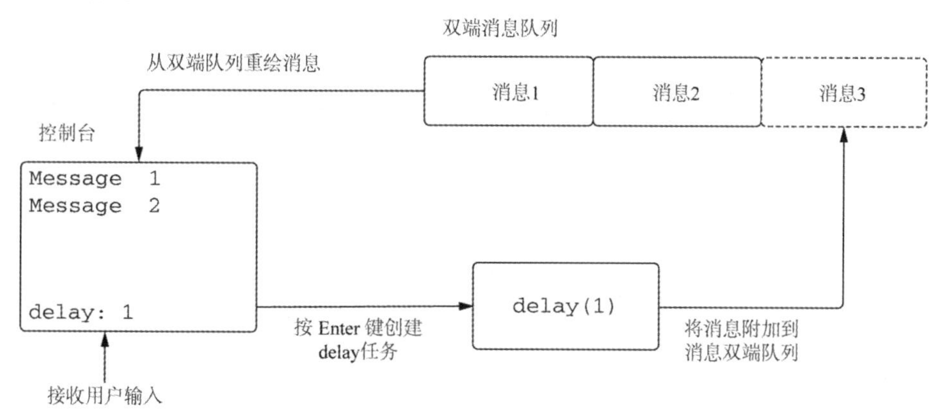

图 8-3　延迟控制台应用程序

应用程序将按照如下计划运行：

(1) 将光标移到屏幕底部，当按下某个键时，将其附加到内部缓冲区，并将按键内容回显到标准输出。

(2) 当用户按回车键时，创建一个 delay 任务。我们不会将输出消息写入标准输出，而将它们附加到一个最大元素数等于控制台上的行数的双端队列。

(3) 一旦消息进入双端队列，将在屏幕上重绘输出。首先将光标移到屏幕的左上角。然后输出双端队列中的所有消息。完成后，将光标返回之前的输入行和列。

要以这种方式实现应用程序，首先需要学习如何在屏幕上移动光标。可使用 ANSI 转义码来实现这一点。这些是可以写入标准输出的特殊代码，用于执行更改文本颜色、上下移动光标和删除行等操作。转义序列首先使用转义码引入；在 Python 中，可通过将\033 输出到控制台来实现这一点。将使用的许多转义序列都是由控制序列引入器引入的，它们以输出\033[开始。为更好地理解这一点，让我们看看如何将光标移到当前位置下方的五行之后。

```
sys.stdout.write('\033[5E']
```

这个转义序列从控制序列引入器开始，然后是 5E。5 表示从当前光标行开始要下移的行数，E 是“将光标下移行数”的代码。转义序列很简洁，但有点难以理解。在下一个代码清单中，我们将创建几个具有明确名称的函数来解释每个转义码的作用，我们将在以后的代码清单中导入它们。如果你想了解有关 ANSI 转义序列及其工作原理的更多说明，请参阅有关该主题的 Wikipedia 文章，网址为 https://en.wikipedia.org/wiki/ANSI_escape_code。

让我们考虑一下如何在屏幕上移动光标来确定需要实现哪些功能。首先，需要将光标移动到屏幕底部以接收用户输入。然后，一旦用户按下 Enter 键，需要清除他们输入的所有文本。要从屏幕顶部输出协程输出消息，需要能够移到屏幕的第一行。还需要保存和恢复光标的当前位置，因为从协程输入消息时，它可能会输出一条消息，这意味着我们需要将其移回正确位置。可使用以下转义序列函数来实现这一点。

代码清单 8-7　转义序列函数

```
import sys
import shutil

def save_cursor_position():
    sys.stdout.write('\0337')
```

```
def restore_cursor_position():
    sys.stdout.write('\0338')

def move_to_top_of_screen():
    sys.stdout.write('\033[H']

def delete_line():
    sys.stdout.write('\033[2K']

def clear_line():
    sys.stdout.write('\033[2K\033[0G']

def move_back_one_char():
    sys.stdout.write('\033[1D']

def move_to_bottom_of_screen() -> int:
    _, total_rows = shutil.get_terminal_size()
    input_row = total_rows - 1
    sys.stdout.write(f'\033[{input_row}E')
    return total_rows
```

现在有了一组可重用的函数在屏幕上移动光标，让我们实现一个可重用的协程来一次读取标准输入的一个字符。将使用 read 协程来执行此操作。一旦读取了一个字符，会将它写入标准输出，将字符存储在内部缓冲区中。由于还想处理用户按下的 Delete 键，因此将关注 Delete 键被按下的情况。当用户按下它时，我们将从缓冲区和标准输出中删除该字符。

代码清单 8-8　从输入中一次读取一个字符

```
import sys
from asyncio import StreamReader
from collections import deque
from chapter_08.listing_8_7 import move_back_one_char, clear_line

async def read_line(stdin_reader: StreamReader) -> str:
    def erase_last_char():          ← 从标准输出中删除前一个字符的函数。
        move_back_one_char()
        sys.stdout.write(' ')
        move_back_one_char()
```

```
    delete_char = b'\x7f'
    input_buffer = deque()
    while (input_char := await stdin_reader.read(1)) != b'\n':
        if input_char == delete_char:          ◄── 如果输入字符是退格，
            if len(input_buffer) > 0:               则删除最后一个字符。
                input_buffer.pop()
                erase_last_char()
                sys.stdout.flush()
        else:
            input_buffer.append(input_char)        ◄── 如果输入字符不
            sys.stdout.write(input_char.decode())      是退格，则将其
            sys.stdout.flush()                         附加到缓冲区并
    clear_line()                                       进行回显。
    return b''.join(input_buffer).decode()
```

协程接收我们附加到标准输入的流读取器。然后定义一个简便的函数从标准输出中删除前一个字符，因为当用户按下 Delete 键时我们将需要使用该函数。然后输入一个 while 循环，逐个读取字符，直到用户按 Enter 键。如果用户按下 Delete 键，我们会从缓冲区和标准输出中删除最后一个字符。否则，将其附加到缓冲区并回显它。一旦用户按下 Enter 键，我们清除输入行并返回缓冲区中的内容。

接下来，需要定义一个队列，在这个队列中存储想要打印到标准输出的消息。因为我们希望在添加消息时重新绘制输出，所以将定义一个类来包装 deque，并接收一个回调可等待对象。传入的回调函数将负责重绘输出。还将向类添加一个 append 协程方法，该方法会将项目附加到双端队列，使用双端队列中的当前项目集并进行回调。

代码清单 8-9　消息存储

```
from collections import deque
from typing import Callable, Deque, Awaitable


class MessageStore:
    def __init__(self, callback: Callable[[Deque], Awaitable[None]],
     max_size: int):
        self._deque = deque(maxlen=max_size)
        self._callback = callback
```

```
    async def append(self, item):
        self._deque.append(item)
        await self._callback(self._deque)
```

现在，我们拥有创建应用程序的所有部分。将重写 delay 协程，从而将消息添加到消息存储中。然后，在主协程中，将创建一个辅助协程将双端队列中的消息重绘到标准输出。这是将传递给 MessageStore 的回调。然后，将使用之前实现的 read_line 协程来接收用户输入，当用户按下 Enter 键时，创建一个 delay 任务。

代码清单 8-10 异步延迟应用程序

```
import asyncio
import os
import tty
from collections import deque
from chapter_08.listing_8_5 import create_stdin_reader
from chapter_08.listing_8_7 import *
from chapter_08.listing_8_8 import read_line
from chapter_08.listing_8_9 import MessageStore

async def sleep(delay: int, message_store: MessageStore):
    await message_store.append(f'Starting delay {delay}')   ◄── 将输出消息附加到消息存储。
    await asyncio.sleep(delay)
    await message_store.append(f'Finished delay {delay}')


async def main():
    tty.setcbreak(sys.stdin)
    os.system('clear')
    rows = move_to_bottom_of_screen()

    async def redraw_output(items: deque):   ◄── 用于将光标移到屏幕顶部的回调，重绘输出并将光标移回。
        save_cursor_position()
        move_to_top_of_screen()
        for item in items:
            delete_line()
            print(item)
        restore_cursor_position()
```

```
    messages = MessageStore(redraw_output, rows - 1)

    stdin_reader = await create_stdin_reader()

    while True:
        line = await read_line(stdin_reader)
        delay_time = int(line)
        asyncio.create_task(sleep(delay_time, messages))

asyncio.run(main())
```

运行此程序，将能创建延迟(delay)，并观察输入内容被写入控制台，即使在你键入时也是如此。虽然它比我们的第一次尝试更复杂，但我们已经构建了一个应用程序，避免了之前遇到的写入标准输出的问题。

所构建的内容是用于 delay 协程的，但是在现实中的情况又会怎样？我们刚刚定义的部分足够健壮，所以可以在真实工作中重用它们。例如，考虑一下如何创建命令行 SQL 客户端。某些查询可能需要很长时间来执行，但我们可能希望同时运行其他查询或取消正在运行的查询。使用我们刚才构建的内容，可以创建这种类型的客户端。让我们使用第 5 章中的电子商务产品数据库来构建一个数据库，在第 5 章中，创建了一个包含服装品牌、产品和 SKU 的 schema。我们将创建一个连接池来连接到数据库，并重用前面示例中的代码来接收和运行查询。将向控制台输出关于查询的基本信息——目前只输出返回的行数。

代码清单 8-11　异步命令行 sql 客户端

```
import asyncio
import asyncpg
import os
import tty
from collections import deque
from asyncpg.pool import Pool
from chapter_08.listing_8_5 import create_stdin_reader
from chapter_08.listing_8_7 import *
from chapter_08.listing_8_8 import read_line
from chapter_08.listing_8_9 import MessageStore

async def run_query(query: str, pool: Pool, message_store: MessageStore):
    async with pool.acquire() as connection:
        try:
```

```
            result = await connection.fetchrow(query)
            await message_store.append(f'Fetched {len(result)} rows from:
{query}')
        except Exception as e:
            await message_store.append(f'Got exception {e} from: {query}')

async def main():
    tty.setcbreak(0)
    os.system('clear')
    rows = move_to_bottom_of_screen()

    async def redraw_output(items: deque):
        save_cursor_position()
        move_to_top_of_screen()
        for item in items:
            delete_line()
            print(item)
        restore_cursor_position()

    messages = MessageStore(redraw_output, rows - 1)

    stdin_reader = await create_stdin_reader()

    async with asyncpg.create_pool(host='127.0.0.1',
                                   port=5432,
                                   user='postgres',
                                   password='password',
                                   database='products',
                                   min_size=6,
                                   max_size=6) as pool:
        while True:
            query = await read_line(stdin_reader)
            asyncio.create_task(run_query(query, pool, messages))

asyncio.run(main())
```

代码与之前几乎相同，不同之处在于此处创建了一个 run_query 协程，而不是 delay 协程。这不再是休眠任意时间，而是运行用户输入的查询，该查询可能需要运行一些时间。这让我们可以在其他人仍在运行时，从命令行发出新的查询。它还可以让我们看到已完成的输出，即使正在输入新查询。

我们现在知道如何创建可以在其他代码执行和写入控制台时，处理输入的命令行客户端。接下来，将学习如何使用更高级别的 asyncio API 来创建服务器。

8.5 创建服务器

构建服务器(如 echo 服务器)时，我们创建了一个服务器套接字，将其绑定到一个端口并等待传入的连接。虽然这可行，但 asyncio 允许在更高的抽象级别上创建服务器，这意味着可创建它们，而不必操心管理套接字。以这种方式创建服务器简化了需要为使用套接字编写的代码，因此，使用这些更高级别的 API 是使用 asyncio 创建和管理服务器的推荐方法。

可使用 asyncio.start_server 协程创建一个服务器。这个协程接收几个可选参数来配置诸如 SSL 的参数，但我们关注的主要参数是 host、port 和 client_connected_cb。host 和 port 就像我们之前看到的一样：服务器套接字将监听连接的地址。更有趣的部分是 client_connected_cb，它要么是一个回调函数，要么是一个在客户端连接到服务器时将运行的协程。此回调将 StreamReader 和 StreamWriter 作为参数，让我们可以读取和写入连接到服务器的客户端。

等待 start_server 时，它会返回一个 AbstractServer 对象。这个类缺少许多我们需要使用的方法，除了 serve_forever，它永远运行服务器，直到我们终止它。这个类也是一个异步上下文管理器。这意味着可使用带有 async with 语法的实例来让服务器在退出时正确关闭。

为了掌握如何创建服务器，让我们再次创建一个回显服务器，但要提供一些更高级的功能。除了回显输出，还将显示有多少其他客户端已连接到服务器，将显示客户机断开与服务器连接时的信息。为了实现这一点，我们将创建一个类，将调用 ServerState 来管理有多少用户已连接。一旦用户连接，将把用户添加到 ServerState，并通知其他客户端他们已经连接。

代码清单 8-12　使用服务器对象创建回显服务器

```
import asyncio
import logging
```

```
from asyncio import StreamReader, StreamWriter

class ServerState:

    def __init__(self):
        self._writers = []

    async def add_client(self, reader: StreamReader, writer: StreamWriter):
        self._writers.append(writer)
        await self._on_connect(writer)
        asyncio.create_task(self._echo(reader, writer))

    async def _on_connect(self, writer: StreamWriter):
        writer.write(f'Welcome! {len(self._writers)} user(s) are
online!\n'.encode())
        await writer.drain()
        await self._notify_all('New user connected!\n')

    async def _echo(self, reader: StreamReader, writer: StreamWriter):
        try:
            while (data := await reader.readline()) != b'':
                writer.write(data)
                await writer.drain()
            self._writers.remove(writer)
            await self._notify_all(f'Client disconnected.
{len(self._writers)}
user(s) are online!\n')
        except Exception as e:
            logging.exception('Error reading from client.', exc_info=e)
            self._writers.remove(writer)

    async def _notify_all(self, message: str):
        for writer in self._writers:
            try:
                writer.write(message.encode())
                await writer.drain()
            except ConnectionError as e:
                logging.exception('Could not write to client.', exc_info=e)
                self._writers.remove(writer)
```

将客户端添加到服务器状态，并创建回显任务。

当有新连接时，告诉客户端有多少用户在线，并通知其他人有新用户上线。

当客户端断开连接时处理回显用户输入；并通知其他用户，有人断开连接。

向所有其他用户发送消息的辅助方法。如果消息发送失败，将删除该用户。

```
async def main():
    server_state = ServerState()

    async def client_connected(reader: StreamReader, writer:
      StreamWriter) -> None:
        await server_state.add_client(reader, writer)

    server = await asyncio.start_server(client_connected, '127.0.0.1', 8000)

    async with server:
        await server.serve_forever()

asyncio.run(main())
```

当客户端连接时，将该客户端添加到 ServerState。

启动服务器，并永久运行服务。

当用户连接到服务器时，client_connected 回调会响应该用户的读取器和写入器，进而调用服务器状态的 add_client 协程。在 add_client 协程中存储了 StreamWriter，因此我们可以向所有连接的客户端发送消息，并在客户端断开连接时将其删除。然后调用 _on_connect，它会向客户端发送一条消息，通知有多少其他用户已连接。在 _on_connect 中，还通知其他所有已连接的客户端有新用户连接。

_echo 协程类似于我们过去所做的，不同之处在于当用户断开连接时，会通知所有其他连接的客户端有人断开连接。运行此程序时，你将获得一个正常运行的回显服务器，它可以让每个单独的客户端知道新用户何时与服务器连接，以及何时断开连接。

现在已经看到了如何创建一个比之前更高级的异步服务器。接下来，在这些知识的基础上创建一个聊天服务器和聊天客户端，这将使用更高级的技术。

8.6 创建聊天服务器和客户端

现在知道如何创建服务器和处理异步命令行输入。可以结合这两个领域的知识来创建两个应用程序。第一个是聊天服务器，它可以同时接收多个聊天客户端，第二个是聊天客户端，连接到服务器，收发聊天消息。

在开始设计应用程序之前，让我们从一些有助于做出正确设计的要求开始。首先，对于我们的服务器而言：

(1) 聊天客户端在提供用户名之后应能连接到服务器。

(2) 一旦用户连接，用户应该能够向服务器发送聊天消息，并且每条消息都应该发送给连接到服务器的所有用户。

(3) 为防止空闲用户占用资源，如果用户空闲超过一分钟，服务器应该断开他们的连接。

其次，对于客户端：

(1) 当用户启动应用程序时，客户端应提示用户输入用户名，并尝试连接到服务器。

(2) 连接后，用户将看到来自其他客户端的所有消息从屏幕顶部向下滚动。

(3) 屏幕底部应该有一个输入字段。当用户按 Enter 键时，该输入字段中的文本应发送到服务器，然后发送到其他所有连接的客户端。

鉴于这些要求，让我们首先考虑一下客户端和服务器之间的通信过程。首先，我们需要使用用户名从客户端向服务器发送一条消息。我们需要从消息发送中消除与用户名连接的歧义，因此将引入一个简单的命令协议来指示正在发送用户名。为简单起见，将只传递一个带有名为 CONNECT 的命令名称的字符串，后跟用户提供的用户名。例如，CONNECT MissIslington 将是我们发送到服务器的消息，用于连接用户名为 MissIslington 的用户。

连接后，将直接向服务器发送消息，然后服务器会将消息发送给所有连接的客户端(包括我们自己；根据需要，你可对其进行优化)。对于更健壮的应用程序，你可能需要考虑服务器发送回客户端以确认已收到消息的命令，但为简洁起见，我们将跳过此步骤。

考虑到这一点，可以开始设计服务器了。将创建一个 ChatServerState 类，类似于在上一节中所做的。一旦客户端连接，将等待他们通过 CONNECT 命令提供用户名。假设提供了用户名，将创建一个任务来监听来自客户端的消息并将消息写入所有其他已经连接的客户端。为跟踪连接的客户端，将连接用户名的字典保存到 StreamWriter 实例。如果连接的用户闲置超过一分钟，将断开连接，并将用户从字典中删除，向其他用户发送该用户已经离开聊天室的消息。

代码清单 8-13　聊天服务器

```
import asyncio
import logging
from asyncio import StreamReader, StreamWriter


class ChatServer:

    def __init__(self):
        self._username_to_writer = {}
```

```
    async def start_chat_server(self, host: str, port: int):
        server = await asyncio.start_server(self.client_connected,
host, port)

        async with server:
            await server.serve_forever()

    async def client_connected(self, reader: StreamReader, writer:
StreamWriter):
        command = await reader.readline()
        print(f'CONNECTED {reader} {writer}')
        command, args = command.split(b' ')
        if command == b'CONNECT':
            username = args.replace(b'\n', b'').decode()
            self._add_user(username, reader, writer)
            await self._on_connect(username, writer)
        else:
            logging.error('Got invalid command from client, disconnecting.')
            writer.close()
            await writer.wait_closed()

    def _add_user(self, username: str, reader:
     StreamReader, writer: StreamWriter):
        self._username_to_writer[username] = writer
        asyncio.create_task(self._listen_for_messages(username, reader))


    async def _on_connect(self, username: str, writer: StreamWriter):
        writer.write(f'Welcome! {len(self._username_to_writer)}
user(s) are
    online!\n'.encode())
        await writer.drain()
        await self._notify_all(f'{username} connected!\n')

    async def _remove_user(self, username: str):
        writer = self._username_to_writer[username]
        del self._username_to_writer[username]
        try:
```

等待客户端提供有效的用户名命令，否则，断开客户端连接。

存储用户的流写入器实例，并创建一个任务来监听消息。

一旦有新用户连接，通知所有其他人，有新用户已连接。

```
            writer.close()
            await writer.wait_closed()
        except Exception as e:
            logging.exception('Error closing client writer, ignoring.',
    exc_info=e)

    async def _listen_for_messages(self,
                                   username: str,
                                   reader: StreamReader):
        try:
            while (data := await asyncio.wait_for(reader.readline(),
60)) != b'':
                await self._notify_all(f'{username}: {data.decode()}')
            await self._notify_all(f'{username} has left the chat\n')
        except Exception as e:
            logging.exception('Error reading from client.', exc_info=e)
            await self._remove_user(username)

    async def _notify_all(self, message: str):
        inactive_users = []
        for username, writer in self._username_to_writer.items():
            try:
                writer.write(message.encode())
                await writer.drain()
            except ConnectionError as e:
                logging.exception('Could not write to client.', exc_info=e)
                inactive_users.append(username)

        [await self._remove_user(username) for username in inactive_users]

async def main():
    chat_server = ChatServer()
    await chat_server.start_chat_server('127.0.0.1', 8000)

asyncio.run(main())
```

监听来自客户端的消息，并将它们发送给所有其他客户端，最多等待一分钟的时间。

向所有连接的客户端发送消息，删除任何断开连接的用户。

ChatServer 类将有关聊天服务器的所有内容封装在一个干净的接口中。主要入口点是 start_chat_server 协程。这个协程在指定的主机和端口上启动一个服务器，并调用 serve_forever。对于服务器的客户端连接回调，使用 client_connected 协程。这个协程等待客户端的第一行数据，如果接收到有效的 CONNECT 命令，就调用_add_user 和_on_connect，否则，它将终止连接。

_add_user 函数将用户名和用户的流写入器存储在内部字典中，然后创建一个任务来监听来自用户的聊天消息。_on_connect 协程向客户端发送一条消息，欢迎他们进入聊天室，然后通知所有其他已连接的客户端有新用户已连接。

调用_add_user 时，为_listen_for_messages 协程创建了一个任务。这个协程是应用程序的核心所在。将永远循环它，并通过它从客户端读取消息，直到看到一个空行(表明客户端断开连接)。

收到消息后，调用_notify_all 将聊天消息发送给所有连接的客户端。为了满足客户端在空闲一分钟后应该断开连接的要求，将 readline 协程包装在 wait_for 中。如果客户端空闲超过一分钟，这将引发 TimeoutError。这种情况下，我们通过一个异常子句来捕获 TimeoutError 和其他任何抛出的异常。我们通过从_username_to_writer 字典中删除客户机来处理任何异常，并停止向它们发送消息。

现在有一个完整的服务器，但是如果没有客户端连接到它，服务器就毫无意义。我们将使用之前编写的命令行 SQL 客户端所用的技术来实现聊天客户端。将创建一个协程来监听来自服务器的消息，并将它们附加到消息存储中，当有新消息进入时将重绘屏幕。还将输入放在屏幕底部，当用户按下 Enter 键时，将消息发送到聊天服务器。

代码清单 8-14　聊天客户端

```
import asyncio
import os
import logging
import tty
from asyncio import StreamReader, StreamWriter
from collections import deque
from chapter_08.listing_8_5 import create_stdin_reader
from chapter_08.listing_8_7 import *
from chapter_08.listing_8_8 import read_line
from chapter_08.listing_8_9 import MessageStore


async def send_message(message: str, writer: StreamWriter):
```

```
    writer.write((message + '\n').encode())
    await writer.drain()

async def listen_for_messages(reader: StreamReader,
                              message_store: MessageStore):
    while (message := await reader.readline()) != b'':
        await message_store.append(message.decode())
    await message_store.append('Server closed connection.')

async def read_and_send(stdin_reader: StreamReader,
                        writer: StreamWriter):
    while True:
        message = await read_line(stdin_reader)
        await send_message(message, writer)

async def main():
    async def redraw_output(items: deque):
        save_cursor_position()
        move_to_top_of_screen()
        for item in items:
            delete_line()
            sys.stdout.write(item)
        restore_cursor_position()

    tty.setcbreak(0)
    os.system('clear')
    rows = move_to_bottom_of_screen()

    messages = MessageStore(redraw_output, rows - 1)

    stdin_reader = await create_stdin_reader()
    sys.stdout.write('Enter username: ')
    username = await read_line(stdin_reader)

    reader, writer = await asyncio.open_connection('127.0.0.1', 8000)

    writer.write(f'CONNECT {username}\n'.encode())
    await writer.drain()
```

监听来自服务器的消息，将它们附加到消息存储中。

读取用户的输入，并将其发送到服务器。

打开与服务器的连接，并使用用户名发送连接消息。

```
    message_listener = asyncio.create_task(listen_for_messages(reader,
messages))
    input_listener = asyncio.create_task(read_and_send(stdin_reader,
writer))

    try:
        await asyncio.wait([message_listener, input_listener],
    return_when=asyncio.FIRST_COMPLETED)
    except Exception as e:
        logging.exception(e)
        writer.close()
        await writer.wait_closed()

asyncio.run(main())
```

创建一个任务来监听消息，并监听输入，等待，直到完成。

首先向用户询问他们的用户名，一旦获取了用户名，就将 CONNECT 消息发送到服务器。然后创建两个任务：一个用来监听来自服务器的消息，另一个用来持续读取聊天消息，并将它们发送到服务器。然后接收这两个任务，并通过将它们包装在 asyncio.wait 中来等待先完成的任务。这样做是因为服务器可能会断开连接，或者输入监听器可能抛出异常。如果只是独立地等待每个任务，可能发现自己陷入困境。例如，如果服务器断开了连接，但我们先等待该任务，将无法停止输入监听器。使用等待协程可以防止这个问题，因为如果消息监听器或输入监听器完成，应用程序将退出。如果想在这里有更健壮的逻辑，可通过检查 done 集合和 pending 集合的 wait 返回来实现这一点。例如，如果输入监听器抛出异常，可以取消消息监听器任务。

如果首先运行服务器，然后运行几个聊天客户端，你将能像普通聊天应用程序一样在客户端中发送和接收消息。例如，连接到聊天的两个用户可能会产生如下输出：

```
Welcome! 1 user(s) are online!
MissIslington connected!
SirBedevere connected!
SirBedevere: Is that your nose?
MissIslington: No, it's a false one!
```

我们已经构建了一个聊天服务器和客户端，它可以用一个线程同时处理多个用户连接。这个应用程序可以更加健壮。例如，你可能需要考虑在消息发送失败时重新尝试，或者使用协议来确认客户端收到的消息。编写一个有价值的应用程序是相当复杂的，超出了本书的范围，尽管它对读者来说可能是一个有趣的练习，因为有许多失败点需要考虑。使用与本示例中相似的概念，你将能创建健壮的客户机和服务器应用程序来满足需求。

8.7　本章小结

在本章中，我们学习了以下内容：

- 使用较低级别的传输和协议 API 来构建一个简单的 HTTP 客户端。这些 API 是高级 stream asyncio stream API 的基础，不推荐用于一般用途。
- 使用 StreamReader 和 StreamWriter 类来构建网络应用程序。这些更高级别的 API 是在 asyncio 中使用流的推荐方法。
- 使用流来创建非阻塞命令行应用程序，这些应用程序可以在后台运行任务时保持对用户输入的响应。
- 使用 start_server 协程创建服务器。这种方法是在 asyncio 中创建服务器的推荐方法，而不是直接使用套接字。
- 使用流和服务器创建响应式客户端和服务器应用程序。利用这些知识，可以创建基于网络的应用程序，例如聊天服务器和客户端。

第9章 Web 应用程序

本章内容：

- 使用 aiohttp 创建 Web 应用程序
- 异步服务器网关接口(ASGI)
- 使用 Starlette 创建 ASGI Web 应用程序
- 使用 Django 的异步视图

Web 应用程序为我们今天在 Internet 上使用的大多数网站提供支持。如果你曾在一家拥有互联网业务的公司担任过开发人员，那么你可能在职业生涯的某个阶段编写过 Web 应用程序。在同步 Python 的世界中，这意味着你使用过 Flask、Bottle 或非常流行的 Django 之类的框架。除了更新版本的 Django，这些 Web 框架并不是为开箱即用的 asyncio 而构建的。因此，当 Web 应用程序执行可以并行化的工作时，例如查询数据库或调用其他 API，我们没有多线程或 multiprocessing 之外的选项。这意味着需要探索与 asyncio 兼容的新框架。

在本章中，我们将学习一些流行的支持异步的 Web 框架。首先将了解如何使用已经处理过的框架 aiohttp 来构建异步 RESTful API。然后，将了解异步服务器网关接口(ASGI)，它是 WSGI(Web 服务器网关接口)的异步替代品，并且确定运行多少 Web 应用程序。将 ASGI 与 Starlette 结合使用，我们将构建一个支持 WebSocket 的简单 REST API。我们还将研究如何使用 Django 的异步视图。扩展时，Web 应用程序的性能始终是一个考虑因素，因此还将通过使用负载测试工具进行基准测试来获取性能数据。

9.1　使用 aiohttp 创建 REST API

以前，我们使用 aiohttp 作为 HTTP 客户端向 Web 应用程序发出数千个并发 Web 请求。aiohttp 不仅支持作为 HTTP 客户端，而且具有创建 asyncio-ready Web 应用程序服务器的功能。

9.1.1　什么是 REST

REST 是代表性状态转移(representational state transfer)的缩写。它是现代 Web 应用程序开发中广泛使用的规范，尤其是与具有 React 和 Vue 等框架的单页应用程序结合使用时。REST 提供了一种独立于客户端技术的无状态、结构化方式来设计 Web API。REST API 应该能够与从手机到浏览器的任意数量的客户端进行互操作，并且只需要更改数据的客户端表示即可。

REST 中的关键概念是资源。资源通常是可以用名词表示的任何内容。例如，客户、产品或账户可以是 RESTful 资源。我们刚刚列出的资源引用了单个客户或产品。资源也可以是集合，例如具有我们可以通过一些唯一标识符访问的单个客户或产品。资源也可能有子资源。我们将客户最喜欢的产品列表作为示例。让我们看一下几个 REST API，从而更好地理解它们：

```
customers
customers/{id}
customers/{id}/favorites
```

这里有三个 REST API 端点。第一个端点 customers 代表一组客户。作为这个 API 的使用者，我们希望它返回一个客户列表(这可能是分页的，因为可能是一个很大的集合)。第二个端点代表一个客户，并将 id 作为参数。如果使用整数 id 唯一标识客户，则调用 customers/1 将提供 id 为 1 的客户的数据。最后一个端点是子实例的示例。客户可以拥有最喜欢的产品列表，收藏列表成为客户的子实体。调用 customers/1/favorites 将返回 id 为 1 的客户的收藏列表。

将设计 REST API 以返回 JSON，因为这是典型用法，尽管我们可以选择任何适合的数据格式。REST API 有时可以通过 HTTP 标头的设定来支持多种数据表示。

虽然正确了解 REST 的所有细节超出了本书的范围，但阅读有关 REST 的论文将帮助我们更好地理解概念。你可在 http://mng.bz/1jAg 获取更多信息。

9.1.2　aiohttp 服务器基础知识

让我们开始使用 aiohttp 创建一个简单的 hello world 风格的 API。我们将从创建一个简单的 GET 端点开始，它将为我们提供一些关于时间和日期的 JSON 格式的基本数据。将调用端点/time，并期望它返回月、日和当前时间。

aiohttp 在 Web 模块中提供 Web 服务器功能。一旦导入它，就可以使用 RouteTableDef 定义端点(在 aiohttp 中称为路由)。RouteTableDef 提供了一个装饰器，让我们可以指定请求类型(GET、POST 等)和表示端点名称的字符串。然后，可使用 RouteTableDef 装饰器来装饰在调用该端点时将执行的协程。在这些修饰过的协程中，可执行想要执行的任何应用程序逻辑，然后将数据返回给客户端。

然而，自己创建这些端点没有任何作用，仍然需要启动 Web 应用程序来提供路由。为此，首先创建一个 Application 实例，从 RouteTableDef 添加路由并运行应用程序。

代码清单 9-1　当前时间端点

```
from aiohttp import web
from datetime import datetime
from aiohttp.web_request import Request
from aiohttp.web_response import Response


routes = web.RouteTableDef()


@routes.get('/time')
async def time(request: Request) -> Response:
    today = datetime.today()

    result = {
        'month': today.month,
        'day': today.day,
        'time': str(today.time())
    }

    return web.json_response(result)


app = web.Application()
app.add_routes(routes)
```

创建一个 time GET 端点，当客户端调用此端点时，time 协程将运行。

获取结果字典，并将其转换为 JSON 响应。

创建 Web 应用程序、注册路由并运行应用程序。

```
web.run_app(app)
```

在代码清单 9-1 中，首先创建一个 time 端点。@routes.get('/time')指定当客户端针对/time URI 执行 HTTP GET 请求时，将执行装饰协程。在 time 协程中，获取月、日和时间，并将其存储在字典中。然后调用 web.json_response，它获取字典并将其序列化为 JSON 格式。它还配置发回的 HTTP 响应。特别是，将状态代码设置为 200，将内容类型设置为“application/json”。

然后创建 Web 应用程序并启动它。首先创建一个 Application 实例，并调用 add_routes。这将注册使用 Web 应用程序创建的所有装饰器。然后调用 run_app，它会启动 Web 服务器。默认情况下，这会在 localhost 的 8080 端口上启动 Web 服务器。

运行时，可通过在 Web 浏览器中访问 localhost:8080/time 或使用命令行实用程序(例如 curl 或 wget)来测试它。让我们使用 cURL 对其进行测试，通过运行 curl -i localhost:8080/time 查看完整的响应。你应该会看到如下内容：

```
HTTP/1.1 200 OK
Content-Type: application/json; charset=utf-8
Content-Length: 51
Date: Mon, 23 Nov 2020 16:35:32 GMT
Server: Python/3.9 aiohttp/3.6.2

{"month": 11, "day": 23, "time": "11:35:32.033271"}
```

这表明已成功地使用 aiohttp 创建了第一个端点！你可能从代码清单中注意到的一件事是，time 协程有一个名为 request 的参数。虽然不需要在这个例子中使用它，但它很快就会变得很重要。此数据结构包含有关客户端发送的 Web 请求的信息，如正文、查询参数等。要查看请求中的标头，可在 time 协程内的某处添加 print(request.headers)，你应该会看到如下输出：

```
<CIMultiDictProxy('Host': 'localhost:8080', 'User-Agent':
'curl/7.64.1',
    'Accept': '*/*')>
```

9.1.3 连接到数据库并返回结果

虽然可通过 time 端点了解基础知识，但大多数 Web 应用程序并非如此简单。我们通常需要连接到 Postgres 或 Redis 等数据库，且可能需要与其他 REST API 通信(例如查询或更新使用的供应商 API)。

为了解如何实现这一点，将围绕第 5 章的电子商务商铺数据库构建一个 REST API。具体来说，将设计一个 REST API 从数据库获取现有产品，并创建新产品。

需要做的第一件事是创建与数据库的连接。由于希望应用程序可以支持许多并发用户，因此使用连接池而不是单个连接是最有意义的。现在问题变成了：可在哪里创建和存储连接池，以便应用程序的端点可以使用？

要回答可在哪里存储连接池的问题，首先需要回答更广泛的问题，即可在 aiohttp 应用程序中的什么位置存储共享的应用程序数据。然后，将使用此机制来保存对连接池的引用。

为了存储共享数据，aiohttp 的 Application 类充当字典。例如，如果有一些共享字典，我们希望所有路由都可以访问，可将其存储在应用程序中，如下所示：

```
app = web.Application()
app['shared_dict'] = {'key' : 'value'}
```

现在可通过执行 app['shared_dict']来访问共享字典。接下来，需要弄清楚如何从路由中访问应用程序。可将应用实例设为全局，但 aiohttp 通过 Request 类提供了更好的方法。路由获得的每个请求都将通过 app 的字段引用应用程序实例，从而能够轻松访问任何共享数据。例如，获取共享字典，并将其作为响应返回，如下所示：

```
@routes.get('/')
async def get_data(request: Request) -> Response:
    shared_data = request.app['shared_dict']
    return web.json_response(shared_data)
```

一旦创建它，将使用这个范例来存储和检索数据库连接池。现在决定创建连接池的最佳位置。当创建应用程序实例时，不能轻易做到这一点，因为这发生在所有协程定义之外，而且不能使用所需的 await 表达式。

aiohttp 在应用程序实例上提供了一个信号处理程序，用于处理类似于 on_startup 的设置任务。可将其看作启动应用程序时将执行的协程列表。可通过调用 app.on_startup.append(coroutine)来添加在启动时运行的协程。每个附加到 on_startup 的协程都只有一个参数：Application 实例。一旦实例化了数据库池，就可将数据库池存储在传递给这个协程的应用程序实例中。

还需要考虑当 Web 应用程序关闭时会发生什么。我们希望在关闭数据库时主动关闭和清理数据库连接。否则，可能会留下空闲的连接，给数据库带来不必要的压力。aiohttp 还提供了第二个信号处理程序：on_cleanup。该处理程序中的协程将在应用程序关闭时运行，这使我们能够轻松地关闭连接池。它的行为类似于 on_startup 处理程序，因为我们只是用特定的协程调用 append。

将以上所有内容放在一起，可创建一个 Web 应用程序，它为产品数据库创建一个连接池。为测试这一点，创建一个端点来获取数据库中的所有品牌数据。这是一个名为/brands 的 GET 端点。

代码清单 9-2 连接到产品数据库

```
import asyncpg
from aiohttp import web
from aiohttp.web_app import Application
from aiohttp.web_request import Request
from aiohttp.web_response import Response
from asyncpg import Record
from asyncpg.pool import Pool
from typing import List, Dict

routes = web.RouteTableDef()
DB_KEY = 'database'

async def create_database_pool(app: Application):    ◄── 创建数据库池，并将其存储在应用程序实例中。
    print('Creating database pool.')
    pool: Pool = await asyncpg.create_pool(host='127.0.0.1',
                                           port=5432,
                                           user='postgres',
                                           password='password',
                                           database='products',
                                           min_size=6,
                                           max_size=6)
    app[DB_KEY] = pool

async def destroy_database_pool(app: Application):    ◄── 销毁应用程序实例中的池。
    print('Destroying database pool.')
    pool: Pool = app[DB_KEY]
    await pool.close()

@routes.get('/brands')
async def brands(request: Request) -> Response:    ◄── 查询所有品牌并将结果返回给客户端。
    connection: Pool = request.app[DB_KEY]
    brand_query = 'SELECT brand_id, brand_name FROM brand'
    results: List[Record] = await connection.fetch(brand_query)
    result_as_dict: List[Dict] = [dict(brand) for brand in results]
```

```
    return web.json_response(result_as_dict)

app = web.Application()
app.on_startup.append(create_database_pool)
app.on_cleanup.append(destroy_database_pool)

app.add_routes(routes)
web.run_app(app)
```

将创建和销毁池协程添加到启动和清理程序中。

首先定义两个协程来创建和销毁连接池。在 create_database_pool 中创建一个池，并将其存储在 DB_KEY 下的应用程序中。然后，在 destroy_database_pool 中，从应用程序实例中获取池，并等待它关闭。启动应用程序时，将这两个协程分别附加到 on_startup 和 on_cleanup 信号处理程序中。

接下来定义品牌路由。首先从请求中获取数据库池，并运行查询以获取数据库中的所有品牌。然后遍历每个品牌，将它们输入字典。这是因为 aiohttp 不知道如何序列化 asyncpg Record 实例。运行此应用程序时，在浏览器中访问 localhost:8080/brandsshi 时，可以查看数据库中显示为 JSON 列表的所有品牌，如下所示：

```
[{"brand_id": 1, "brand_name": "his"}, {"brand_id": 2, "brand_name": "he"},
  {"brand_id": 3, "brand_name": "at"}]
```

现在已经创建了第一个 RESTful 集合 API 端点。接下来看看如何通过端点来创建和更新单例资源。将实现两个端点：一个通过特定 ID 检索产品的 GET 端点和一个创建新产品的 POST 端点。

让我们从产品的 GET 端点开始。这个端点将接收一个整型 ID 参数，这意味着我们会调用/products/1 来获取 ID 为 1 的产品。如何创建一个包含参数的路由？aiohttp 允许我们通过将任何参数包裹在大括号中，来参数化路由，因此产品路由将为/products/{id}。通过这种方式进行参数化时，会在请求的 match_info 字典中看到一个条目。这种情况下，用户传递给 id 参数的任何内容都将在 request.match_info['id']中作为字符串使用。

由于可为 ID 传递无效字符串，因此需要添加一些错误处理机制。客户也可能提供不存在的 ID，因此也需要适当地处理“未找到”的情况。对于这些错误情况，将返回 HTTP 400 状态代码，以指示客户端发出了错误请求。对于产品不存在的情况，将返回 HTTP 404 状态码。为处理这些错误情况，aiohttp 为每个 HTTP 状态代码提供了一组异常。在发生错误的情况下，可直接引发它们，客户端将收到相应的状态码。

代码清单 9-3 获取特定的产品信息

```
import asyncpg
from aiohttp import web
from aiohttp.web_app import Application
from aiohttp.web_request import Request
from aiohttp.web_response import Response
from asyncpg import Record
from asyncpg.pool import Pool

routes = web.RouteTableDef()
DB_KEY = 'database'

@routes.get('/products/{id}')
async def get_product(request: Request) -> Response:
    try:
        str_id = request.match_info['id']      # 从 URL 中获取
        product_id = int(str_id)               # product_id 参数。

        query = \
            """
            SELECT
            product_id,
            product_name,
            brand_id
            FROM product
            WHERE product_id = $1
            """
                                               # 对单个产品运行查询。
        connection: Pool = request.app[DB_KEY]
        result: Record = await connection.fetchrow(query, product_id)

        if result is not None:                 # 如果我们得到结果，将其转换为 JSON，并
           return web.json_response(dict(result))  # 发送给客户端。否则，
        else:                                  # 发送“404 not found”。
           raise web.HTTPNotFound()
    except ValueError:
       raise web.HTTPBadRequest()

async def create_database_pool(app: Application):
```

```
    print('Creating database pool.')
    pool: Pool = await asyncpg.create_pool(host='127.0.0.1',
                                           port=5432,
                                           user='postgres',
                                           password='password',
                                           database='products',
                                           min_size=6,
                                           max_size=6)
    app[DB_KEY] = pool

async def destroy_database_pool(app: Application):
    print('Destroying database pool.')
    pool: Pool = app[DB_KEY]
    await pool.close()

app = web.Application()
app.on_startup.append(create_database_pool)
app.on_cleanup.append(destroy_database_pool)

app.add_routes(routes)
web.run_app(app)
```

接下来，让我们看看如何创建 POST 端点，从而在数据库中创建新产品。将在请求正文中以 JSON 字符串的形式发送新数据，然后将其转换为插入语句。需要在这里做一些错误检查，从而查看 JSON 是否有效；如果 JSON 无效，则向客户端发送内容无效的提示信息。

代码清单 9-4　用于创建新产品的端点

```
import asyncpg
from aiohttp import web
from aiohttp.web_app import Application
from aiohttp.web_request import Request
from aiohttp.web_response import Response
from chapter_09.listing_9_2 import create_database_pool,
   destroy_database_pool

routes = web.RouteTableDef()
DB_KEY = 'database'
```

```
@routes.post('/product')
async def create_product(request: Request) -> Response:
    PRODUCT_NAME = 'product_name'
    BRAND_ID = 'brand_id'

    if not request.can_read_body:
        raise web.HTTPBadRequest()

    body = await request.json()

    if PRODUCT_NAME in body and BRAND_ID in body:
        db = request.app[DB_KEY]
        await db.execute('''INSERT INTO product(product_id,
                                                 product_name,
                                                 brand_id)
                                                 VALUES(DEFAULT, $1, $2)''',
                         body[PRODUCT_NAME],
                         int(body[BRAND_ID]))
        return web.Response(status=201)
    else:
        raise web.HTTPBadRequest()

app = web.Application()
app.on_startup.append(create_database_pool)
app.on_cleanup.append(destroy_database_pool)

app.add_routes(routes)
web.run_app(app)
```

首先检查是否有一个带有 request.can_read_body 的正文，如果没有，很快就会返回一个错误响应。然后使用 json 协程将请求正文作为字典来获取。为什么使用协程而不是普通方法？如果我们有一个特别大的请求体，结果可能会被缓存，并且可能需要一些时间来读取。然后将记录插入产品表中，并将 HTTP 201 状态返回给客户端。

使用 curl，你应该能够执行将产品插入数据库的操作，并获得 HTTP 201 响应。

```
curl -i -d '{"product_name":"product_name", "brand_id":1}'
   localhost:8080/product
HTTP/1.1 201 Created
```

```
Content-Length: 0
Content-Type: application/octet-stream
Date: Tue, 24 Nov 2020 13:27:44 GMT
Server: Python/3.9 aiohttp/3.6.2
```

虽然这里的错误处理应该更加健壮(如果品牌 ID 是字符串而不是整数或 JSON 格式不正确，会发生什么情况？)，这说明了如何处理 postdata，从而将记录插入数据库。

9.1.4　比较 aiohttp 和 Flask

使用 aiohttp 和支持 asyncio 的 Web 框架为我们提供了使用诸如 asyncpg 的库的优势。除了使用 asyncio 库，使用 aiohttp 之类的框架与 Flask 之类的同步框架相比有什么优势吗？

虽然它高度依赖于服务器配置、数据库硬件和其他因素，但基于 asyncio 的应用程序可用更少的资源获得更好的吞吐量。在同步框架中，每个请求处理程序从头到尾不间断地运行。在异步框架中，当 await 表达式暂停执行时，它们让框架有机会处理其他工作，从而提高效率。

为了测试这一点，为品牌端点构建一个 Flask 对象。我们假设你对 Flask 有基本的了解，并且熟悉同步数据库驱动程序；即使你不了解这些，你也应该能够理解相关代码。首先使用以下命令安装 Flask 和 psycopg2(一个同步 Postgres 驱动程序)：

```
pip install -Iv flask==2.0.1
pip install -Iv psycopg2==2.9.1
```

对于 psycopg，可能会在安装时遇到编译错误。如果遇到错误，你可能需要安装 Postgres 工具，并打开 SSL 或使用其他库。也可根据提示的错误，在网络上寻找答案。现在实现端点。首先创建到数据库的连接。然后，在请求处理程序中重用前面示例中的品牌查询代码，并将结果作为 JSON 数组返回。

代码清单 9-5　用于检索品牌的 Flask 应用程序

```
from flask import Flask, jsonify
import psycopg2

app = Flask(__name__)
conn_info = "dbname=products user=postgres password=password
host=127.0.0.1"
```

```
db = psycopg2.connect(conn_info)

@app.route('/brands')
def brands():
    cur = db.cursor()
    cur.execute('SELECT brand_id, brand_name FROM brand')
    rows = cur.fetchall()
    cur.close()
    return jsonify([{'brand_id': row[0], 'brand_name': row[1]} for row
in rows])
```

现在需要运行应用程序。Flask 带有一个开发服务器，但它还没有达到可用于生产的水平，所以不能进行公平的比较，特别是因为它只运行一个进程(这意味着一次只能处理一个请求)。需要使用一个生产 WSGI 服务器来测试这一点。本例中使用 Gunicorn，但你可选择其他服务器。让我们使用以下命令来安装 Gunicorn：

```
pip install -Iv gunicorn==20.1.0
```

将在 8 核机器上测试，所以将用 Gunicorn 生成 8 个 worker。运行 gunicorn -w 8 chapter_09.listing_9_5:app，应该会看到 8 个 worker 被启动：

```
[2020-11-24 09:53:39 -0500] [16454] [INFO] Starting gunicorn 20.0.4
[2020-11-24 09:53:39 -0500] [16454] [INFO] Listening at:
  http://127.0.0.1:8000 (16454)
[2020-11-24 09:53:39 -0500] [16454] [INFO] Using worker: sync
[2020-11-24 09:53:39 -0500] [16458] [INFO] Booting worker with pid: 16458
[2020-11-24 09:53:39 -0500] [16459] [INFO] Booting worker with pid: 16459
[2020-11-24 09:53:39 -0500] [16460] [INFO] Booting worker with pid: 16460
[2020-11-24 09:53:39 -0500] [16461] [INFO] Booting worker with pid: 16461
[2020-11-24 09:53:40 -0500] [16463] [INFO] Booting worker with pid: 16463
[2020-11-24 09:53:40 -0500] [16464] [INFO] Booting worker with pid: 16464
[2020-11-24 09:53:40 -0500] [16465] [INFO] Booting worker with pid: 16465
[2020-11-24 09:53:40 -0500] [16468] [INFO] Booting worker with pid: 16468
```

这意味着已创建了 8 个到数据库的连接，并可同时处理 8 个请求。现在，需要一个工具对 Flask 和 aiohttp 之间的性能进行基准测试。命令行负载测试器可以用于快速测试。虽然这不是最准确的测试方式，但它会给我们一个关于性能的方向性概念。我们将使用一个名为 wrk 的负载测试器，不过任何负载测试器(如 ApacheBench 或 Hey)都可完成这项工作。你可在 https://github.com/wg/wrk 查看 wrk 的安装说明。

首先在 Flask 服务器上运行 30 秒的负载测试。将使用一个线程和 200 个连接，模拟 200 个并发用户同时访问应用程序。在 8 核 2.4Ghz 机器上，可看到如下结果：

```
Running 30s test @ http://localhost:8000/brands
  1 threads and 200 connections
  16534 requests in 30.02s, 61.32MB read
  Socket errors: connect 0, read 1533, write 276, timeout 0
Requests/sec: 550.82
Transfer/sec: 2.04MB
```

我们每秒处理大约 550 个请求——这个结果还不错。用 aiohttp 重新运行它，并对结果进行比较：

```
Running 30s test @ http://localhost:8080/brands
  1 threads and 200 connections
  46774 requests in 30.01s, 191.45MB read
Requests/sec: 1558.46
Transfer/sec: 6.38MB
```

使用 aiohttp，每秒能够处理超过 1500 个请求，这大约是 Flask 处理能力的三倍。更重要的是，只使用了一个进程，Flask 总共需要八个进程来处理三分之一的请求。可通过将 NGINX 放在它前面，并启动更多工作进程来进一步提高 aiohttp 的性能。

我们现在知道了如何使用 aiohttp 构建支持数据库的 Web 应用程序的基础知识。在 Web 应用领域，aiohttp 与其技术的不同之处在于它本身就是一个 Web 服务器，它不符合 WSGI，可独立存在。正如在 Flask 中看到的，通常情况并非如此。接下来，让我们了解 ASGI 的工作原理，看看如何将它与一个名为 Starlette 的符合 ASGI 的框架一起使用。

9.2　异步服务器网关接口

当前面的示例中使用 Flask 时，使用 Gunicorn WSGI 服务器为应用程序提供服务。WSGI 是一种将 Web 请求转发到 Web 框架(如 Flask 或 Django)的标准化方法。虽然有许多 WSGI 服务器，但它们并非旨在支持异步工作负载，因为 WSGI 规范早于 asyncio 出现。随着异步 Web 应用程序的使用越来越广泛，一种从服务器抽象框架的方法被证明是必要的。因此，创建了异步服务器网关接口(Asynchronous Server Gateway Interface，ASGI)。ASGI 是互联网领域中一个较新的概念，但已经有若干支持它的流行框架，包括 Django。

ASGI 与 WSGI 比较

WSGI 诞生于一个支离破碎的 Web 应用框架。在 WSGI 之前，选择一个框架可能会限制 Web 服务器可用接口的种类，因为两者之间没有标准化的接口。WSGI 通过提供一个简单的 API 让 Web 服务器与 Python 框架对话来解决这个问题。2004 年，随着 PEP-333 的出现(Python 增强提案：https://www.python.org/dev/peps/pep-0333/)，现已成为 Web 应用程序部署的实际标准。

然而，当涉及异步工作负载时，WSGI 就不起作用了。WSGI 规范的核心是一个简单的 Python 函数。下面是我们可以构建的最简单 WSGI 应用程序。

代码清单 9-6 WSGI 应用程序

```
def application(env, start_response):
    start_response('200 OK', [('Content-Type','text/html')])
    return [b"WSGI hello!"]
```

可通过 gunicorn chapter_09.listing_9_6 来运行这个应用程序，并使用 curl http://127.0.0.1:8000 进行测试。如你所见，没有地方让我们使用等待。此外，WSGI 只支持响应/请求生命周期，这意味着它不能与长生命周期的连接协议(如 WebSocket)一起工作。ASGI 通过重新设计 API，使用协程解决了这个问题。让我们将 WSGI 示例转换为 ASGI。

代码清单 9-7 一个简单的 ASGI 应用程序

```
async def application(scope, receive, send):
    await send({
        'type': 'http.response.start',
        'status': 200,
        'headers': [[b'content-type', b'text/html']]
    })
    await send({'type': 'http.response.body', 'body': b'ASGI hello!'})
```

ASGI 应用程序函数具有三个参数：作用域字典、接收协程和发送协程，它们分别允许发送和接收数据。在我们的示例中，发送 HTTP 响应的开头，然后是正文。

现在，如何为上述应用程序提供服务？有一些可用的 ASGI 实现，但将使用一种流行的称为 Uvicorn(https://www.uvicorn.org/)的实现。Uvicorn 建立在 uvloop 和 httptools 之上，是 asyncio 事件循环的快速 C 实现(我们实际上并不依赖于 asyncio 附带的事件循环，将在第 14 章介绍更多信息)和 HTTP 解析。可通过运行以下命令来安装 Uvicorn：

```
pip install -Iv uvicorn==0.14.0
```

现在，可使用以下命令运行应用程序：

```
uvicorn chapter_09.listing_9_7:application
```

如果访问 http://localhost:8000，应该会看到输出的 hello 消息。虽然这里直接使用 Uvicorn 进行测试，但最好将 Uvicorn 与 Gunicorn 一起使用，因为 Gunicorn 将自动在崩溃时重启 worker。我们将在 9.4 节中看到如何用 Django 来实现这一点。

应该记住，WSGI 是公认的 PEP，但 ASGI 尚未被接受，并且在撰写本书时它仍然较新。随着 asyncio 环境的变化，ASGI 如何工作的细节也会发生变化。

现在，我们了解了 ASGI 的基础知识以及它与 WSGI 的比较。但学到的东西非常初级。我们想要使用一个框架来处理 ASGI。有若干符合 ASGI 的框架，让我们首先了解一个流行的框架。

9.3　ASGI 与 Starlette

Starlette 提供了非常优秀的性能、WebSocket 支持等。你可在 https://www.starlette.io/ 上查看相关文档。让我们看看如何使用它来实现简单的 REST 和 WebSocket 端点。首先用下面的命令安装它：

```
pip install -Iv starlette==0.15.0
```

9.3.1　使用 Starlette 的 REST 端点

让我们通过重新实现前面的品牌端点开始学习 Starlette。将通过创建 Starlette 类的实例来创建应用程序。这个类有一些我们会感兴趣的参数：一个路由对象列表和一个在启动及关闭时运行的协程列表。路由(route)对象是从字符串路径(在我们的例子中是品牌)到协程或另一个可调用对象的映射。与 aiohttp 十分类似，这些协程有一个参数来表示请求，并返回一个响应，路由句柄看起来和 aiohttp 版本基本相同。稍有不同之处在于如何处理共享数据库池。我们仍然将它存储在 Starlette 应用程序实例中，但它将被保存在一个状态对象中。

代码清单 9-8 Starlette 品牌端点

```
import asyncpg
from asyncpg import Record
from asyncpg.pool import Pool
from starlette.applications import Starlette
from starlette.requests import Request
from starlette.responses import JSONResponse, Response
from starlette.routing import Route
from typing import List, Dict

async def create_database_pool():
    pool: Pool = await asyncpg.create_pool(host='127.0.0.1',
                                           port=5432,
                                           user='postgres',
                                           password='password',
                                           database='products',
                                           min_size=6,
                                           max_size=6)
    app.state.DB = pool

async def destroy_database_pool():
    pool = app.state.DB
    await pool.close()

async def brands(request: Request) -> Response:
    connection: Pool = request.app.state.DB
    brand_query = 'SELECT brand_id, brand_name FROM brand'
    results: List[Record] = await connection.fetch(brand_query)
    result_as_dict: List[Dict] = [dict(brand) for brand in results]
    return JSONResponse(result_as_dict)

app = Starlette(routes=[Route('/brands', brands)],
                on_startup=[create_database_pool],
                on_shutdown=[destroy_database_pool])
```

现在有了品牌端点，让我们使用 Uvicorn 来启动它。和之前一样，将使用以下命令启动 8 个 worker：

```
uvicorn --workers 8 --log-level error chapter_09.listing_9_8:app
```

你应该能够像以前一样在 localhost:8000/brands 访问此端点，并查看品牌表的内容。现在已经运行了应用程序，让我们运行一个快速基准测试来看看它与 aiohttp 和 Flask 的比较。将使用与之前相同的 wrk 命令，在 30 秒内使用 200 个连接：

```
Running 30s test @ http://localhost:8000/brands
  1 threads and 200 connections
Requests/sec: 4365.37
Transfer/sec: 16.07MB
```

每秒处理了超过 4000 个请求，大大超过了 Flask 甚至 aiohttp。由于之前只运行了一个 aiohttp worker 进程，所以这并不是一个公平的比较(会得到相似的数字，NGINX 后面有 8 个 aiohttp worker)，但这显示了异步框架提供的吞吐能力。

9.3.2 WebSocket 与 Starlette

在传统的 HTTP 请求中，客户端向服务器发送一个请求，服务器返回一个响应，然后结束事务。如果想构建一个无需用户刷新即可更新的网页怎么办？例如，可能需要一个实时计数器来显示网站上当前有多少用户。可通过 HTTP 使用轮询端点的 JavaScript 来执行此操作，告诉网站上有多少用户。可每隔几秒访问一次端点，用最新结果更新页面。

虽然这可实现所需的结果，但也有缺点。主要缺点是在 Web 服务器上创建了额外的负载，每个请求和响应周期都需要额外的时间和资源。这尤其令人震惊，因为用户数可能不会在请求之间发生变化，从而导致系统因没有新信息而承受压力(可以通过缓存来缓解这种情况，但重点仍然存在，并且缓存引入了其他复杂性和开销)。HTTP 轮询相当于汽车后座上的孩子反复询问“我们到了吗？”

WebSocket 提供了 HTTP 轮询的另一种选择。与 HTTP 那样的请求/响应周期不同，我们建立了一个持久套接字。然后，就可通过这个套接字自由地发送数据。这个套接字是双向的，这意味着既可向服务器发送数据，也可从服务器接收数据，而不必每次都经历 HTTP 请求生命周期。为将它应用到显示最新用户计数的例子中，一旦连接到 WebSocket，服务器就可以告诉我们何时有一个新的用户计数。如图 9-1 所示，我们不需要重复请求，从而避免了创建额外的负载，并避免了接收到陈旧的数据。

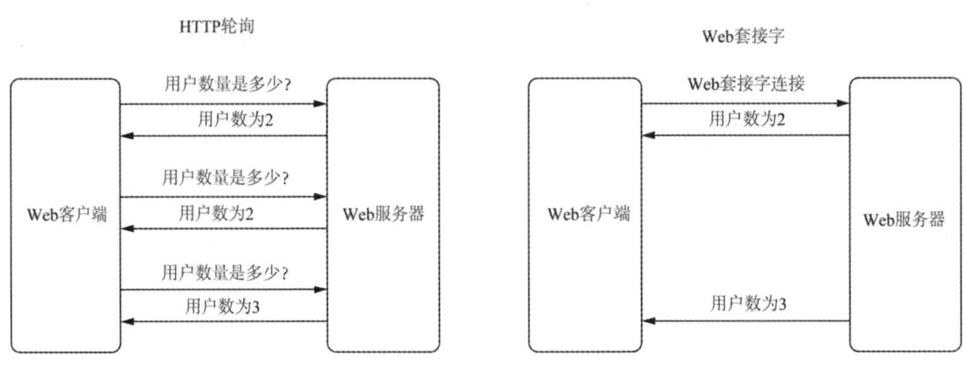

图 9-1 比较 HTTP 轮询与 WebSocke

Starlette 使用易于理解的方法为 WebSocket 提供开箱即用的支持。为了解这一点，我们将构建一个简单的 WebSocket 端点，它会告诉我们有多少用户同时连接到一个 WebSocket 端点。首先需要安装 WebSocket 支持：

```
pip install -Iv WebSocket==9.1
```

接下来，我们需要实现 WebSocket 端点。我们计划保留所有已连接客户端 WebSocket 的内存列表。当新客户端连接时，会将它们添加到列表中，并将新的用户计数发送给列表中的所有客户端。当客户端断开连接时，会将它们从列表中删除，并更新所有客户端，使它们具有最新的在线计数。还将添加一些基本的错误处理。如果发送消息导致异常发生，我们将从列表中删除客户端。

在 Starlette 中，可以继承 WebSocket Endpoint 来创建一个端点，从而处理 WebSocket 连接。这个类有一些我们需要实现的协程。第一个是 on_connect，它在客户端连接到套接字时被触发。在 on_connect 中，将客户端的 WebSocket 存储在一个列表中，并将列表的长度发送到其他所有套接字。第二个协程是 on_receive；当客户端连接向服务器发送消息时会触发此事件。在本例中，我们不需要实现该协程，因为不希望客户端发送任何数据。最后一个协程是 on_disconnect，它在客户端断开连接时运行。这种情况下，我们将从连接的 WebSocket 列表中删除客户端，并用最新的用户计数更新其他已经连接的客户端。

代码清单 9-9 Starlette WebSocket 端点

```
import asyncio
from starlette.applications import Starlette
from starlette.endpoints import WebSocketEndpoint
from starlette.routing import WebSocketRoute
```

```
class UserCounter(WebSocketEndpoint):
    encoding = 'text'
    sockets = []

    async def on_connect(self, websocket):       ◄── 当客户端连接时，将其添加到套接字列表，并通知其他用户新的在线计数。
        await websocket.accept()
        UserCounter.sockets.append(websocket)
        await self._send_count()

    async def on_disconnect(self, websocket, close_code):  ◄── 当客户端断开连接时，将其从套接字列表中删除并通知其他用户新的计数。
        UserCounter.sockets.remove(websocket)
        await self._send_count()

    async def on_receive(self, websocket, data):
        pass

    async def _send_count(self):      ◄── 通知其他用户当前连接了多少用户。如果发送时出现异常，则将其从列表中删除。
        if len(UserCounter.sockets) > 0:
            count_str = str(len(UserCounter.sockets))
            task_to_socket =
    {asyncio.create_task(websocket.send_text(count_str)): websocket
                              for websocket
                              in UserCounter.sockets}

            done, pending = await asyncio.wait(task_to_socket)

            for task in done:
                if task.exception() is not None:
                    if task_to_socket[task] in UserCounter.sockets:
                        UserCounter.sockets.remove(task_to_socket[task])

app = Starlette(routes=[WebSocketRoute('/counter', UserCounter)])
```

现在，需要定义一个页面来与 WebSocket 交互。将创建一个基本脚本来连接到 WebSocket 端点。当收到消息时，将使用最新的值来更新页面上的计数器。

代码清单 9-10 使用 WebSocket 端点

```
<!DOCTYPE html>
<html lang="">
<head>
    <title>Starlette Web Sockets</title>
    <script>
        document.addEventListener("DOMContentLoaded", () => {
            let socket = new WebSocket("ws://localhost:8000/counter");

            socket.onmessage = (event) => {
                const counter = document.querySelector("#counter");
                counter.textContent = event.data;
            };
        });
    </script>
</head>
<body>
    <span>Users online: </span>
    <span id="counter"></span>
</body>
</html>
```

在代码清单 9-10 中，大部分工作都将由脚本完成。首先连接到端点，然后定义一个 onmessage 回调。当服务器向我们发送数据时，运行此回调。在这个回调中，从 DOM 中获取一个特殊元素，并将其内容设置为我们收到的数据。请注意，在脚本中，直到 DOMContentLoaded 事件后，才会执行此代码，否则在脚本执行时计数器元素可能还不存在。

如果使用 uvicorn --workers 1 chapter_09.listing_9_9:app 启动服务器并打开网页，你应该会看到页面上显示的 1。如果你在单独的选项卡中多次打开该页面，应该会在所有选项卡上看到计数增量。关闭选项卡时，应该会看到所有已打开的选项卡的计数将减少。请注意，这里只使用了一个 worker，因为在内存中共享了状态(套接字列表)；如果使用多个 worker，每个 worker 将有自己的套接字列表。要正确部署程序，你需要使用持久性存储技术，如数据库。

现在可同时使用 aiohttp 和 Starlette 为 REST 和 WebSocket 端点创建基于异步的 Web 应用程序。虽然这些框架很受欢迎，但受欢迎程度与 Django 相比还存在很大差距。

9.4 Django异步视图

Django是最流行的Python框架之一。它具有丰富的开箱即用功能，从处理数据库的ORM(对象关系映射器)到可定制的管理控制台。在3.0版之前，Django应用程序支持单独部署为WSGI应用程序，并且对channels库之外的asyncio几乎没有支持。3.0版引入了对ASGI的支持，并开始支持Django完全异步技术。最新的3.1版获得了对异步视图的支持，允许你直接在Django视图中使用asyncio库。在撰写本书时，对Django的异步支持刚刚开始，整体功能集合仍然缺乏(例如，ORM是完全同步的，但将来会支持异步)。随着Django变得更具有异步意识，预计对此的支持会持续增长和发展。

让我们通过构建一个在视图中使用aiohttp的小应用程序来学习如何使用异步视图。想象一下，我们正在与外部REST API集成，并且想要构建一个实用程序来同时运行几个请求，以查看响应时间、正文长度以及有多少失败产生(异常)。我们构建一个视图，将URL和请求计数作为查询参数，并调用此URL，然后聚合结果，通过表格格式返回它们。

首先安装合适的Django版本：

```
pip install -Iv django==3.2.8
```

现在使用Django管理工具为应用程序创建骨架。将项目称为async_views：

```
django-admin startproject async_views
```

运行此命令后，你应该会看到使用以下结构创建的名为async_views的目录：

```
async_views/
    manage.py
    async_views/
        __init__.py
        settings.py
        urls.py
        asgi.py
        wsgi.py
```

请注意，我们有一个wsgi.py和一个asgi.py文件，这表明可以部署到这两类网关接口。你现在应该能使用Uvicorn来提供基本的Django hello world页面。在顶级async_views目录运行以下命令：

```
gunicorn async_views.asgi:application -k uvicorn.workers.UvicornWorker
```

此后，当访问 localhost:8000 时，应该会看到 Django 欢迎页面(如图 9-2 所示)。

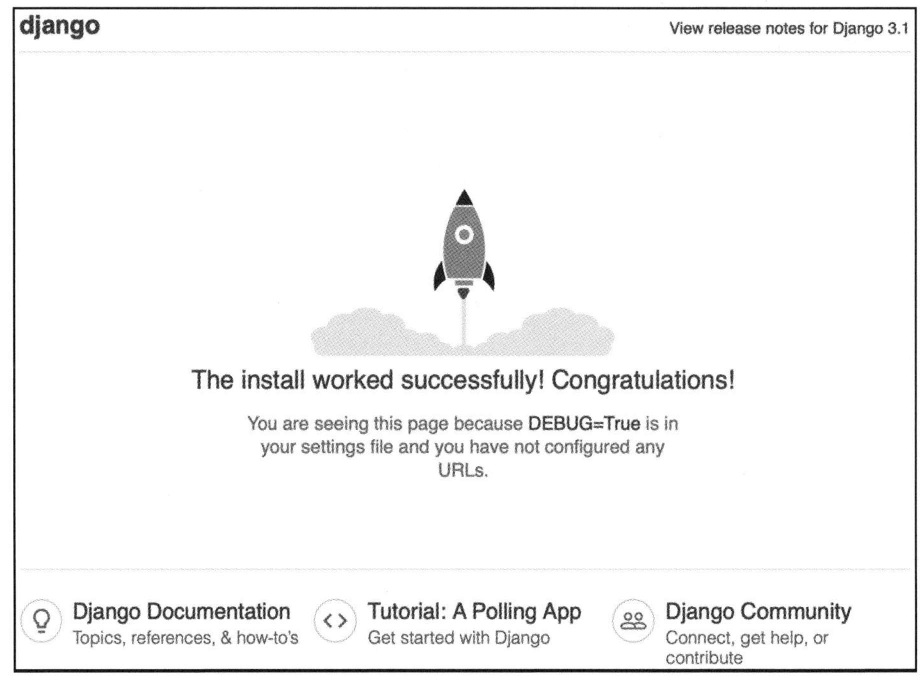

图 9-2 Django 欢迎页面

接下来需要创建应用程序，将其称为 async_api。在 async_views 目录中，运行 python manage.py startapp async_api。这将为 async_api 应用程序构建模型、视图和其他文件。

现在，我们拥有了创建第一个异步视图所需的一切。在 async_api 目录中应该有一个 views.py 文件。在其中，我们可以通过简单地将视图声明为协程来将其指定为异步视图。在这个文件中，将添加一个异步视图来同时发出 HTTP 请求，并在 HTML 表中显示它们的状态代码和其他数据。

代码清单 9-11 Django 异步视图

```
import asyncio
from datetime import datetime
from aiohttp import ClientSession
from django.shortcuts import render
import aiohttp
async def get_url_details(session: ClientSession, url: str):
```

```
        start_time = datetime.now()
        response = await session.get(url)
        response_body = await response.text()
        end_time = datetime.now()
        return {'status': response.status,
                'time': (end_time - start_time).microseconds,
                'body_length': len(response_body)}


async def make_requests(url: str, request_num: int):
    async with aiohttp.ClientSession() as session:
        requests = [get_url_details(session, url) for _ in
    range(request_num)]
        results = await asyncio.gather(*requests,
    return_exceptions=True)
        failed_results = [str(result) for result in results if
    isinstance(result, Exception)]
        successful_results = [result for result in results if not
    isinstance(result, Exception)]
       return {'failed_results': failed_results, 'successful_results':
    successful_results}


async def requests_view(request):
    url: str = request.GET['url']
    request_num: int = int(request.GET['request_num'])
    context = await make_requests(url, request_num)
    return render(request, 'async_api/requests.html', context)
```

在代码清单 9-11 中，首先创建了一个协程来发出请求并返回一个包含响应状态、请求总时间和响应正文长度的字典。接下来定义一个名为 requests_view 的异步视图协程。此视图从查询参数中获取 URL 和请求计数，然后通过 get_url_details 与 gather 同时发出请求。最后，从所有失败中过滤出成功的响应，并将结果放入上下文字典中，将其传递给 render 以构建响应。请注意，还没有为响应构建模板，并且只是暂时传入 async_views/requests.html。接下来构建模板，以便查看结果。

首先，需要在 async_api 目录下创建一个模板目录，然后需要在模板目录中创建一个 async_api 文件夹。一旦有了这个目录结构，就可在 async_api/templates/async_api 中添加一个视图。将此视图命名为 requests.html，我们将从视图中遍历上下文字典，并将结果以表格格式输出。

代码清单 9-12 requests 视图

```
<!DOCTYPE html>
<html lang="en">
<head>
    <meta charset="UTF-8">
    <title>Request Summary</title>
</head>
<body>
<h1>Summary of requests:</h1>
<h2>Failures:</h2>
<table>
    {% for failure in failed_results %}
    <tr>
        <td>{{failure}}</td>
    </tr>
    {% endfor %}
</table>
<h2>Successful Results:</h2>
<table>
    <tr>
        <td>Status code</td>
        <td>Response time (microseconds)</td>
        <td>Response size</td>
    </tr>
    {% for result in successful_results %}
    <tr>
        <td>{{result.status}}</td>
        <td>{{result.time}}</td>
        <td>{{result.body_length}}</td>
    </tr>
    {% endfor %}
</table>
</body>
</html>
```

我们创建了两个表：一个显示我们遇到的任何异常，另一个显示能获得的成功结果。虽然这个页面比较简陋，但它会包含我们想要的所有相关信息。

接下来，需要使用模板，并查看一个 URL，这样在浏览器中点击它时它就会运行。

在 async_api 文件夹中，使用以下内容创建一个 url.py 文件。

代码清单 9-13　async_api/url.py 文件

```
from django.urls import path
from . import views

app_name = 'async_api'

urlpatterns = [
   path('', views.requests_view, name='requests'),
]
```

现在，需要在 Django 应用程序中包含 async_api 应用程序的 URL。在 async_views/async_views 目录中，你应该已经有一个 urls.py 文件。在此文件中，需要修改 urlpatterns 列表，从而引用 async_api，完成后应如下所示：

```
from django.contrib import admin
from django.urls import path, include
urlpatterns = [
    path('admin/', admin.site.urls),
    path('requests/', include('async_api.urls'))
]
```

最后，需要将 async_views 添加到已安装的应用程序中。在 async_views/async_views/settings.py 中，修改 INSTALLED_APPS 列表，并包含 async_api。修改后，它应该如下所示：

```
INSTALLED_APPS = [
    'django.contrib.admin',
    'django.contrib.auth',
    'django.contrib.contenttypes',
    'django.contrib.sessions',
    'django.contrib.messages',
    'django.contrib.staticfiles',
    'async_api'
]
```

现在，终于拥有了运行应用程序所需的一切。可使用我们第一次创建 Django 应用时使用的 gunicorn 命令来启动应用程序。现在，可访问端点并发出请求。例如，如果要同时单击 example.com 10 次，并获得结果，请访问：

```
http://localhost:8000/requests/?url=http://example .com&request_num
=10
```

虽然你的机器上的数字会有所不同，但你应该会看到如图 9-3 所示的页面。

localhost

Summary of requests:

Failures:

Successful Results:

Status code	Response time (microseconds)	Response size
200	51604	1256
200	46196	1256
200	63883	1256
200	61545	1256
200	62322	1256
200	61387	1256
200	63271	1256
200	61143	1256
200	62448	1256
200	62659	1256

图 9-3　requests 的异步视图

我们现在已经构建了一个 Django 视图，它可以通过 ASGI 托管来并发任意数量的 HTTP 请求，但是如果你处于无法使用 ASGI 的情况该怎么办？也许你正在使用依赖于它的旧应用程序，你还能托管一个异步视图吗？可通过使用 wsgi.py 中的 WSGI 应用程序在 gunicorn 下运行应用程序来尝试这一点，并通过以下命令使用同步 worker：

```
gunicorn async_views.wsgi:application
```

你仍然应该能够访问请求端点，并且一切正常。那么这是如何工作的呢？当 WSGI 应用程序运行时，每次单击异步视图时都会创建一个新的事件循环。可通过在视图中的某处添加几行代码来证明这一点：

```
loop = asyncio.get_running_loop()
print(id(loop))
```

id 函数将返回一个整数，该整数可以确保在对象的生命周期内是唯一的。当作为 WSGI 应用程序运行时，每次点击请求端点时，都会输出一个不同的整数，表明基于每个请求创建一个新的事件循环。在作为 ASGI 应用程序运行时，保持相同的代码，并且每次都会输出相同的整数，因为 ASGI 对整个应用程序只有一个事件循环。

这意味着即使作为 WSGI 应用程序运行，也可获得异步视图和并发运行程序的优势。但是，除非你将其部署为 ASGI 应用程序，否则任何需要事件循环才能跨越多个请求的工作都将无法完成。

9.4.1　在异步视图中运行阻塞工作

在异步视图中阻塞工作会发生什么？我们仍然处于一个许多库是为同步而设计的环境中，但这与单线程并发模型不兼容。ASGI 规范有一个名为 sync_to_async 的函数来处理这些情况。

在第 7 章中，我们看到可在线程池执行器中运行同步 API，并取回可与 asyncio 一起使用的可等待对象。sync_to_async 函数本质上就是这样做的，但有一些值得注意的警告。

第一个警告是 sync_to_async 具有线程敏感性的概念。许多情况下，具有共享状态的同步 API 并非设计为可以从多个线程调用，这样做可能导致竞态条件。为了解决这个问题，sync_to_async 默认为“线程敏感”模式(具体来说，该函数有一个默认为 True 的 thread_sensitive 标志)。这使得我们传入的任何同步代码都在 Django 的主线程中运行。这意味着这里所做的任何阻塞动作，都会阻塞整个 Django 应用程序，从而使我们失去异步堆栈所带来的优势。

对于那些线程不敏感的情况(换句话说，当没有共享状态，或者共享状态不依赖于特定线程时)，我们可将 thread_sensitive 更改为 False。这将使每次调用都可以在一个新的线程中运行，而且不会阻塞 Django 主线程，并保留异步堆栈的更多优势。

为实现这一点，让我们创建一个新视图来测试 sync_to_async 的变化。我们将创建一个使用 time.sleep 将线程进入休眠状态的函数，并将其传递给 sync_to_async。将向端点添加一个查询参数，以便轻松地在线程敏感模式之间切换，以查看变化。首先，将以下定义添加到 async_views/async_api/views.py。

代码清单 9-14　sync_to_async 视图

```
from functools import partial
from django.http import HttpResponse
from asgiref.sync import sync_to_async

def sleep(seconds: int):
    import time
```

```
        time.sleep(seconds)

    async def sync_to_async_view(request):
        sleep_time: int = int(request.GET['sleep_time'])
        num_calls: int = int(request.GET['num_calls'])
        thread_sensitive: bool = request.GET['thread_sensitive'] == 'True'
        function = sync_to_async(partial(sleep, sleep_time),
          thread_sensitive=thread_sensitive)
        await asyncio.gather(*[function() for _ in range(num_calls)])
        return HttpResponse('')
```

接下来，将以下内容添加到 async_views/async_api/urls.py 的 urlpatterns 列表中，从而连接视图：

```
path('sync_to_async', views.sync_to_async_view)
```

现在，我们完成了对程序的修改。为了测试这一点，让我们在线程不敏感模式下调用以下 URL 休眠 5 秒(共 5 次)：

```
http://127.0.0.1:8000/requests/sync_to_async?sleep_time=5&num_calls
=5&thread_sensitive=False
```

你会注意到，这只需要 5 秒即可完成，因为我们正在运行多个线程。你还会注意到，如果你多次点击此 URL，每个请求仍然只需要 5 秒，这表明请求没有相互阻塞。现在，将 thread_sensitive url 参数更改为 True，你会看到完全不同的结果。首先，视图需要 25 秒才能返回，因为它按顺序进行了 5 次 5 秒的调用。其次，如果你多次点击 URL，每个都会阻塞，直到另一个完成，因为我们阻塞了 Django 的主线程。sync_to_async 函数提供了多种使用现有代码和异步视图的选项，但你需要了解正在运行的程序的线程敏感性，以及这可能对异步性能优势造成的限制。

9.4.2 在同步视图中使用异步代码

我们遇到的下一个问题是，“如果有一个同步视图，但我想使用异步库怎么办？”ASGI 规范还有一个名为 async_to_sync 的特殊函数。该函数接收协程，并在事件循环中运行它，以同步方式返回结果。如果没有事件循环(如 WSGI 应用程序中的情况)，则会在每次请求时创建一个新的事件循环。否则，这将在当前事件循环中运行(就像我们作为 ASGI 应用程序运行时的情况一样)。为了更清楚地了解这些变化，让我们创建一个新版本的请求端点作为同步视图，同时仍然使用异步请求函数。

代码清单 9-15　在同步视图中调用异步代码

```
from asgiref.sync import async_to_sync

def requests_view_sync(request):
    url: str = request.GET['url']
    request_num: int = int(request.GET['request_num'])
    context = async_to_sync(partial(make_requests, url, request_num))()
    return render(request, 'async_api/requests.html', context)
```

接下来，将以下内容添加到 urls.py 的 urlpatterns 列表中：

```
path('async_to_sync', views.requests_view_sync)
```

然后，你将能够点击以下 url，看到的结果与我们在第一个异步视图中看到的相同：

```
http://localhost:8000/requests/async_to_sync?url=http://example.com
&request_num=10
```

即使在同步的 WSGI 环境中，sync_to_async 也能让我们在不完全异步的情况下获得异步堆栈的一些性能优势。

9.5　本章小结

在本章中，我们学习了以下内容：

- 创建基本的 RESTful API，这些 API 使用 aiohttp 和 asyncpg 连接到数据库。
- 使用 Starlette 创建符合 ASGI 的 Web 应用程序。
- 使用带有 Starlette 的 WebSocket 来构建具有最新信息的 Web 应用程序，而不需要 HTTP 轮询。
- 在 Django 中使用异步视图，在同步视图中使用异步代码(反之亦然)。

第10章

微服务

本章内容：

- 微服务基础
- BFF(backend for frontend)模式
- 使用 asyncio 处理微服务通信
- 使用 asyncio 处理失败和重试

许多 Web 应用程序被构建为单体应用程序。单体应用程序通常是包含多个模块的大中型应用程序，这些模块作为一个单元独立部署和管理。虽然这种模型本质上没有任何问题(单体应用程序非常好，甚至更可取，因为它们通常更简单)，但确实存在缺点。

例如，如果你对单体应用程序进行小幅更改，则需要重新部署整个应用程序，那些没有更改的部分也需要重新部署。例如，一个单一的电子商务应用程序可能在一个应用程序中具有订单管理和产品列表端点，这意味着对产品端点的调整需要重新部署订单管理代码。微服务架构可帮助消除这些痛点。我们可为订单和产品创建单独的服务，此后一项服务的更改不会影响另一项服务。

在本章中，我们将更多地了解微服务及其背后的原理。我们将学习一种称为 backend-for-frontend 的模式，并将其应用于电子商务微服务架构。然后将使用 aiohttp 和 asyncpg 实现这个 API，学习如何使用并发来帮助提高应用程序的性能。还将学习如何正确处理故障，并使用断路器模式进行重试，以构建更强大的应用程序。

10.1 什么是微服务

首先，让我们定义什么是微服务。这是一个相当棘手的问题，因为没有标准化的定义，在业界关于微服务有很多不同的定义。通常，微服务遵循一些指导原则：

- 它们是松散耦合且可独立部署的。
- 它们有自己独立的堆栈，包括数据模型。
- 它们通过 REST 或 gRPC 等协议相互通信。
- 它们遵循“单一责任”原则，也就是说，一个微服务应该“做一件事，并把它做好”。

让我们将这些原则应用于电子商务商铺的具体示例。在像这样的应用程序中，用户向组织提供运输和支付信息，然后购买产品。在单体架构中，由一个应用程序和一个数据库来管理用户数据、账户数据(例如他们的订单和运输信息)以及产品。在微服务架构中，将有多个服务，每个服务都有自己的数据库来处理不同的问题。可能有一个带有自己的数据库的产品 API，它只处理产品相关的数据。还可能有一个带有自己的数据库的用户 API，它处理用户账户相关的信息。

为什么选择这种架构风格而不是单体架构？单体架构对于大多数应用来说都非常好，它们更易于管理。进行代码更改后，需要运行所有测试套件以确保看似很小的更改不会影响系统的其他区域。运行测试后，将应用程序部署为一个单元。应用程序在负载下表现不佳？这种情况下，你可以水平或垂直扩展，部署更多应用程序实例或部署到更强大的机器以支持额外用户。虽然管理单体架构在操作上更简单，但这种简单性往往也是其最大的缺点；具体使用哪种模式，需要你自己根据情况进行权衡。

10.1.1 代码的复杂性

随着应用程序的增长和获得更多新功能，它的复杂性也在增加。数据模型可能变得更加耦合，导致无法预料和难以理解的依赖关系。技术问题越来越大，使开发变得更慢、更复杂。虽然任何开发中的系统都是如此，但具有多个关注点的大型代码库可能加剧这种情况。

10.1.2 可扩展性

在单体架构中，如果你需要扩展，则需要添加整个应用程序的更多实例，这可能导致技术成本效率低下。在电子商务应用程序的环境中，你获得的订单通常比浏览产品的人少得多。在单体架构中，要扩大规模以支持更多查看你产品的人，你也扩大了订单处理能力(而订单处理能力的增加，其实是对资源的浪费)。在微服务架构中，可只扩展查阅产品服务，并保持订单服务不变。

10.1.3　团队和堆栈独立性

随着开发团队的壮大，新挑战也随之出现。想象一下，你有 5 个团队在同一个单一的代码库上工作，每个团队每天提交几次代码。合并冲突将成为每个人都需要处理的日益严重的问题，跨团队协调部署也是如此。对于独立的、松散耦合的微服务来说，这不再是一个问题。如果一个团队拥有一项服务，可以在很大程度上独立地处理和部署该服务。如果需要，这也允许团队使用不同的技术堆栈，一种服务可以使用 Java，另一种使用 Python。

10.1.4　asyncio 如何提供帮助

微服务通常需要通过 REST 或 gRPC 等协议相互通信。由于我们可能同时与多个微服务通信，这开启了并发运行请求的可能性，创造了比同步应用程序更高的效率。

除了从异步堆栈中获得的资源效率优势，还获得了异步 API 的错误处理优势，例如 wait 和 gather，它允许我们从一组协程或任务中聚合异常。如果一组特定的请求花费的时间太长或者该组的一部分出现异常，我们可以轻松地处理它们。现在我们了解了微服务背后的基本原理，让我们学习一种常见的微服务架构模式，并看看如何实现它。

10.2　backend-for-frontend 模式

在微服务架构中构建 UI 时，通常需要从多个服务中获取数据来创建特定的 UI 视图。例如，如果正在构建用户订单历史 UI，可能必须从订单服务中获取用户的订单历史，并将其与来自产品服务的产品数据合并。根据要求，可能还需要来自其他服务的数据。

这给前端客户端带来一些挑战。首先是用户体验问题。对于独立服务，UI 客户端必须通过 Internet 对每项服务进行一次调用。这带来了加载 UI 的延迟和时间问题。不能假设所有用户都有良好的互联网连接或高性能的计算机，有些用户可能在接收信号较差的地区使用手机作为热点进行网络连接，有些用户可能使用较旧的计算机，有些用户可能身处根本无法访问高速互联网的发展中国家。如果我们对 5 个服务发出 5 个慢速请求，可能导致比发出一个慢速请求更多的问题。

除了网络延迟挑战，我们还面临与良好软件设计原则相关的挑战。想象一下，我们既有基于 Web 的 UI，也有 iOS 和 Android 移动 UI。如果直接调用每个服务，并合并生成的响应，则需要在三个不同的客户端之间复制逻辑；这是多余的，并面临客户端之间出现逻辑不一致的风险。

虽然有许多微服务设计模式，但可以帮助我们解决上述问题的是 backend-for-frontend 模式。在这个设计模式中，我们创建了一个新服务来进行这些调用，并聚合响应，而不是通过 UI 直接与服务通信。这解决了问题，现在可以只发出一个请求，而不是发出多个请求，从而减少互联网上的数据通信。还可在此服务中嵌入与故障转移或重试相关的任何逻辑，直至使客户不必重复相同的逻辑；如果确实需要更改逻辑，也可以方便地更新逻辑。这也为不同类型的客户端启用了多种 backend-for-frontend 服务。需要与之通信的服务可能根据调用者是移动客户端还是基于 Web 的 UI 而异。如图 10-1 所示。现在我们了解了 backend-for-frontend 设计模式及其能够解决的问题，让我们为电子商务商铺构建 backend-for-frontend 服务。

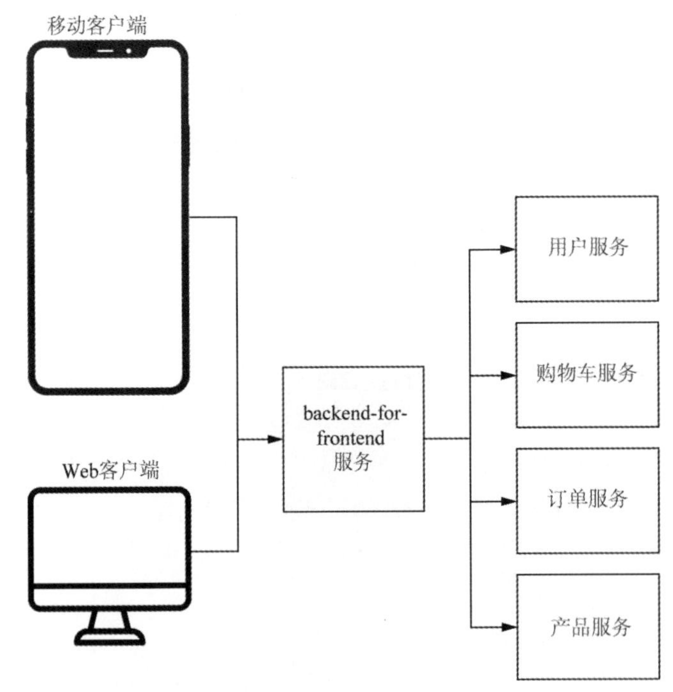

图 10-1　backend-for-frontend 设计模式

10.3　实施产品列表 API

让我们为电子商务商铺的所有产品页面实现 backend-for-frontend 模式。在此页面显示网站上的所有可用产品，以及有关用户购物车和菜单栏中收藏项目的基本信息。为增加销售额，当只有少数商品可被购买时，该页面会发出低库存警告。页面顶部还有一个导航栏，其中包含有关用户最喜欢产品的信息，以及购物车中的数据。图 10-2 展示了产品列表页面的模型。

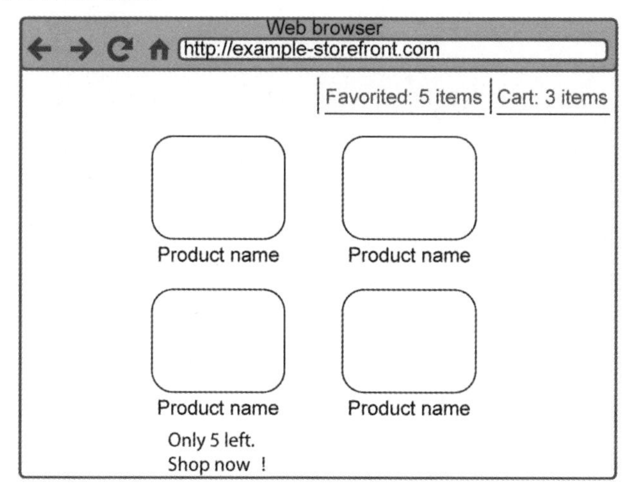

图 10-2　产品列表页面的模型

给定一个具有多个独立服务的微服务架构，需要从每个服务请求适当的数据，并将它们拼接在一起，从而形成一个完整的响应。首先定义需要的基本服务和数据模型。

10.3.1　“用户收藏”服务

该服务将跟踪用户收藏夹列表中的产品 ID 映射。接下来，需要实现这些服务来支持 backend-for-frontend 产品、库存、用户购物车和用户收藏。

用户购物车服务

这包含从用户 ID 到他们放入购物车的产品 ID 的映射；数据模型与用户收藏的服务相同。

库存服务

这包含从产品 ID 到该产品的可用库存的映射。

产品服务

这包含产品信息，例如描述和 sku。这类似于我们在第 9 章中围绕产品数据库实现的服务。

10.3.2 实现基础服务

首先为库存服务实现 aiohttp 应用程序，这是最简单的服务。对于这项服务，我们不会创建单独的数据模型；相反，只返回一个 0 到 100 之间的随机数来模拟当前库存。还将添加一个随机延迟来模拟服务间歇性变慢，将使用它来演示如何处理产品列表服务中的超时。出于开发目的，将在端口 8001 上托管这个服务，因此它不会干扰我们在第 9 章中运行在端口 8000 上的产品服务。

代码清单 10-1 库存服务

```
import asyncio
import random
from aiohttp import web
from aiohttp.web_response import Response

routes = web.RouteTableDef()

@routes.get('/products/{id}/inventory')
async def get_inventory(request: Request) -> Response:
    delay: int = random.randint(0, 5)
    await asyncio.sleep(delay)
    inventory: int = random.randint(0, 100)
    return web.json_response({'inventory': inventory})

app = web.Application()
app.add_routes(routes)
web.run_app(app, port=8001)
```

接下来实现用户购物车和用户收藏的服务。两者的数据模型相同，因此服务几乎相同，不同之处在于表名。让我们从“用户购物车”和“用户收藏”这两个数据模型开始。还将在这些表中插入一些记录，因此有了一些数据来开始我们的工作。我们将从用户购物车表开始。

代码清单 10-2　用户购物车表

```
CREATE TABLE user_cart(
    user_id INT NOT NULL,
    product_id INT NOT NULL
);

INSERT INTO user_cart VALUES (1, 1);
INSERT INTO user_cart VALUES (1, 2);
INSERT INTO user_cart VALUES (1, 3);
INSERT INTO user_cart VALUES (2, 1);
INSERT INTO user_cart VALUES (2, 2);
INSERT INTO user_cart VALUES (2, 5);
```

接下来将创建用户收藏表，并插入一些值，这看起来与上一张表非常相似。

代码清单 10-3　用户收藏表

```
CREATE TABLE user_favorite
(
    user_id INT NOT NULL,
    product_id INT NOT NULL
);

INSERT INTO user_favorite VALUES (1, 1);
INSERT INTO user_favorite VALUES (1, 2);
INSERT INTO user_favorite VALUES (1, 3);
INSERT INTO user_favorite VALUES (3, 1);
INSERT INTO user_favorite VALUES (3, 2);
INSERT INTO user_favorite VALUES (3, 3);
```

为了模拟多个数据库，需要在每个 Postgres 数据库中创建这些表。回顾第 5 章，我们可使用 psql 命令行实用程序运行任意 SQL，这意味着可使用以下两个命令为用户收藏和用户购物车创建两个数据库：

```
sudo -u postgres psql -c "CREATE DATABASE cart;"
sudo -u postgres psql -c "CREATE DATABASE favorites;"
```

由于现在需要设置和断开与多个不同数据库的连接，在服务中创建一些可重用的代码来创建 asyncpg 连接池。我们将在 aiohttp on_startup 和 on_cleanup hook 中重用它。

代码清单 10-4　创建和删除数据库池

```
import asyncpg
from aiohttp.web_app import Application
from asyncpg.pool import Pool

DB_KEY = 'database'

async def create_database_pool(app: Application,
                               host: str,
                               port: int,
                               user: str,
                               database: str,
                               password: str):

    pool: Pool = await asyncpg.create_pool(host=host,
                                           port=port,
                                           user=user,
                                           password=password,
                                           database=database,
                                           min_size=6,
                                           max_size=6)
    app[DB_KEY] = pool

async def destroy_database_pool(app: Application):
    pool: Pool = app[DB_KEY]
    await pool.close()
```

代码清单 10-4 应该类似于我们在第 5 章中编写的用于建立数据库连接的代码。在 create_database_pool 中，创建一个连接池，然后将其放入 Application 实例中。在 destroy_database_pool 中，从应用程序实例中获取连接池，并在使用后关闭它。

接下来创建服务。在 REST 术语中，收藏夹和购物车都是特定用户的子实体。这意味着每个端点的 root 都将是用户，并将接收用户 ID 作为输入。例如，/users/3/favorites 将为用户 id 3 获取收藏的产品。首先，将创建用户收藏服务。

代码清单 10-5　用户收藏服务

```
import functools
from aiohttp import web
from aiohttp.web_request import Request
from aiohttp.web_response import Response
from chapter_10.listing_10_4 import DB_KEY, create_database_pool,
    destroy_database_pool

routes = web.RouteTableDef()

@routes.get('/users/{id}/favorites')
async def favorites(request: Request) -> Response:
    try:
        str_id = request.match_info['id']
        user_id = int(str_id)
        db = request.app[DB_KEY]
        favorite_query = 'SELECT product_id from user_favorite where
    user_id = $1'
        result = await db.fetch(favorite_query, user_id)
        if result is not None:
            return web.json_response([dict(record) for record in
    result])
        else:
            raise web.HTTPNotFound()
    except ValueError:
        raise web.HTTPBadRequest()

app = web.Application()
app.on_startup.append(functools.partial(create_database_pool,
                                        host='127.0.0.1',
                                        port=5432,
                                        user='postgres',
                                        password='password',
                                        database='favorites'))
app.on_cleanup.append(destroy_database_pool)

app.add_routes(routes)
web.run_app(app, port=8002)
```

接下来创建用户购物车服务。这段代码看起来与之前的服务非常相似，主要区别在于将与 user_cart 表进行交互。

代码清单 10-6 用户购物车服务

```
import functools
from aiohttp import web
from aiohttp.web_request import Request
from aiohttp.web_response import Response
from chapter_10.listing_10_4 import DB_KEY, create_database_pool,
    destroy_database_pool

routes = web.RouteTableDef()

@routes.get('/users/{id}/cart')
async def time(request: Request) -> Response:
    try:
        str_id = request.match_info['id']
        user_id = int(str_id)
        db = request.app[DB_KEY]
        favorite_query = 'SELECT product_id from user_cart where user_id = $1'
        result = await db.fetch(favorite_query, user_id)
        if result is not None:
            return web.json_response([dict(record) for record in result])
        else:
            raise web.HTTPNotFound()
    except ValueError:
        raise web.HTTPBadRequest()

app = web.Application()
app.on_startup.append(functools.partial(create_database_pool,
                                        host='127.0.0.1',
                                        port=5432,
                                        user='postgres',
                                        password='password',
                                        database='cart'))
app.on_cleanup.append(destroy_database_pool)

app.add_routes(routes)
web.run_app(app, port=8003)
```

最后，将实现产品服务。这将类似于在第 9 章中构建的 API，不同之处在于将从数据库中获取所有产品，而不仅是一个。通过代码清单 10-7，我们创建了四项服务来支持虚拟的电子商务商铺。

代码清单 10-7　产品服务

```
import functools
from aiohttp import web
from aiohttp.web_request import Request
from aiohttp.web_response import Response
from chapter_10.listing_10_4 import DB_KEY, create_database_pool,
     destroy_database_pool

routes = web.RouteTableDef()

@routes.get('/products')
async def products(request: Request) -> Response:
    db = request.app[DB_KEY]
    product_query = 'SELECT product_id, product_name FROM product'
    result = await db.fetch(product_query)
    return web.json_response([dict(record) for record in result])

app = web.Application()
app.on_startup.append(functools.partial(create_database_pool,
                                        host='127.0.0.1',
                                        port=5432,
                                        user='postgres',
                                        password='password',
                                        database='products'))
app.on_cleanup.append(destroy_database_pool)

app.add_routes(routes)
web.run_app(app, port=8000)
```

10.3.3　实现 backend-for-frontend 服务

接下来构建 backend-for-frontend 服务。将首先根据 UI 的需求对 API 提出一些要求。产品加载时间对应用程序至关重要，因为用户等待的时间越长，他们继续浏览网站的可能性就越小，购买产品的可能性就更小。这使得我们的要求集中在尽快向用户提供最少的可浏览数据：

- API 等待产品服务的时间不能超过 1 秒。如果时间超过 1 秒，我们应该响应超时错误(HTTP 代码 504)，因此 UI 不会无限期挂起。
- 用户购物车和收藏夹数据是可选的。如果能在 1 秒内处理完毕，那将很好，但如果不能，我们应该只返回拥有的产品数据。
- 产品的库存数据也是可选的。如果不能获取它，只需要返回产品数据即可。

可为自己提供一些方法来绕过慢速服务或崩溃，以及其他存在网络问题的服务。这使服务以及使用它的用户界面更具弹性。虽然它可能并不总是拥有所有数据来提供完整的用户体验，但足以创造一种可用的体验。即使结果是产品服务的灾难性失败，也不会让用户陷入无限期的等待中。

接下来定义我们的响应。导航栏所需的只是购物车和收藏夹列表中的商品数量，因此我们的响应只是将它们表示为标量值。由于购物车或收藏夹服务可能会超时或出现错误，我们将允许此值为 null。对于产品数据，只需要用库存值来填充普通产品数据，因此将把这些数据添加到 products 数组中。这意味着将收到类似于以下内容的响应：

```
{
 "cart_items": 1,
 "favorite_items": null,
 "products": [{"product_id": 4, "inventory": 4},
              {"product_id": 3, "inventory": 65}]
}
```

这种情况下，用户的购物车中有一件商品。他们可能有最喜欢的商品，但得到的结果却是 null，这是因为访问收藏服务时出现问题。最后，有两种产品要展示，分别有 4 件和 65 件库存商品。

那么应该如何实现这个功能呢？需要通过 HTTP 与 REST 服务进行通信，因此 aiohttp 的 Web 客户端功能是一个很好的选择，因为已经使用该框架的 Web 服务器。接下来，如何对它们进行分组并管理超时？首先，应该考虑可以同时运行的最多请求。可以同时运行的越多，理论上可以越快地向客户返回响应。在我们的例子中，不能在获得产品 ID 之前查询库存，因此不能同时运行它，但是产品、购物车和收藏的服务并不相互依赖。这意味着可使用诸如 wait 的异步 API 同时运行它们。使用带有超时的 wait 将提供一个 done 集合，我们可在其中检查哪些请求以错误的方式完成，哪些请求在超时后仍在运行，从而让我们有机会处理所有失败。然后，一旦有了产品 ID 以及潜在的用户收藏和购物车数据，就可以将最终响应拼接在一起，并将其发送回客户端。

我们将创建一个端点/products/all 来执行此操作，以返回相关数据。通常，我们希望在 URL、请求标头或 cookie 中的某处存储当前登录用户的 ID，因此我们可在向下游服务发出请求时使用它。在这个例子中，为简单起见，我们只是将这个 ID 硬编码到程序中。

代码清单 10-8　产品的 backend-for-frontend

```
import asyncio
from asyncio import Task
import aiohttp
from aiohttp import web, ClientSession
from aiohttp.web_request import Request
from aiohttp.web_response import Response
import logging
from typing import Dict, Set, Awaitable, Optional, List

routes = web.RouteTableDef()

PRODUCT_BASE = 'http://127.0.0.1:8000'
INVENTORY_BASE = 'http://127.0.0.1:8001'
FAVORITE_BASE = 'http://127.0.0.1:8002'
CART_BASE = 'http://127.0.0.1:8003'

@routes.get('/products/all')
async def all_products(request: Request) -> Response:
    async with aiohttp.ClientSession() as session:
        products = asyncio.create_task(session.get(f'{PRODUCT_BASE}/
    products'))
        favorites =
           asyncio.create_task(session.get(f'{FAVORITE_BASE}/users/
    3/favorites'))
        cart = asyncio.create_task(session.get(f'{CART_BASE}/users/
    3/cart'))

        requests = [products, favorites, cart]
        done, pending = await asyncio.wait(requests, timeout=1.0)  ←  创建任务来查询我们拥有的三个服务，并运行它们。

        if products in pending:  ←  如果产品请求超时，则返回错误，因为我们无法继续。
```

```
            [request.cancel() for request in requests]
            return web.json_response({'error': 'Could not reach
        products service.'},
                status=504)
        elif products in done and products.exception() is not None:
            [request.cancel() for request in requests]
            logging.exception('Server error reaching product
        service.',
                exc_info=products.exception())
            return web.json_response({'error': 'Server error reaching
        products
                service.'}, status=500)
        else:
            product_response = await products.result().json()
            product_results: List[Dict] = await
        get_products_with_inventory(session,
                product_response)

            cart_item_count: Optional[int] = await get_response_item_
        count(cart,
                done,
                pending,
                'Error getting

            user cart.')
            favorite_item_count: Optional[int] = await get_response_
        item_count(favorites,
                    done,
                    pending,
                    'Error
            getting user favorites.')
        return web.json_response({'cart_items': cart_item_count,
                                  'favorite_items': favorite_item_count,
                                  'products': product_results})

async def get_products_with_inventory(session: ClientSession,
            product_response) -> List[Dict]:
    def get_inventory(session: ClientSession, product_id: str) -> Task:
        url = f"{INVENTORY_BASE}/products/{product_id}/inventory"
```

从产品响应中提取数据，并获取库存数据。

给定一个产品响应，请求库存。

```
            return asyncio.create_task(session.get(url))

        def create_product_record(product_id: int, inventory:
Optional[int]) -> Dict:
            return {'product_id': product_id, 'inventory': inventory}

        inventory_tasks_to_product_id = {
            get_inventory(session, product['product_id']): product
['product_id'] for product
                in product_response
        }

        inventory_done, inventory_pending = await
            asyncio.wait(inventory_tasks_to_product_id.keys(), timeout=1.0)

        product_results = []

        for done_task in inventory_done:
            if done_task.exception() is None:
                product_id = inventory_tasks_to_product_id[done_task]
                inventory = await done_task.result().json()
                product_results.append(create_product_record(product_id,
                  inventory['inventory']))
            else:
                product_id = inventory_tasks_to_product_id[done_task]
                product_results.append(create_product_record(product_id, None))
                logging.exception(f'Error getting inventory for id
            {product_id}',
                                    exc_info=inventory_tasks_to_product_
            id[done_task]
                  .exception())

        for pending_task in inventory_pending:
            pending_task.cancel()
            product_id = inventory_tasks_to_product_id[pending_task]
            product_results.append(create_product_record(product_id, None))

        return product_results
```

```
async def get_response_item_count(task: Task,
                                  done: Set[Awaitable],
                                  pending: Set[Awaitable],
                                  error_msg: str) -> Optional[int]:
    if task in done and task.exception() is None:
        return len(await task.result().json())
    elif task in pending:
        task.cancel()
    else:
        logging.exception(error_msg, exc_info=task.exception())
    return None


app = web.Application()
app.add_routes(routes)
web.run_app(app, port=9000)
```

获取 JSON 数组响应中条目数量的简便方法。

在代码清单 10-8 中，首先定义了一个名为 all_products 的路由处理程序。在 all_products 中，同时向产品、购物车和收藏服务发送请求，给这些请求 1 秒时间来完成 wait。一旦全部完成，或者已经等待了 1 秒，就开始处理结果。

由于产品响应速度很关键，应首先检查其状态。如果它仍然挂起或存在异常，我们取消任何挂起的请求，并向客户端返回错误。如果出现异常，会响应 HTTP 500 错误，表明服务器存在问题。如果超时，会返回 504 错误，表明无法访问该服务。这种特殊性为客户提供了他们是否应该再试一次的提示，也提供了用于监控的更多信息(例如，可创建专门用于观察 504 响应率的警报)。

如果从产品服务获得了成功的响应，现在可以开始处理它，并获取库存数量。我们在一个名为 get_products_with_inventory 的辅助函数中完成这项工作。在这个辅助函数中，从响应正文中提取产品 ID，并使用它们来构造对库存服务的请求。由于库存服务一次只接收一个产品 ID(理想情况下，可将它们批处理到一个请求中)，我们将创建为每个产品请求库存的任务列表。再次将它们传递给 wait 协程，给它们 1 秒的时间来完成。

由于库存数量是可选的，一旦出现超时，就会处理 done 和 pending 库存请求集合中的所有内容。如果从库存服务获得成功响应，将创建一个字典，其中包含产品信息以及库存信息。如果出现异常或请求仍在 pending 集合中，我们将创建一条记录，其中库存为 None，表示无法检索它。将响应转换为 JSON 时，None 会被转换为 null。

最后检查购物车和收藏夹的响应。对于这两个请求，我们需要做的就是计算返回的项目数。由于这两个服务的逻辑几乎相同，我们创建了一个辅助方法来计算名为 get_response_item_count 的条目。在 get_response_item_count 中，如果从购物车或收藏服务中获得了成功的结果，它将是一个 JSON 数组，因此我们计算并返回该数组中的条目数。如果出现异常或请求花费的时间超过 1 秒，将结果设置为 None，因此在 JSON 响应中得到一个 null 值。

这种实现提供了一种相当稳健的方式，从而可以处理非关键服务的故障和超时，确保我们即使使用有问题的结果，也能快速给出合理的响应。对下游服务的单个请求不会花费超过 1 秒的时间，这为服务响应时间创建了一个近似上限。虽然我们已经创建了一些相当强大的功能，但仍有一些方法可以使问题更具弹性。

10.3.4 重试失败的请求

第一个问题是，悲观地假设如果我们从服务中获得异常，我们无法获得结果并继续运行程序。虽然这是有道理的，但服务问题可能是暂时的。例如，可能存在很快消失的网络故障，我们正在使用的任何负载均衡器可能存在临时问题，或者可能存在任何其他临时性问题。

这些情况下，重试几次，并在两次重试之间短暂等待是有意义的。这给了一个清理错误的机会，可以给用户提供更多数据。这当然伴随着让用户等待更长时间的代价。重试不一定总会取得成功的结果，但重试绝对是值得尝试的解决方案。

要实现这个功能，wait_for 协程函数是一个完美选择。它会抛出得到的任何异常，并让我们指定超时。如果超过该超时，它会抛出 TimeoutException，并取消已经开始的任务。让我们尝试创建一个可重用的重试协程来执行此操作。将创建一个 retry 协程函数，该函数接收协程以及重试次数。如果传入的协程失败或超时，将重试，直到达到我们指定的次数。

代码清单 10-9 retry 协程

```
import asyncio
import logging
from typing import Callable, Awaitable


class TooManyRetries(Exception):
    pass


async def retry(coro: Callable[[], Awaitable],
```

```
                max_retries: int,
                timeout: float,
                retry_interval: float):
    for retry_num in range(0, max_retries):
        try:
            return await asyncio.wait_for(coro(), timeout=timeout)
        except Exception as e:
            logging.exception(f'Exception while waiting (tried {retry_num}
times), retrying.', exc_info=e)
            await asyncio.sleep(retry_interval)
    raise TooManyRetries()
```

等待指定超时的响应。

如果得到一个异常，记录它，并在重试间隔指定的时间内休眠。

如果失败了太多次，则抛出一个异常来说明这个情况。

在代码清单 10-9 中，首先创建一个自定义异常类，当重试达到最大次数后，仍然失败时，将抛出该异常类。这将让任何调用者捕获这个异常，并按他们认为合适的方式处理特定问题。retry 协程需要几个参数。第一个参数是一个返回可等待对象的可调用对象，这是我们要重试的协程。第二个参数是我们想要重试的次数，最后一个参数是失败后等待重试的超时和时间间隔。我们创建一个循环，在 wait_for 中包装协程，如果成功完成，则返回结果并退出函数。如果出现错误、超时或其他情况，则捕获异常，记录它，并休眠指定的间隔时间，在休眠后再次重试。如果循环结束时没有对协程进行无错误(error-free)调用，则会引发 TooManyRetries 异常。

可通过创建几个示例进行测试。第一个示例总是抛出异常，第二个总是超时。

代码清单 10-10　测试 retry 协程

```
import asyncio
from chapter_10.listing_10_9 import retry, TooManyRetries

async def main():
    async def always_fail():
        raise Exception("I've failed!")

    async def always_timeout():
        await asyncio.sleep(1)

    try:
        await retry(always_fail,
                    max_retries=3,
```

```
                        timeout=.1,
                        retry_interval=.1)
    except TooManyRetries:
        print('Retried too many times!')

    try:
        await retry(always_timeout,
                        max_retries=3,
                        timeout=.1,
                        retry_interval=.1)
    except TooManyRetries:
        print('Retried too many times!')

asyncio.run(main())
```

对于两次重试，将超时和重试间隔定义为 100 毫秒，最大重试次数为 3。这意味着给协程 100 毫秒的时间来完成。如果它在这段时间内没有完成，或者失败，我们会等待 100 毫秒，然后再试一次。运行这个代码清单，你应该看到每个协程尝试运行 3 次，最后输出 Retried too many times!，应该看到如下的输出(由于篇幅限制，没有显示所有结果)：

```
ERROR:root:Exception while waiting (tried 1 times), retrying.
Exception: I've failed!
ERROR:root:Exception while waiting (tried 2 times), retrying.
Exception: I've failed!
ERROR:root:Exception while waiting (tried 3 times), retrying.
Exception: I've failed!
Retried too many times!
ERROR:root:Exception while waiting (tried 1 times), retrying.
ERROR:root:Exception while waiting (tried 2 times), retrying.
ERROR:root:Exception while waiting (tried 3 times), retrying.
Retried too many times!
```

通过上述代码，可为产品 backend-for-frontend 添加一些简单的重试逻辑。例如，假设想在认为错误不可恢复之前重试对产品、购物车和收藏服务的请求，可通过在 retry 协程中包装每个请求来实现这一点：

```
product_request = functools.partial(session.get, f'{PRODUCT_BASE}/products')
favorite_request = functools.partial(session.get,
    f'{FAVORITE_BASE}/users/5/favorites')
```

```
cart_request = functools.partial(session.get, f'{CART_BASE}/users/5/cart')

products = asyncio.create_task(retry(product_request,
                                     max_retries=3,
                                     timeout=.1,
                                     retry_interval=.1))

favorites = asyncio.create_task(retry(favorite_request,
                                      max_retries=3,
                                      timeout=.1,
                                      retry_interval=.1))

cart = asyncio.create_task(retry(cart_request,
                                 max_retries=3,
                                 timeout=.1,
                                 retry_interval=.1))

requests = [products, favorites, cart]
done, pending = await asyncio.wait(requests, timeout=1.0)
```

在本例中，对每个服务，最多尝试三次。这使我们能够从可能的临时服务问题中恢复。虽然这是一个改进，但还有潜在的问题可能会损害服务。例如，如果产品服务总是超时，会发生什么？

10.3.5 断路器模式

实现中仍然存在一个问题，即当服务始终慢到一定程度以至于总是超时。当下游服务负载不足、发生其他网络问题或大量其他应用程序出错时，可能发生这种情况。

你可能会问："应用程序可以很好地处理超时，用户不会等待超过 1 秒就看到错误或获得部分数据，这会有什么问题吗？"你问的没错。然而，虽然已将系统设计得健壮且具有弹性，但也要考虑用户体验。例如，如果购物车服务遇到一个问题，它总是需要 1 秒才能超时，这意味着所有用户将等待 1 秒才能得到服务的结果。

这种情况下，由于购物车服务的这个问题可能会持续一段时间，当我们知道这个问题极可能发生时，任何访问 backend-for-frontend 服务的用户都将被卡在那里等待 1 秒钟。有没有一种方法可让可能失败的调用"短路"，以免给用户造成不必要的延迟？

有一个称为“断路器模式”的方法可以解决上面提出的问题。由 Michael Nygard 撰写的 *Release It* 介绍了这种模式。通过这种模式，可以让我们“翻转一个断路器”，当指定数量的错误在一段时间内发生时，可使用它来绕过缓慢的服务，直到问题被解决，从而确保应用程序依旧可为用户提供良好的使用体验。

与电气断路器非常相似，基本断路器模式有两种与之相关的状态(与电气面板上的普通断路器相同)：打开状态和关闭状态。对于关闭状态，向服务发出请求，它正常返回。开路状态发生在电路跳闸时。这种状态下，不会费心去调用服务，因为我们知道它存在问题；我们的做法是立即返回一个错误。断路器模式阻止向糟糕的服务“供电”。除了这两个状态，还有一个“半开”状态。在某个时间间隔后处于打开状态时，就会发生这种情况。这种状态下，我们发出一个请求，以检查服务问题是否已修复。如果已经修复，我们关闭断路器；如果没有修复，我们保持打开状态。为了使我们的示例简单，将跳过半开状态，只关注关闭和打开状态，如图 10-3 所示。

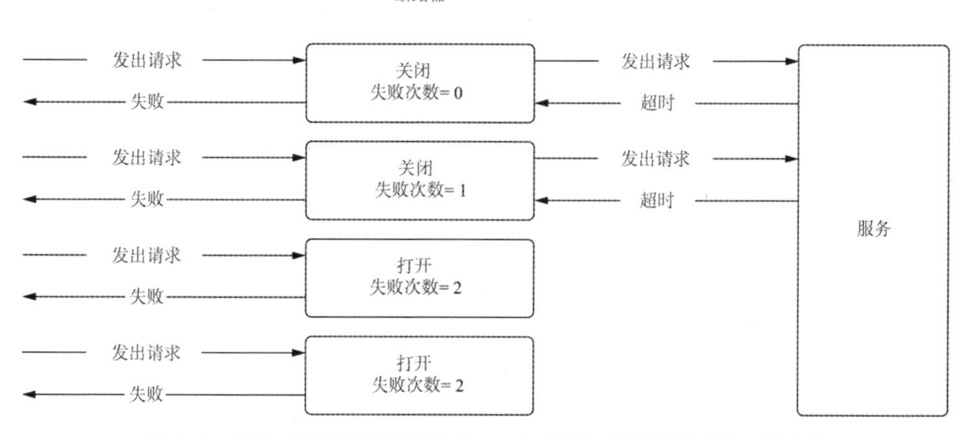

图 10-3　两次故障后断开的断路器。一旦断开，所有请求都将立即失败

让我们实现一个简单的断路器来了解它是如何工作的。我们将允许使用断路器的用户指定一个时间窗口和最大故障次数。如果在时间窗口内发生的错误超过最大数目，将打开断路器，使其他所有调用都失败。我们将通过一个类来做到这一点，这个类接收我们希望运行的协程，并跟踪断路器处于打开还是关闭状态。

代码清单 10-11　简单的断路器

```
import asyncio
from datetime import datetime, timedelta


class CircuitOpenException(Exception):
    pass
```

```
class CircuitBreaker:

    def __init__(self,
                 callback,
                 timeout: float,
                 time_window: float,
                 max_failures: int,
                 reset_interval: float):
        self.callback = callback
        self.timeout = timeout
        self.time_window = time_window
        self.max_failures = max_failures
        self.reset_interval = reset_interval
        self.last_request_time = None
        self.last_failure_time = None
        self.current_failures = 0

    async def request(self, *args, **kwargs):
        if self.current_failures >= self.max_failures:
            if datetime.now() > self.last_request_time +
  timedelta(seconds=self.reset_interval):
                self._reset('Circuit is going from open to closed,
        resetting!')
                return await self._do_request(*args, **kwargs)
            else:
                print('Circuit is open, failing fast!')
                raise CircuitOpenException()
        else:
            if self.last_failure_time and datetime.now() >
    self.last_failure_time + timedelta(seconds=self.time_window):
                self._reset('Interval since first failure elapsed,
      resetting!')
            print('Circuit is closed, requesting!')
            return await self._do_request(*args, **kwargs)

    def _reset(self, msg: str):
        print(msg)
        self.last_failure_time = None
```

发出请求，如果超过了允许失败次数，则会迅速失败。

重置计数器和上次失败时间。

```
        self.current_failures = 0

    async def _do_request(self, *args, **kwargs):
        try:
            print('Making request!')
            self.last_request_time = datetime.now()
            return await asyncio.wait_for(self.callback(*args,
        **kwargs),
    timeout=self.timeout)
        except Exception as e:
            self.current_failures = self.current_failures + 1
            if self.last_failure_time is None:
                self.last_failure_time = datetime.now()
            raise
```

发出请求，记录有多少次失败，以及最后一次失败发生的时间。

断路器类接收 5 个构造函数参数。前两个是我们希望与断路器一起运行的回调和一个超时，它表示在超时失败之前将允许回调运行多长时间。接下来的三个参数与处理故障和重置有关。max_failures 参数是在打开断路器之前的 time_window 秒内允许的最大故障次数。reset_interval 参数是在发生 max_failure 故障后，我们等待将断路器从打开状态重置为关闭状态的秒数。

然后定义一个协程方法 request，它调用我们的回调，并跟踪失败的次数。如果没有错误则返回回调的结果。当遇到故障时，会在计数器 failure_count 中跟踪它。如果失败计数超过在指定时间间隔内设置的 max_failures 阈值，则任何进一步的 request 调用都会引发 CircuitOpenException。如果重置间隔已过，将 failure_count 重置为零，并再次开始发出请求(如果断路器已关闭)。

现在，让我们通过一个简单的示例应用程序来分析断路器。将创建一个只休眠 2 秒的 slow_callback 协程。然后将在断路器中使用它，设置一个短暂的超时，这将使断路器很容易被断开。

代码清单 10-12　断路器实战

```
import asyncio
from chapter_10.listing_10_11 import CircuitBreaker
async def main():
    async def slow_callback():
        await asyncio.sleep(2)

    cb = CircuitBreaker(slow_callback,
```

```
                                timeout=1.0,
                                time_window=5,
                                max_failures=2,
                                reset_interval=5)

    for _ in range(4):
        try:
            await cb.request()
        except Exception as e:
            pass

    print('Sleeping for 5 seconds so breaker closes...')
    await asyncio.sleep(5)

    for _ in range(4):
        try:
            await cb.request()
        except Exception as e:
            pass

asyncio.run(main())
```

在代码清单 10-12 中，创建了一个具有 1 秒超时的断路器；它允许在 5 秒间隔内发生 2 次故障，并在断路器打开后 5 秒后重置。然后尝试快速向断路器发出 4 个请求。前两个调用应该在超时失败前花费 1 秒；当断路器打开时，每个后续调用都将立即失败。然后休眠 5 秒钟，之后将让断路器重置；它应该回到关闭状态，并再次开始调用回调函数。运行上述代码，你应该看到如下输出：

```
Circuit is closed, requesting!
Circuit is closed, requesting!
Circuit is open, failing fast!
Circuit is open, failing fast!
Sleeping for 5 seconds so breaker closes...
Circuit is going from open to closed, requesting!
Circuit is closed, requesting!
Circuit is open, failing fast!
Circuit is open, failing fast!
```

现在有了一个简单的实现。可将它与我们的重试逻辑结合起来，并在

backend-for-frontend 中使用它。由于故意使库存服务变慢，从而模拟真实的延迟服务，因此这是添加断路器的绝佳场所。我们将设置 500 毫秒的超时，并在 1 秒内容忍 5 次失败，之后将在 30 秒后重置断路器。需要将 get_inventory 函数重写为一个协程来执行此操作：

```
async def get_inventory(session: ClientSession, product_id: str):
    url = f"{INVENTORY_BASE}/products/{product_id}/inventory"
    return await session.get(url)


inventory_circuit = CircuitBreaker(get_inventory, timeout=.5,
time_window=5.0,
    max_failures=3, reset_interval=30)
```

然后，在 all_products 协程中，需要更改创建库存服务请求的方式。将通过调用库存断路器(而不是 get_inventory 协程)来创建一个任务：

```
inventory_tasks_to_pid = {
  asyncio.create_task(inventory_circuit.request(session,
     product['product_id'])): product['product_id']
  for product in product_response
}


inventory_done, inventory_pending = await
     asyncio.wait(inventory_tasks_to_pid.keys(), timeout=1.0)
```

一旦执行了这些更改，你应该会在几次调用后看到产品的 backend-for-frontend 调用时间减少。由于正在模拟一个在负载下运行缓慢的库存服务，最终会在几次超时后触发断路器。任何后续调用都不会再向库存服务发出任何请求，直到断路器重置。面对缓慢且易出错的库存服务，backend-for-frontend 服务现在更强大。如果需要增加这些调用的稳定性，也可将其应用于其他所有调用。

在这个例子中，实现了一个非常简单的断路器来演示它是如何工作的，以及如何使用 asyncio 构建它。这种模式有几个现有的实现，还有其他许多功能供调整你的特定需求。如果你正在考虑使用这种模式，请在实现之前花一些时间研究可用的断路器库。

10.4 本章小结

在本章中，我们学习了以下内容：

- 与单体架构相比，微服务架构有几个好处，包括但不限于独立的可扩展性和灵活部署特性。
- backend-for-frontend 是一种微服务模式，它聚合了来自多个下游服务的调用。我们已经学习了如何将微服务架构应用到电子商务用例中，如何使用 aiohttp 创建多个独立的服务。
- 使用 asyncio 实用函数(如 wait)来确保 backend-for-frontend 服务保持弹性，并对下游服务的故障做出响应。
- 创建了一个实用程序，从而使用 asyncio 和 aiohttp 管理 HTTP 请求的重试。
- 实现了一个基本的断路器模式，以确保服务故障不会对其他服务产生负面影响。

第11章 同步

本章内容：

- 单线程并发问题
- 使用锁保护临界区
- 使用信号量限制并发
- 使用事件通知任务
- 使用条件通知任务并获取资源

使用多线程和多进程编写应用程序时，需要考虑使用非原子操作时的竞态条件。并发地增加整数这样简单的操作可能导致微妙的、难以重现的 bug。然而，当使用 asyncio 时，总是使用单个线程(除非与多线程和 multiprocessing 进行交互)，这是否意味着我们不必考虑竞争条件？事实证明，事情并非那么简单。

虽然 asyncio 的单线程特性消除了多线程或 multiprocessing 应用程序中可能出现的某些并发错误，但并未完全消除。虽然你可能不需要经常通过 asyncio 使用同步，但某些情况下我们仍然需要这些构造。asyncio 的同步原语(synchronization primitives)可以帮助我们防止单线程并发模型特有的错误。

同步原语不仅能够防止并发错误，还有其他用途。例如，我们可能正在使用一个 API，它允许根据与供应商的合同同时发出几个请求；或者可能存在一个我们担心请求过载的 API。可能还会使用一个工作流程，其中有几个 worker 需要在新数据可用时得到通知。

在本章中，我们将学习一些示例，在这些示例中，可在 asyncio 代码中引入竞态条件，并学习如何使用锁和其他并发原语来解决它们。我们还将学习如何使用信号量来限制并发，并控制对共享资源(例如数据库连接池)的访问。最后，我们将研究可用于在发生某些事情时通知任务，并获得对共享资源的访问权的事件和条件。

11.1 了解单线程并发错误

在前面关于 multiprocessing 和多线程的章节中，当处理在不同进程和线程之间共享的数据时，我们不得不考虑竞态条件。这是因为一个线程或进程在被不同的线程或进程修改时可能会读取数据，从而导致状态不一致，引起数据损坏。

这种损坏部分是由于某些操作是非原子性的，这意味着虽然它们看起来像一个操作，但它们在后台包含多个独立的操作。我们在第 6 章中给出的例子是处理整数变量的递增。首先读取当前值，然后将其递增，并将其重新分配回变量。这为其他线程和进程提供了足够的机会来获取处于不一致状态的数据。

在单线程并发模型中，避免了由非原子性操作引起的竞态条件。在 asyncio 的单线程模型中，只有一个线程在给定时间执行一行 Python 代码。这意味着，即使一个操作是非原子性的，也将始终运行到完成，而不会让其他协程读取不一致的状态信息。

为证明这一点，让我们尝试重新创建在第 7 章中看到的竞态条件，其中多个线程试图共享一个计数器。将有多个任务，而不是通过多个线程修改变量。将重复这种操作 1000 次，并确定我们得到了正确的值。

代码清单 11-1　试图创建竞态条件

```
import asyncio

counter: int = 0

async def increment():
    global counter
    await asyncio.sleep(0.01)
    counter = counter + 1

async def main():
    global counter
    for _ in range(1000):
        tasks = [asyncio.create_task(increment()) for _ in range(100)]
        await asyncio.gather(*tasks)
```

```
        print(f'Counter is {counter}')
        assert counter == 100
        counter = 0

asyncio.run(main())
```

在代码清单 11-1 中创建了一个增量协程函数，它向全局计数器加 1，然后添加 1 毫秒的延迟来模拟慢速操作。在主协程中，创建了 100 个任务来递增计数器，然后全部通过 gather 并发执行。之后断言计数器可得到期望的值，因为我们运行了 100 个增量任务，所以它应该总是 100。运行这段程序，你应该看到得到的值总是 100，即使递增一个整数是非原子性操作也同样如此。如果运行多个线程而不是协程，应该会看到断言在执行的某个时刻失败。

这是否意味着已经通过单线程并发模型找到了一种完全避免竞态条件的方法？不幸的是，情况并非如此。虽然避免了单个非原子性操作可能导致错误的竞态条件，但以错误顺序执行的多个操作可能导致其他问题。要查看实际操作，让我们在 asyncio 非原子性中设置一个整数递增。

为此，将复制在增加全局计数器时实际发生的情况。首先读取全局值并增加它，然后写回它。基本思想是：如果其他代码在协程处于 await 挂起时修改状态，一旦 await 完成，我们的数据可能处于不一致的状态。

代码清单 11-2 单线程竞态条件

```
import asyncio

counter: int = 0

async def increment():
    global counter
    temp_counter = counter
    temp_counter = temp_counter + 1
    await asyncio.sleep(0.01)
    counter = temp_counter

async def main():
    global counter
    for _ in range(1000):
        tasks = [asyncio.create_task(increment()) for _ in range(100)]
        await asyncio.gather(*tasks)
```

```
        print(f'Counter is {counter}')
        assert counter == 100
        counter = 0

asyncio.run(main())
```

增量协程不是直接递增计数器，而是首先将其读入一个临时变量，然后将临时计数器加1。通过await asyncio.sleep来模拟一个缓慢的操作，暂停协程，然后才将它重新分配回全局计数器变量。运行上述代码，你应该会立即看到此代码失败，并出现断言错误，并且计数器只会被设置为1。每个协程首先读取计数器值，即0，将其存储到临时值，然后进入休眠状态。由于使用单线程，每次对临时变量的读取都是按顺序运行的，这意味着每个协程都将counter的值存储为0并将其递增到1。然后，一旦休眠完成，每个协程都会将counter的值设置为1，这意味着尽管运行了100个协程来增加计数器，但计数器永远只会是1。注意，如果你删除await表达式，事情将以正确顺序运行，因为暂停时没有机会在await位置修改应用程序状态。

诚然，这是一个简单化且有些不切实际的例子。为了更好地了解何时会发生这种情况，让我们创建一个稍微复杂一点的竞态条件。想象一下，我们正在实现一个向连接的用户发送消息的服务器。在此服务器中，将用户名字典保存到可用于向这些用户发送消息的套接字中。当用户断开连接时，将运行一个回调，将用户从字典中删除，并关闭套接字。由于我们在断开连接时关闭套接字，因此尝试发送其他任何消息都会失败，并出现异常。如果在发送消息的过程中，用户断开连接会发生什么？假设想要的行为是让所有用户在我们开始发送消息时都收到一条消息。

为测试这一点，让我们实现一个模拟套接字。这个模拟套接字将有一个send协程和一个close方法。send协程将模拟通过慢速网络发送的消息。这个协程还会检查一个标志，看看我们是否关闭了套接字；如果关闭了套接字，就会抛出异常。

然后，将创建一个包含一些已连接用户的字典，并为每个用户创建模拟套接字。将向每个用户发送消息，并在发送消息时，手动触发单个用户的断开连接，从而查看会发生什么。

代码清单 11-3　带有字典的竞态条件

```
import asyncio

class MockSocket:
    def __init__(self):
        self.socket_closed = False
    async def send(self, msg: str):          # 模拟向客户端缓慢发送消息。
```

```
        if self.socket_closed:
            raise Exception('Socket is closed!')
        print(f'Sending: {msg}')
        await asyncio.sleep(1)
        print(f'Sent: {msg}')

    def close(self):
        self.socket_closed = True

user_names_to_sockets = {'John': MockSocket(),
                         'Terry': MockSocket(),
                         'Graham': MockSocket(),
                         'Eric': MockSocket()}

async def user_disconnect(username: str):    ◄── 断开用户连接，并将其从应用程序内存中删除。
    print(f'{username} disconnected!')
    socket = user_names_to_sockets.pop(username)
    socket.close()

async def message_all_users():    ◄── 同时向所有用户发送消息。
    print('Creating message tasks')
    messages = [socket.send(f'Hello {user}')
                for user, socket in
                user_names_to_sockets.items()]
    await asyncio.gather(*messages)

async def main():
    await asyncio.gather(message_all_users(), user_disconnect('Eric'))

asyncio.run(main())
```

如果运行此代码，将看到应用程序崩溃并显示以下输出：

```
Creating message tasks
Eric disconnected!
Sending: Hello John
Sending: Hello Terry
Sending: Hello Graham
Traceback (most recent call last):
  File 'chapter_11/listing_11_3.py', line 45, in <module>
```

```
    asyncio.run(main())
  File "asyncio/runners.py", line 44, in run
    return loop.run_until_complete(main)
  File "python3.9/asyncio/base_events.py", line 642, in run_until_complete
    return future.result()
  File 'chapter_11/listing_11_3.py', line 42, in main
    await asyncio.gather(message_all_users(), user_disconnect('Eric'))
  File 'chapter_11/listing_11_3.py', line 37, in message_all_users
    await asyncio.gather(*messages)
  File 'chapter_11/listing_11_3.py', line 11, in send
    raise Exception('Socket is closed!')
Exception: Socket is closed!
```

在这个例子中，首先创建消息任务，然后等待(await)，暂停 message_all_users 协程。这将使 user_disconnect('Eric')有机会运行，将关闭 Eric 的套接字，并将其从 user_names_to_sockets 字典中删除。完成后，message_all_users 将恢复。我们开始发送消息。由于 Eric 的套接字已关闭，将看到一个异常，不会收到我们预计发送的消息。请注意，还修改了 user_names_to_sockets 字典。如果需要使用这个字典，并且要求 Eric 仍然在其中，我们可能会收到一个异常或触发另一个 bug。

这些是你在单线程并发模型中容易看到的错误类型。使用 await 到达一个挂起点，另一个协程运行并修改一些共享状态；当第一个协程通过意外的方式恢复时，就会发生修改冲突。多线程并发性 bug 和单线程并发性 bug 之间的关键区别在于，在多线程应用程序中，在修改可变状态的任何地方都可能出现竞态条件。在单线程并发模型中，你需要在等待点(await point)期间修改可变状态。既然已经理解了单线程模型中的并发错误类型，那么让我们看看如何通过使用 asyncio 锁来避免它们的发生。

11.2 锁

asyncio 锁的操作类似于 multiprocessing 和多线程模块中的锁。获取一个锁，在临界区内工作，完成后释放锁，让其他相关资源获取锁。主要区别在于，asyncio 锁是可等待对象，当它被阻塞时，会暂停协程的执行。这意味着当一个协程在等待获得锁时被阻塞，其他代码可以运行。此外，asyncio 锁也是异步上下文管理器，使用它的首选方式是使用 async with 语法。

为了熟悉锁的工作原理，让我们看一个简单例子，一个锁在两个协程之间共享。我们将获得锁，这将阻止其他协程在临界区运行代码，直到有人释放它。

代码清单 11-4　使用 asyncio 锁

```
import asyncio
from asyncio import Lock
from util import delay

async def a(lock: Lock):
    print('Coroutine a waiting to acquire the lock')
    async with lock:
        print('Coroutine a is in the critical section')
        await delay(2)
    print('Coroutine a released the lock')

async def b(lock: Lock):
    print('Coroutine b waiting to acquire the lock')
    async with lock:
        print('Coroutine b is in the critical section')
        await delay(2)
    print('Coroutine b released the lock')

async def main():
    lock = Lock()
    await asyncio.gather(a(lock), b(lock))

asyncio.run(main())
```

运行代码清单 11-4 时，会看到协程 a 先获取锁，让协程 b 等待，直到 a 释放锁。一旦 a 释放了锁，协程 b 就可在临界区执行工作，提供以下输出：

```
Coroutine a waiting to acquire the lock
Coroutine a is in the critical section
sleeping for 2 second(s)
Coroutine b waiting to acquire the lock
finished sleeping for 2 second(s)
Coroutine a released the lock
Coroutine b is in the critical section
sleeping for 2 second(s)
finished sleeping for 2 second(s)
Coroutine b released the lock
```

这里使用 async with 语法。如果愿意，可以像下面的代码这样，在锁上使用 acquire 和 release 方法：

```
await lock.acquire()
try:
    print('In critical section')
finally:
    lock.release()
```

也就是说，最好的做法是尽可能使用 async with 语法。

需要注意的一件重要事情是在主协程内部创建了锁。由于锁在创建的协程之间被全局共享，我们可能尝试将其设为全局变量，从而避免每次都对其进行传递：

```
lock = Lock()

# coroutine definitions

async def main():
    await asyncio.gather(a(), b())
```

如果这样做，很快会看到崩溃的发生，并报告多个事件循环的错误：

```
Task <Task pending name='Task-3' coro=<b()> got Future <Future pending>
    attached to a different loop
```

为什么只移动了锁定义，还会发生这种情况呢？这是 asyncio 库的一个令人困惑的地方，而且不仅是锁所特有的。asyncio 中的大多数对象都提供一个可选的循环参数，允许你指定要运行的特定事件循环。当未提供此参数时，asyncio 尝试获取当前正在运行的事件循环，如果没有，则创建一个新的事件循环。在上例中，创建一个锁会创建一个新的事件循环，因为当脚本第一次运行时，还没有创建一个事件循环。然后，asyncio.run(main())创建第二个事件循环。试图使用锁时，将这两个独立的事件循环混合在一起会导致崩溃。

这种行为非常棘手，以至于在 Python 3.10 中，事件循环参数将被删除，这种令人困惑的行为将消失。但在此之前，在使用全局 asyncio 变量时需要认真考虑这些情况。

让我们看看如何使用锁来解决代码清单 11-5 中的错误；在该错误中，我们试图向过早关闭套接字的用户发送消息。解决这个问题的思路是在两个地方使用锁：当用户断开连接时，以及当我们向用户发送消息时。这样，如果在发送消息时连接断开，我们将等到所有消息都完成后才最终关闭套接字。

代码清单 11-5 使用锁来避免竞态条件

```
import asyncio
from asyncio import Lock

class MockSocket:
    def __init__(self):
        self.socket_closed = False

    async def send(self, msg: str):
        if self.socket_closed:
            raise Exception('Socket is closed!')
        print(f'Sending: {msg}')
        await asyncio.sleep(1)
        print(f'Sent: {msg}')

    def close(self):
        self.socket_closed = True

user_names_to_sockets = {'John': MockSocket(),
                         'Terry': MockSocket(),
                         'Graham': MockSocket(),
                         'Eric': MockSocket()}

async def user_disconnect(username: str, user_lock: Lock):
    print(f'{username} disconnected!')
    async with user_lock:
        print(f'Removing {username} from dictionary')
        socket = user_names_to_sockets.pop(username)
        socket.close()

async def message_all_users(user_lock: Lock):
    print('Creating message tasks')
    async with user_lock:
        messages = [socket.send(f'Hello {user}')
                    for user, socket in
                    user_names_to_sockets.items()]
        await asyncio.gather(*messages)

async def main():
```

在移除用户并关闭套接字之前获取锁。

在发送之前获取锁。

```
    user_lock = Lock()
    await asyncio.gather(message_all_users(user_lock),
                         user_disconnect('Eric', user_lock))

asyncio.run(main())
```

运行代码清单 11-5 时，不再会看到程序崩溃的情况，我们将得到以下输出：

```
Creating message tasks
Eric disconnected!
Sending: Hello John
Sending: Hello Terry
Sending: Hello Graham
Sending: Hello Eric
Sent: Hello John
Sent: Hello Terry
Sent: Hello Graham
Sent: Hello Eric
Removing Eric from dictionary
```

首先获取锁并创建消息任务。当发生这种情况时，Eric 断开连接，断开连接中的代码试图获取锁。由于 message_all_users 仍然持有锁，我们需要在断开连接运行代码之前等待它完成。这可让所有消息在关闭套接字前完成发送，防止错误产生。

你可能不需要经常在 asyncio 代码中使用锁，因为它的单线程特性避免了许多并发问题。即使发生竞态条件，有时也可重构代码(如使用不可变对象)，以防止在协程挂起时修改状态。当你不能以这种方式重构时，可以强制修改锁，使其按所需的同步顺序发生。既然已经理解了避免锁的并发性错误的概念，让我们看看如何在 asyncio 应用程序中使用同步来实现新功能。

11.3 使用信号量限制并发性

应用程序需要使用的资源通常是有限的，比如数据库并发的连接数可能有限，CPU 核数也是有限的。我们不想使其超负荷运行，或者根据 API 当前的订阅策略，我们使用的 API 只允许少量的并发请求。我们也可以使用自己的内部 API，并可能考虑设定多大的负载来访问该 API，从而测试该 API 对分布式拒绝服务攻击的应变能力。

信号量是一种可在这些情况下帮助我们完成任务的结构。信号量的作用很像锁，可获取它也可释放它；可以多次获取它，直到我们指定的限制。在后台，信号量将跟踪这个限制值。每次获取信号量时，都会对限制值进行递减；每次释放信号量时，这个值将增加。如果计数为零，则任何进一步获取信号量的尝试都将被阻塞，直到其他人调用 release 并增加计数。为与我们刚刚学习的锁进行比较，你可将锁视为限制值为 1 的信号量。

为了查看信号量的作用，让我们构建一个简单示例。我们只希望同时运行两个任务，但总共有四个任务要运行。为此，将创建一个限制为 2 的信号量，并在协程中获取它。

代码清单 11-6　使用信号量

```
import asyncio
from asyncio import Semaphore


async def operation(semaphore: Semaphore):
    print('Waiting to acquire semaphore...')
    async with semaphore:
        print('Semaphore acquired!')
        await asyncio.sleep(2)
    print('Semaphore released!')


async def main():
    semaphore = Semaphore(2)
    await asyncio.gather(*[operation(semaphore) for _ in range(4)])

asyncio.run(main())
```

在主协程中，创建了一个限制为 2 的信号量，表明可在额外的获取尝试开始阻塞之前获取它两次。然后创建了四个并发的操作调用——这个协程通过异步块获取信号量，并模拟一些带有睡眠的阻塞工作。运行它时，将看到以下输出：

```
Waiting to acquire semaphore...
Semaphore acquired!
Waiting to acquire semaphore...
Semaphore acquired!
Waiting to acquire semaphore...
Waiting to acquire semaphore...
Semaphore released!
Semaphore released!
Semaphore acquired!
```

```
Semaphore acquired!
Semaphore released!
Semaphore released!
```

由于信号量在阻塞之前只允许被获取 2 次，所以前两个任务可以成功获取锁，而其他两个任务需要等待前两个任务释放信号量。一旦前两个任务中的工作完成，并释放了信号量，其他两个任务就可以获取信号量并开始运行。

让我们采用这种模式，并将其应用于现实世界的案例。假设你正在为一家充满斗志但资金拮据的初创公司工作，而你刚与第三方 REST API 供应商合作。他们的合同对于无限制地查询来说特别昂贵，但他们提供了一个只允许 10 个并发请求的收费计划，这将更加经济实惠。如果你同时发出超过 10 个请求，API 将返回状态码 429(请求过多)。如果收到状态码 429，你可发送一组请求并重试，但这样的效率很低，并会给供应商的服务器带来额外负载。他们的管理员可能会发现这种行为，并发出警告。更好的方法是创建一个限制为 10 的信号量，然后在你发出 API 请求时获取信号量。在发出请求时使用信号量将确保在任何给定时间都只有 10 个正在运行的请求。

让我们看看如何使用 aiohttp 库来实现这一点。将向示例 API 发出 1000 个请求，但使用信号量将并发请求总数限制为 10 个。注意，aiohttp 也有我们可以调整的连接限制参数，默认情况下它一次只允许 100 个连接。通过调整此限制参数，可实现与以下代码相同的效果。

代码清单 11-7 使用信号量限制 API 请求

```
import asyncio
from asyncio import Semaphore
from aiohttp import ClientSession

async def get_url(url: str,
                  session: ClientSession,
                  semaphore: Semaphore):
    print('Waiting to acquire semaphore...')
    async with semaphore:
        print('Acquired semaphore, requesting...')
        response = await session.get(url)
        print('Finished requesting')
        return response.status

async def main():
```

```
    semaphore = Semaphore(10)
    async with ClientSession() as session:
        tasks = [get_url('https://www.example.com', session, semaphore)
                 for _ in range(1000)]
        await asyncio.gather(*tasks)

asyncio.run(main())
```

运行代码清单 11-7 后，虽然具体的输出结果可能会有不同，但是大致内容如下：

```
Acquired semaphore, requesting...
Acquired semaphore, requesting...
Acquired semaphore, requesting...
Acquired semaphore, requesting...
Acquired semaphore, requesting...
Finished requesting
Finished requesting
Acquired semaphore, requesting...
Acquired semaphore, requesting...
```

每次请求完成时，信号量就会被释放；意味着一个被阻塞且正在等待信号量的任务可以开始了。这表示在给定时间内最多只能运行 10 个请求，当一个请求完成时，可以开始一个新请求。

这解决了并发运行的请求过多的问题，但上面的代码是突发进行的；这意味着它可能同时突发 10 个请求，从而造成潜在的流量峰值。如果担心正在调用的 API 出现负载峰值，上面的方法可能不是最佳选择。如果你只需要在某个时间单位内突发一定数量的请求，则需要将其与流量重塑(traffic-shaping，也称为流量整形)算法的实现一起使用，例如“漏桶(leaky bucket)算法”或“令牌桶(token bucket)算法”。

有界信号量

使用信号量时，调用 release 的次数比调用 acquire 的次数多是可以的。如果总是在 async with 块中使用信号量，这是不可能的，因为每个 acquire 都会自动与一个 release 配对。然而，如果需要对 release 和 acquire 机制进行更细粒度的控制(例如，也许我们有一些分支代码，其中一个分支允许在另一个分支之前发布)，可能会遇到问题。让我们看一个普通的协程，它使用 async with 块来获取和释放信号量。当这个协程通过另一个协程调用 release 时，会发生什么？

代码清单 11-8 release 调用超过 acquire 调用

```
import asyncio
from asyncio import Semaphore

async def acquire(semaphore: Semaphore):
    print('Waiting to acquire')
    async with semaphore:
        print('Acquired')
        await asyncio.sleep(5)
    print('Releasing')

async def release(semaphore: Semaphore):
    print('Releasing as a one off!')
    semaphore.release()
    print('Released as a one off!')

async def main():
    semaphore = Semaphore(2)

    print("Acquiring twice, releasing three times...")
    await asyncio.gather(acquire(semaphore),
                         acquire(semaphore),
                         release(semaphore))

    print("Acquiring three times...")
    await asyncio.gather(acquire(semaphore),
                         acquire(semaphore),
                         acquire(semaphore))

asyncio.run(main())
```

在代码清单 11-8 中，我们创建了一个限制数为 2 的信号量。然后运行两个 acquire 调用和一个 release 调用，这意味着将调用 release 三次。对 gather 的第一个调用似乎运行正常，并给出了以下输出：

```
Acquiring twice, releasing three times...
Waiting to acquire
Acquired
Waiting to acquire
```

```
Acquired
Releasing as a one off!
Released as a one off!
Releasing
Releasing
```

然而，第二次调用(获取信号量 3 次)遇到了问题，一次获取了三次锁，无意中增加了信号量的可用数值：

```
Acquiring three times...
Waiting to acquire
Acquired
Waiting to acquire
Acquired
Waiting to acquire
Acquired
Releasing
Releasing
Releasing
```

为处理这些情况，asyncio 提供了一个 BoundedSemaphore。这个信号量的行为与我们一直在使用的信号量完全一样，主要区别在于如果调用 release 会抛出一个 ValueError: BoundedSemaphore release too many times 异常，从而改变可用的信号量限制数。下面的代码清单是一个非常简单的示例，让我们一起来了解一下。

代码清单 11-9 有界信号量

```python
import asyncio
from asyncio import BoundedSemaphore

async def main():
    semaphore = BoundedSemaphore(1)

    await semaphore.acquire()
    semaphore.release()
    semaphore.release()

asyncio.run(main())
```

运行代码清单 11-9 时，对 release 的第二次调用将抛出一个 ValueError，表明已经释放了太多次信号量。如果将代码清单 11-8 中的代码更改为使用 BoundedSemaphore 而不是 Semaphore，你将看到类似的结果。如果手动调用 acquire 和 release，动态增加信号量可用的限制数将发生错误，而使用 BoundedSemaphore 是明智的选择，因此你会看到一个异常来告知错误。

现在已经了解了如何使用信号量来限制并发性，这对需要在应用程序中限制并发性的情况很有帮助。asyncio 同步原语不仅允许限制并发性，还允许在发生某些事情时通知任务。接下来，让我们看看如何使用 Event 同步原语来实现这一点。

11.4 使用事件来通知任务

有时，我们可能需要等待一些外部事件发生才能继续运行程序。可能需要等待缓冲区填满才能开始处理它，可能需要等待设备连接到应用程序，或者可能需要等待一些初始化完成，也可能有多个任务等待处理尚不可用的数据。事件对象提供了一种机制，可帮助在希望空闲时等待特定事件的发生。

在后台，Event 类跟踪一个标志，该标志指示事件是否已经发生。可通过两个方法(set 和 clear)来控制这个标志。set 方法将这个内部标志设置为 True，并通知所有等待事件发生的人。clear 方法将这个内部标志设置为 False，等待该事件的任何人都将被阻塞。

使用这两种方法，可管理内部状态，但是我们如何阻塞直到事件发生呢？Event 类有一个名为 wait 的协程方法。当等待这个协程时，将发生阻塞，直到有人调用事件对象上的 set 方法。一旦发生这种情况，任何额外的等待调用都不会阻塞并且会立即返回。如果在调用 set 后调用 clear，则调用 wait 将再次开始阻塞，直到我们再次调用 set。

让我们创建一个虚拟示例来看看它是如何运行的。假设有两个任务依赖于正在发生的事情。在触发事件前，我们会让这些任务等待，并处于空闲状态。

代码清单 11-10 事件基础

```
import asyncio
import functools
from asyncio import Event

def trigger_event(event: Event):
    event.set()
```

```
async def do_work_on_event(event: Event):        等到事件
    print('Waiting for event...')                  发生。
    await event.wait()
    print('Performing work!')
    await asyncio.sleep(1)        一旦事件发生，wait 将不再阻
    print('Finished work!')       塞，我们可以继续运行程序。
    event.clear()      重置事件，因此将来的
                       等待调用将被阻塞。
async def main():
    event = asyncio.Event()                          在未来 5 秒
    asyncio.get_running_loop().call_later(5.0,        触发事件。
      functools.partial(trigger_event, event))
    await asyncio.gather(do_work_on_event(event), do_work_on_event(event))


asyncio.run(main())
```

在代码清单 11-10 中，创建了一个协程方法 do_work_on_event，这个协程接收一个事件，并首先调用它的 wait 协程。这将一直阻塞，直到有人调用事件的 set 方法来指示事件已经发生。还创建了一个简单的方法 trigger_event，用于设置给定的事件。在主协程中，创建了一个事件对象，并使用 call_later 在 5 秒后触发事件。然后使用 gather 两次调用 do_work_on_event，这将创建两个并发任务。将看到两个 do_work_on_event 任务闲置 5 秒，直到事件触发。之后将看到它们运行，我们将得到如下输出：

```
Waiting for event...
Waiting for event...
Triggering event!
Performing work!
Performing work!
Finished work!
Finished work!
```

这向我们展示了基础用法。等待一个事件将阻塞一个或多个协程，直到触发一个事件，之后它们可以继续运行。接下来，让我们看一个更真实的示例。假设正在构建一个 API 来接收来自客户端的上传文件。由于网络延迟和缓冲，文件上传可能需要一些时间才能完成。有了这个约束，我们希望 API 有一个可以阻塞的协程，直到文件完全上传完成。然后，这个协程的调用者可以等待所有数据载入，并对数据做想做的任何操作。

可使用一个事件来实现这一点。将有一个协程来监听上传的数据并将其存储在内部缓冲区中。一旦到达文件的末尾，将触发一个指示上传完成的事件。然后将通过一个协程方法来获取文件内容，该方法将等待事件被设置。一旦设置了事件，就可返回格式完整的上传数据。让我们在一个名为 FileUpload:的类中创建这个 API。

代码清单 11-11　文件上传 API

```
import asyncio
from asyncio import StreamReader, StreamWriter

class FileUpload:
    def __init__(self,
                 reader: StreamReader,
                 writer: StreamWriter):
        self._reader = reader
        self._writer = writer
        self._finished_event = asyncio.Event()
        self._buffer = b''
        self._upload_task = None

def listen_for_uploads(self):
    self._upload_task = asyncio.create_task(self._accept_upload())

async def _accept_upload(self):
    while data := await self._reader.read(1024):
        self._buffer = self._buffer + data
    self._finished_event.set()
    self._writer.close()
    await self._writer.wait_closed()

async def get_contents(self):
    await self._finished_event.wait()
    return self._buffer
```

创建一个任务来监听上传，并将其附加到缓冲区。

阻塞，直到完成的事件被设置，然后返回缓冲区的内容。

现在创建一个文件上传服务器来测试这个 API。假设在每次成功上传时，我们都希望将内容转储到标准输出。当客户端连接时，将创建一个 FileUpload 对象，并调用 listen_for_uploads。此后，将创建一个单独的任务来等待 get_contents 的结果。

代码清单 11-12　在文件上传服务器中使用 API

```
import asyncio
from asyncio import StreamReader, StreamWriter
from chapter_11.listing_11_11 import FileUpload

class FileServer:

    def __init__(self, host: str, port: int):
        self.host = host
        self.port = port
        self.upload_event = asyncio.Event()

    async def start_server(self):
        server = await asyncio.start_server(self._client_connected,
                                            self.host,
                                            self.port)
        await server.serve_forever()

    async def dump_contents_on_complete(self, upload: FileUpload):
        file_contents = await upload.get_contents()
        print(file_contents)

    def _client_connected(self, reader: StreamReader, writer:
StreamWriter):
        upload = FileUpload(reader, writer)
        upload.listen_for_uploads()
        asyncio.create_task(self.dump_contents_on_complete(upload))

async def main():
    server = FileServer('127.0.0.1', 9000)
    await server.start_server()

asyncio.run(main())
```

在代码清单 11-12 中，我们创建了一个 FileServer 类。每次客户端连接到服务器时，都会创建一个在前面的代码清单中创建的 FileUpload 类的实例，它开始监听已连接客户端的上传动作。同时为 dump_contents_on_complete 协程创建了一个任务。这会在文件上传时调用 get_contents 协程(仅在上传完成后返回)，并将文件打印到标准输出。

可使用 netcat 来测试这个服务器。在文件系统上选择一个文件，然后运行以下命令，将 file 替换为你选择的文件：

```
cat file | nc localhost 9000
```

一旦所有内容完全上传，应该会看到你上传的所有文件都进行标准输出。

需要注意，事件的一个缺点是它们触发的频率可能比协程的响应频率高。假设我们在一种 producer-consumer 工作流中使用单个事件来唤醒多个任务。如果所有工作任务都运行了很长时间，事件可能会在我们工作的时候运行，而我们永远看不到它。让我们创建一个虚拟示例来演示这一点。将创建两个工作任务，每个任务执行 5 秒。还将创建一个每秒触发一个事件的任务，超过 consumer 可以处理的速度。

代码清单 11-13 worker 落后于事件的示例

```
import asyncio
from asyncio import Event
from contextlib import suppress

async def trigger_event_periodically(event: Event):
    while True:
        print('Triggering event!')
        event.set()
        await asyncio.sleep(1)

async def do_work_on_event(event: Event):
    while True:
        print('Waiting for event...')
        await event.wait()
        event.clear()
        print('Performing work!')
        await asyncio.sleep(5)
        print('Finished work!')

async def main():
    event = asyncio.Event()
    trigger = asyncio.wait_for(trigger_event_periodically(event), 5.0)
```

```
        with suppress(asyncio.TimeoutError):
            await asyncio.gather(do_work_on_event(event),
        do_work_on_event(event), trigger)

asyncio.run(main())
```

运行代码清单 11-13 时，会看到事件被触发，并且两个 worker 同时开始工作，并不断触发事件。由于 worker 持续运行，不会看到事件再次触发，直到完成工作并再次调用 event.wait()。如果你关心每次事件发生时的响应，则需要使用排队机制，我们将在下一章中学习。

如果我们想要在特定事件发生时发出警报，可以使用事件来完成这样的工作，但如果我们需要将等待事件与对共享资源(如数据库连接)的独占访问结合起来，会发生什么呢？条件可以帮助我们解决这些问题。

11.5　条件

当事件发生时，事件对于简单的通知很有用，但是对于更复杂的用例呢？想象一下，需要访问一个共享资源，需要对某个事件进行锁定，或者需要等待一组更复杂的事实，然后才能继续或只唤醒特定数量的任务(而不是所有任务)。“条件”在这些情况下将提供帮助。它们是到目前为止我们遇到的最复杂的同步原语，因此，你可能不需要经常使用它们。

“条件”将锁和事件的各个方面结合到一个同步原语中，有效地包装了两者的行为。我们首先获取条件锁，让协程独占访问任何共享资源，从而能够安全地更改需要的任何状态。然后使用 wait 或 wait_for 协程等待特定事件发生。这些协程释放锁并阻塞，直到事件发生。一旦事件发生，它就会重新获得锁，从而提供独占访问权限。

由于这有点令人困惑，让我们创建一个虚拟示例来了解如何使用条件。将创建两个 worker 任务，每个任务都尝试获取条件锁，然后等待事件通知。几秒钟后，将触发条件，这将唤醒两个 worker 任务，并允许它们执行。

代码清单 11-14　“条件”基础示例

```
import asyncio
from asyncio import Condition


async def do_work(condition: Condition):
```

```
    while True:
        print('Waiting for condition lock...')
        async with condition:
            print('Acquired lock, releasing and waiting for condition...')
            await condition.wait()
            print('Condition event fired, re-acquiring lock and doing
    work...')
            await asyncio.sleep(1)
        print('Work finished, lock released.')

async def fire_event(condition: Condition):
    while True:
        await asyncio.sleep(5)
        print('About to notify, acquiring condition lock...')
        async with condition:
            print('Lock acquired, notifying all workers.')
            condition.notify_all()
        print('Notification finished, releasing lock.')

async def main():
    condition = Condition()

    asyncio.create_task(fire_event(condition))
    await asyncio.gather(do_work(condition), do_work(condition))

asyncio.run(main())
```

等待获取条件锁；一旦获得，释放锁。

等待事件触发：一旦成功，重新获取条件锁。

退出 async with 语句块后，释放条件锁。

通知所有任务：事件已经发生。

在代码清单 11-14 中，我们创建了两个协程方法：do_work 和 fire_event。do_work 方法获取条件，类似于获取锁，然后调用条件的 wait 协程方法。wait 协程方法将阻塞，直到有人调用条件的 notify_all 方法为止。

fire_event 协程方法会休眠一段时间，然后获取条件，并调用 notify_all 方法；该方法将唤醒当前正在等待条件的所有任务。然后在主协程中创建一个 fire_event 任务和两个 do_work 任务，同时运行它们。运行此程序时，如果应用程序运行，你将看到以下信息：

```
Worker 1: waiting for condition lock...
Worker 1: acquired lock, releasing and waiting for condition...
Worker 2: waiting for condition lock...
Worker 2: acquired lock, releasing and waiting for condition...
```

```
fire_event: about to notify, acquiring condition lock...
fire_event: Lock acquired, notifying all workers.
fire_event: Notification finished, releasing lock.
Worker 1: condition event fired, re-acquiring lock and doing work...
Worker 1: Work finished, lock released.
Worker 1: waiting for condition lock...
Worker 2: condition event fired, re-acquiring lock and doing work...
Worker 2: Work finished, lock released.
Worker 2: waiting for condition lock...
Worker 1: acquired lock, releasing and waiting for condition...
Worker 2: acquired lock, releasing and waiting for condition...
```

你会注意到两个 worker 立即启动并阻塞，等待 fire_event 协程调用 notify_all。一旦 fire_event 调用 notify_all，worker 任务就会唤醒，然后继续执行。

条件有一个额外的协程方法，称为 wait_for。wait_for 不会阻塞到收到通知条件为止，而是接收一个谓词(一个返回布尔值的无参数函数)，并将阻塞到该谓词返回 true 为止。当有一个共享资源与一些依赖于某些状态的协程变为 true 时，只用它将是一个很好的选择。

例如，假设正在创建一个类来包装数据库连接并运行查询。首先有一个底层连接，它不能同时运行多个查询，并且在有人尝试运行查询之前，数据库连接可能没有初始化。共享资源和我们需要阻止的事件的组合提供了使用 Condition 的正确条件。让我们用一个模拟数据库连接类进行说明。此类将运行查询，但只有在正确初始化连接后才会这样做。然后，在完成连接初始化之前，将使用这个模拟连接类尝试同时运行两个查询。

代码清单 11-15　使用条件来等待特定状态

```
import asyncio
from enum import Enum

class ConnectionState(Enum):
    WAIT_INIT = 0
    INITIALIZING = 1
    INITIALIZED = 2

class Connection:

    def __init__(self):
```

```
        self._state = ConnectionState.WAIT_INIT
        self._condition = asyncio.Condition()

    async def initialize(self):
        await self._change_state(ConnectionState.INITIALIZING)
        print('initialize: Initializing connection...')
        await asyncio.sleep(3) # simulate connection startup time
        print('initialize: Finished initializing connection')
        await self._change_state(ConnectionState.INITIALIZED)

    async def execute(self, query: str):
        async with self._condition:
            print('execute: Waiting for connection to initialize')
            await self._condition.wait_for(self._is_initialized)
            print(f'execute: Running {query}!!!')
            await asyncio.sleep(3) # simulate a long query

    async def _change_state(self, state: ConnectionState):
        async with self._condition:
            print(f'change_state: State changing from {self._state} to
        {state}')
            self._state = state
            self._condition.notify_all()

    def _is_initialized(self):
        if self._state is not ConnectionState.INITIALIZED:
            print(f'_is_initialized: Connection not finished initializing,
    state is {self._state}')
            return False
        print(f'_is_initialized: Connection is initialized!')
        return True

async def main():
    connection = Connection()
    query_one = asyncio.create_task(connection.execute('select * from
table'))
    query_two = asyncio.create_task(connection.execute('select * from
     other_table'))
    asyncio.create_task(connection.initialize())
```

```
    await query_one
    await query_two

asyncio.run(main())
```

在代码清单 11-15 中，创建了一个包含条件对象的连接类，并跟踪初始化为 WAIT_INIT 的内部状态(表明我们正在等待初始化发生)。还在 Connection 类上创建了一些方法。第一个是初始化，它模拟创建数据库连接。此方法在第一次调用时调用 _change_state 方法将状态设置为 INITIALIZING，然后在连接初始化后将状态设置为 INITIALIZED。在_change_state 方法内部，我们设置内部状态，然后调用条件的 notify_all 方法。这将唤醒任何等待条件的任务。

在 execute 方法中，在 async with 块中获取条件对象，然后使用谓词调用 wait_for，从而检查状态是否为 INITIALIZED。这将阻塞到数据库连接完全初始化为止，防止在连接存在之前意外发出查询。然后在主协程中创建一个连接类，并创建两个任务来运行查询，通过一个任务来初始化连接。运行此代码，你将看到以下输出，表明查询在运行查询之前正确等待初始化任务完成：

```
execute: Waiting for connection to initialize
_is_initialized: Connection not finished initializing, state is
    ConnectionState.WAIT_INIT
execute: Waiting for connection to initialize
_is_initialized: Connection not finished initializing, state is
    ConnectionState.WAIT_INIT
change_state: State changing from ConnectionState.WAIT_INIT to
    ConnectionState.INITIALIZING
initialize: Initializing connection...
_is_initialized: Connection not finished initializing, state is
    ConnectionState.INITIALIZING
_is_initialized: Connection not finished initializing, state is
    ConnectionState.INITIALIZING
initialize: Finished initializing connection
change_state: State changing from ConnectionState.INITIALIZING to
    ConnectionState.INITIALIZED
_is_initialized: Connection is initialized!
execute: Running select * from table!!!
_is_initialized: Connection is initialized!
execute: Running select * from other_table!!!
```

“条件”在我们需要访问共享资源，且需要在工作之前得知状态的情况下很有帮助。这是一个稍微复杂的用例，因此，你不太可能在 asyncio 代码中遇到或使用“条件”。

11.6 本章小结

在本章中，我们学习了以下内容：

- 了解了单线程并发错误，以及它们与多线程和 multiprocessing 中的并发错误有何不同。
- 使用 asyncio 锁来防止并发错误，并实现同步协程。由于 asyncio 的单线程特性，这种情况较少发生，在等待期间共享状态可能发生变化时，可能需要它们。
- 使用信号量来控制对有限资源的访问，并限制并发性，这在流量整形中很有帮助。
- 在某些事情发生时使用事件来触发动作，例如初始化或唤醒 worker 任务。
- 使用“条件”来等待操作，从而获得对共享资源的访问。

第12章 异步队列

本章内容：

- 异步队列
- 为 producer-consumer 工作流使用队列
- 在 Web 应用程序中使用队列
- 异步优先队列
- 异步 LIFO 队列

在设计应用程序来处理事件或其他类型的数据时，经常需要一种机制来存储这些事件，并将它们分发给一组 worker。然后，这些 worker 可根据这些事件同时执行我们需要执行的任何操作，从而节省时间。asyncio 提供一个异步队列实现，让我们可以实现这一点。可将数据块添加到队列中，并让多个 worker 同时运行，从队列中提取数据并在可用时对其进行处理。

这些通常称为 producer-consumer 工作流。某些情况会产生我们需要处理的数据或事件；处理这些工作内容可能需要很长时间。队列还可帮助我们传输长时间运行的任务，同时保持用户界面持续对外界进行响应。我们可将一个项目放在队列中以供日后处理，并通知用户我们已经在后台开始了这项工作。异步队列还有一个额外优势是提供了一种限制并发的机制，因为每个队列通常允许有限数量的 worker 任务。这可用于需要以类似于第 11 章中看到的信号量的方式限制并发的情况。

在本章中，我们将学习如何使用 asyncio 队列来处理 producer-consumer 工作流。首先通过构建一个示例杂货店队列(收银员作为 consumer)来掌握基本知识。然后将它应用于订单管理 Web API，演示如何让队列进程在后台工作的同时快速响应用户的请求。还将学习如何按优先级顺序处理任务；当一个任务比其他任务更重要时，将优先处理这个任务。最后将讨论 LIFO(后进先出)队列并了解异步队列的缺点。

12.1 异步队列基本知识

队列是一种先进先出的数据结构。换句话说，当请求下一个元素时，队列中的第一个元素是第一个离开队列的元素。这与在杂货店结账时的队列没有太大区别。在结账时，你加入队列，并排在队尾，等待收银员为你前面的所有人结账。一旦收银员为前面的顾客结完账，你就会在队列中移动，而在你之后加入的人会在你身后等待。然后，当你排在队列的第一个位置时，收银员将为你结账。结账后，你将离开队列。

正如我们所描述的，结账队列是一个同步工作流。一名收银员一次为一名顾客结账。如果我们重新设计队列，从而更好地利用并发性，并依旧使用超市收银的例子会怎样？这将意味着多个收银员和一个队列，而不是一个收银员。只要有收银员，他们就可以将下一个顾客引导到收银台。这意味着除了多个收银员同时为客户结账，还有多个收银员同时从队列中引导客户。

这是异步队列的核心内容。我们将多个等待处理的工作项添加到队列中。然后，让多个 worker 从队列中提取项目并执行。

让我们通过构建超市示例来探索这一点。会将 worker 任务视为收银员，而 work items 将是结账的客户。将为客户提供收银员需要扫描的单独产品列表。有些项目比其他项目需要更长的时间来扫描；例如，香蕉必须称重并输入其 sku 代码，酒精饮料需要经理检查客户的身份信息。

对于超市结账场景，我们将实现一些数据类来表示产品，用整数表示收银员结账所需的时间(以秒为单位)。还将建立一个客户类，其中包含他们想购买的随机产品集合。然后将这些客户放入 asyncio 队列中，以代表结账队伍。还将创建几个 worker 任务来代表收银员。这些任务将从队列中引导客户，循环查看他们的所有产品，并在结账所需的时间内进行休眠，从而模拟结账过程。

代码清单 12-1 超市结账队列

```
import asyncio
from asyncio import Queue
from random import randrange
from typing import List
```

```
class Product:
    def __init__(self, name: str, checkout_time: float):
        self.name = name
        self.checkout_time = checkout_time


class Customer:
    def __init__(self, customer_id: int, products: List[Product]):
        self.customer_id = customer_id
        self.products = products


async def checkout_customer(queue: Queue, cashier_number: int):
    while not queue.empty():
        customer: Customer = queue.get_nowait()
        print(f'Cashier {cashier_number} '
              f'checking out customer '
              f'{customer.customer_id}')
        for product in customer.products:
            print(f"Cashier {cashier_number} "
                  f"checking out customer "
                  f"{customer.customer_id}'s {product.name}")
            await asyncio.sleep(product.checkout_time)
        print(f'Cashier {cashier_number} '
              f'finished checking out customer '
              f'{customer.customer_id}')
        queue.task_done()


async def main():
    customer_queue = Queue()

    all_products = [Product('beer', 2),
                    Product('bananas', .5),
                    Product('sausage', .2),
                    Product('diapers', .2)]

    for i in range(10):
        products = [all_products[randrange(len(all_products))]
                    for _ in range(randrange(10))]
        customer_queue.put_nowait(Customer(i, products))
```

继续检查队列中是否有客户。

检查每个客户的产品。

创建 10 个客户，并用随机产品进行填充。

```
    cashiers = [asyncio.create_task(checkout_customer(customer_queue, i))
                for i in range(3)]

    await asyncio.gather(customer_queue.join(), *cashiers)

asyncio.run(main())
```

创建三个“收银员”或 worker 任务来为客户结账。

在代码清单 12-1 中，我们创建了两个数据类：一个用于产品，一个用于客户。Product 类由产品名称和收银员在收银机中输入该项目所需的时间(以秒为单位)组成。客户有许多产品要带到收银台进行结账。还定义了一个 checkout_customer 协程函数，以完成为客户结账的工作。虽然队列中有客户，但它使用 queue.get_nowait()从队列的前面获得一位客户，并使用 asyncio.sleep 模拟扫描产品的时间。客户结账后调用 queue.task_done。这将向队列发出信号，表明 worker 已完成其当前工作任务。在 Queue 类内部，从队列中获取项目时，计数器会加一，从而跟踪剩余未完成任务的数量。调用 task_done 时，告诉队列已经完成了结账，并且它会将这个计数减 1(我们为什么要这么做，等我们讲到 join 时你就明白了)。

在主协程函数中，我们创建一个可用产品列表并生成 10 位客户，每位客户都带有随机的产品。还为 checkout_customer 协程创建了三个 worker 任务，这些任务存储在一个名为 cashiers 的列表中，类似于在超市工作的三位收银员。最后等待收银员 checkout_customer 任务与 customer_queue.join()协程一起使用 gather 完成。我们使用 gather，以便收银员任务中的任何异常都会提交到主要协程函数。join 协程将发生阻塞，直到队列为空，并且所有客户都完成结账。当待处理工作项的内部计数器达到 0 时，该队列被认为是空队列。因此，在 worker 中调用 task_done 很重要。如果你不这样做，join 协程可能收到错误的队列视图，并可能永远不会终止。

虽然客户的商品是随机生成的，但你应该会看到类似于以下内容的输出，表明每个 worker 任务(收银员)正在同时从队列中引导出客户并为他们结账：

```
Cashier 0 checking out customer 0
Cashier 0 checking out customer 0's sausage
Cashier 1 checking out customer 1
Cashier 1 checking out customer 1's beer
Cashier 2 checking out customer 2
Cashier 2 checking out customer 2's bananas
Cashier 0 checking out customer 0's bananas
Cashier 2 checking out customer 2's sausage
Cashier 0 checking out customer 0's sausage
Cashier 2 checking out customer 2's bananas
```

```
Cashier 0 finished checking out customer 0
Cashier 0 checking out customer 3
```

三位收银员同时从队列中结账。一旦他们为一位顾客完成结账，就会从队列中引导另一位顾客，直到队列为空。

你可能注意到，用于将项目放入队列并检索它们的方法是 get_nowait 和 put_nowait；名称有些奇怪。为什么每个方法的末尾都有一个 nowait？从队列中获取和检索项目有两种方法：一种是使用协程和阻塞，另一种是使用非阻塞的常规方法。get_nowait 和 put_nowait 变体立即执行非阻塞方法调用并返回。为什么需要阻塞队列插入或检索？

答案在于我们希望如何处理队列的上限和下限。这描述了当队列中有太多项目时发生的情况(上限)以及队列中没有项目时发生的情况(下限)。

回到超市队列示例，使用 get 和 put 的协程版本来解决两个不太现实的问题。

- 不太可能只让 10 个顾客同时出现在一个队伍中；一旦队伍空了，收银员就会停止工作。
- 客户队列长度不应该是无限的；比如说，最新的游戏机刚问世，而你是镇上唯一的经销商。自然地，随之而来的是大规模的排队人潮，你的商店里挤满了顾客。我们可能无法在商店里容纳 5000 名顾客，因此需要一种方法让他们在店外等候。

对于第一个问题，假设想重构应用程序，以便每隔几秒随机生成一些客户来模拟一个真实的超市队列。在当前的 checkout_customer 实现中，当队列不为空时，循环并使用 get_nowait 获取客户。由于队列可能是空的，不能在 not queue.empty 上进行循环，因为即使没有人排队，收银员也会在收银台，所以我们需要在 worker 协程中设置一个 while True。这种情况下，当我们调用 get_nowait 并且队列为空时会发生什么？这很容易用几行代码测试出来；只需要创建一个空队列，并调用相关方法：

```
import asyncio
from asyncio import Queue

async def main():
    customer_queue = Queue()
    customer_queue.get_nowait()

asyncio.run(main())
```

方法将抛出 asyncio.queues.QueueEmpty 异常。虽然可将其包装在 try catch 中，并忽略此异常，但这并不完全有效，因为每当队列为空时，都会使 worker 任务变成 CPU

密集型的、轮训的，并且捕获异常。这种情况下，可使用 get 协程方法。这将阻塞(以非 CPU 密集型的方式)，直到一个项目在队列中进行处理，且不会引发异常。这相当于 worker 任务空闲，等待一些客户进入队列，并在收银台完成结账的动作。

为解决第二个问题，即成千上万的客户试图同时排队，我们需要考虑队列的限制。默认情况下，队列是没有限制的，可以增长以存储无限量的工作项。理论上这是可以接受的，但在现实世界中，系统有内存限制，因此在队列上设置一个上限以防止内存不足是一个好主意。这种情况下，需要考虑当队列已满时，希望如何处理。让我们看看当创建一个只能容纳一个项目的队列，并尝试使用 put_nowait 添加第二个条目时会发生什么：

```
import asyncio
from asyncio import Queue

async def main():
    queue = Queue(maxsize=1)

    queue.put_nowait(1)
    queue.put_nowait(2)

asyncio.run(main())
```

这种情况下，与 get_nowait 非常相似，put_nowait 会引发 asyncio.queues.QueueFull 类型的异常。和 get 一样，还有一个协程方法叫做 put。此方法将阻塞，直到队列中有空间来放入新的元素。考虑到这一点，让我们重构客户示例，以使用 get 和 put 的协程变体。

代码清单 12-2 使用协程队列方法

```
import asyncio
from asyncio import Queue
from random import randrange

class Product:
    def __init__(self, name: str, checkout_time: float):
        self.name = name
        self.checkout_time = checkout_time

class Customer:
    def __init__(self, customer_id, products):
```

```
        self.customer_id = customer_id
        self.products = products

async def checkout_customer(queue: Queue, cashier_number: int):
    while True:
    customer: Customer = await queue.get()
    print(f'Cashier {cashier_number} '
          f'checking out customer '
          f'{customer.customer_id}')
    for product in customer.products:
        print(f"Cashier {cashier_number} "
              f"checking out customer "
              f"{customer.customer_id}'s {product.name}")
        await asyncio.sleep(product.checkout_time)
    print(f'Cashier {cashier_number} '
          f'finished checking out customer '
          f'{customer.customer_id}')
    queue.task_done()
```

生成随机客户。

```
def generate_customer(customer_id: int) -> Customer:
    all_products = [Product('beer', 2),
                    Product('bananas', .5),
                    Product('sausage', .2),
                    Product('diapers', .2)]
    products = [all_products[randrange(len(all_products))]
                for _ in range(randrange(10))]
    return Customer(customer_id, products)
```

每秒生成几个随机客户。

```
async def customer_generator(queue: Queue):
    customer_count = 0

    while True:
        customers = [generate_customer(i)
                     for i in range(customer_count,
                     customer_count + randrange(5))]
        for customer in customers:
            print('Waiting to put customer in line...')
            await queue.put(customer)
            print('Customer put in line!')
```

```
        customer_count = customer_count + len(customers)
        await asyncio.sleep(1)

async def main():
    customer_queue = Queue(5)

    customer_producer = asyncio.create_task(customer_generator(
customer_queue))

    cashiers = [asyncio.create_task(checkout_customer(customer_queue, i))
                for i in range(3)]

    await asyncio.gather(customer_producer, *cashiers)

asyncio.run(main())
```

代码清单 12-2 创建了一个 generate_customer 协程，使用随机的产品列表创建一个客户。此外，创建了一个 customer_generator 协程函数，该函数每秒生成 1～5 个随机客户，并使用 put 将它们添加到队列中。因为我们使用协程 put，如果队列已满，customer_generator 将阻塞，直到队列有空闲位置。具体来说，这意味着如果队列中有 5 个客户，并且 producer 尝试添加第 6 个客户，则队列将阻塞；直到收银员为某位客户结完账腾出空间，才能允许新客户进入队列。可将 customer_generator 视为 producer，因为它生成客户，供收银员完成结账操作。

还将 checkout_customer 重构为永远运行，因为当队列为空时，收银员仍处于待命状态。然后重构 checkout_customer 以通过队列获取协程；如果队列中没有客户，协程将阻塞。然后在主协程中创建一个队列，一次允许 5 个客户排队，并创建 3 个同时运行的 checkout_customer 任务。可将收银员视为 consumer，他们服务于队列中等待结账的客户。

代码清单 12-2 随机生成客户，但某些时候，队列被填满，使得收银员处理客户的速度比 producer 创建客户的速度慢。因此，将看到类似于以下内容的输出，其中 producer 等待将客户添加到队列中；当前面的顾客完整结账，才有空闲的空间，让新顾客加入队列中：

```
Waiting to put customer in line...
Cashier 1 checking out customer 7's sausage
Cashier 1 checking out customer 7's diapers
Cashier 1 checking out customer 7's diapers
```

```
Cashier 2 finished checking out customer 5
Cashier 2 checking out customer 9
Cashier 2 checking out customer 9's bananas
Customer put in line!
```

现在了解了异步队列如何工作的基础知识，但由于我们通常不会在日常工作中构建超市模型，让我们看一些现实中的场景，看看如何将其应用到实际应用程序中。

12.1.1　Web 应用程序中的队列

当有一个可以在后台运行的潜在耗时操作的时候，队列在 Web 应用程序中将很有帮助。如果在 Web 请求的主协程中运行此操作，将阻止对用户的响应(直到操作完成)；可能会给最终用户留下一个缓慢、无响应的页面，降低用户的使用体验。

设想我们就职于一家电子商务公司，并使用缓慢的订单管理系统进行操作。处理订单可能需要几秒钟的时间，但我们不想让用户在下单时进行等待。此外，订单管理系统不能很好地处理负载，所以我们想限制同时向它发出的请求数量。这种情况下，队列可以解决这两个问题。正如之前看到的，在添加更多块或抛出异常之前，队列可以拥有允许的最大元素数量。这为并发性提供了天然限制。

队列还解决了用户等待响应时间过长的问题。将元素放到队列中是立即发生的，这意味着可通知用户他们的订单已经被立即接受了，从而提供快捷的用户体验。当然，在现实世界中，这可能导致后台任务在没有通知用户的情况下失败，因此需要某种形式的数据持久性和逻辑来应对这种情况。

为验证这一点，用 aiohttp 创建一个简单的 Web 应用程序，它使用一个队列来运行后台任务。将通过使用 asyncio.sleep 来模拟与慢速订单管理系统的交互。在现实世界的微服务体系结构中，你可能通过 REST 与 aiohttp 或类似的库进行通信；为简单起见，这里将使用 sleep。

我们将创建一个 aiohttp 启动 hook 来创建队列；还将创建一组 worker 任务，这些任务将与慢速服务交互。创建一个 HTTP POST 订单端点，它将在队列上放置一个订单(这里将为 worker 任务生成一个随机数，以便休眠，从而模拟慢速服务)。一旦将订单放入队列中，将返回一个 HTTP 200 和一条消息，表明已经完成下单。

还将在 aiohttp 关闭 hook 中添加一些安全的关闭逻辑，因为如果应用程序关闭，可能仍有一些订单正在被处理。在关闭 hook 中，将等到所有忙碌的 worker 完成它们的工作。

代码清单 12-3 带有队列的 Web 应用程序

```
import asyncio
from asyncio import Queue, Task
from typing import List
from random import randrange
from aiohttp import web
from aiohttp.web_app import Application
from aiohttp.web_request import Request
from aiohttp.web_response import Response

routes = web.RouteTableDef()

QUEUE_KEY = 'order_queue'
TASKS_KEY = 'order_tasks'

async def process_order_worker(worker_id: int, queue: Queue):  ← 从队列中获取一个订单，然后处理它。
    while True:
        print(f'Worker {worker_id}: Waiting for an order...')
        order = await queue.get()
        print(f'Worker {worker_id}: Processing order {order}')
        await asyncio.sleep(order)
        print(f'Worker {worker_id}: Processed order {order}')
        queue.task_done()

@routes.post('/order')
async def place_order(request: Request) -> Response:
    order_queue = app[QUEUE_KEY]
    await order_queue.put(randrange(5))           ← 将订单放入队列，并立即响应用户。
    return Response(body='Order placed!')

async def create_order_queue(app: Application):  ← 创建一个最多 10 个元素的队列，并创建 5 个 worker 任务。
    print('Creating order queue and tasks.')
    queue: Queue = asyncio.Queue(10)
    app[QUEUE_KEY] = queue
    app[TASKS_KEY] = [asyncio.create_task(process_order_worker(i, queue))
                      for i in range(5)]

async def destroy_queue(app: Application):  ← 等待所有繁忙的任务完成。
    order_tasks: List[Task] = app[TASKS_KEY]
```

```
    queue: Queue = app[QUEUE_KEY]
    print('Waiting for pending queue workers to finish....')
    try:
        await asyncio.wait_for(queue.join(), timeout=10)
    finally:
        print('Finished all pending items, canceling worker tasks...')
        [task.cancel() for task in order_tasks]


app = web.Application()
app.on_startup.append(create_order_queue)
app.on_shutdown.append(destroy_queue)

app.add_routes(routes)
web.run_app(app)
```

在代码清单 12-3 中，首先创建了一个 process_order_worker 协程。这会从队列中获得一个项目，在本例中是一个整数，然后休眠一段时间，以模拟使用缓慢的订单管理系统。这个协程将永远循环，不断从队列中取出项目并处理它们。

然后分别创建用于设置和删除队列的协程 create_order_queue 和 destroy_queue。创建队列很简单，因为我们创建了一个最多 10 个元素的 asyncio 队列，并创建了 5 个 worker 任务，将它们存储在 Application 实例中。

销毁队列有点复杂。首先使用 Queue.join 等待队列完成对其所有元素的处理。由于应用程序正在关闭，它将不再提供任何 HTTP 请求，因此没有其他订单可以进入队列。这意味着任何已经在队列中的内容都将由一个 worker 处理，并且 worker 当前正在处理的所有任务也将完成。还将 join 包装在 wait_for 中，超时时间也为 10 秒。这是一个好主意，因为我们不希望一个失控的任务长时间阻止应用程序关闭。

最后定义应用程序 route。在/order 创建一个 POST 端点。该端点创建一个随机延迟，并将其添加到队列中。将订单添加到队列后，会使用 HTTP 200 状态代码和一条短消息来响应用户。注意，我们使用了 put 的协程变体，这意味着如果队列已满，则请求将被阻塞，直到消息位于队列中(这可能需要一些时间)。你可能希望使用 put_nowait 变体，然后以 HTTP 500 错误或其他错误代码进行响应，要求调用者稍后再试。这里对可能需要一些时间的请求进行权衡，以便订单始终排在队列中。应用程序可能需要“快速失败”的行为，因此当队列已满时，响应错误可能是用例的最佳行为。

在 Web 应用程序中使用异步队列时要牢记的一件事是队列的故障模式。如果一个 API 实例由于某种原因(如内存不足)崩溃了，或者我们需要重新启动服务器以重新部署应用程序，该怎么办？这种情况下，将丢失队列中所有未处理的订单，因为它们只存储在内存中。有时，在队列中丢失信息并不是什么大问题，但对于客户订单，后果可能比较严重。

异步队列没有提供任务持久性或队列持久性的概念。如果希望队列中的任务对这些类型的故障具有鲁棒性，需要在某处引入一种方法(如使用数据库)来保存任务。然而，更好的选择是在支持任务持久性的 asyncio 之外使用单独的队列。Celery 和 RabbitMQ 是可以将任务队列持久保存到磁盘的两种方式。

当然，使用单独的队列架构会增加复杂性。在具有持久任务的持久队列中，它还带来了需要持久存储到磁盘的性能挑战。要为应用程序确定最佳架构，你需要仔细考虑仅在内存中使用 asyncio 队列与使用单独的架构组件之间的关系。

12.1.2 网络爬虫队列

如果 consumer 产生更多的工作放入队列，consumer 任务也可以是 producer。以访问特定页面上所有链接的网络爬虫为例。你可以想象一个 worker 下载并扫描页面，从而获取链接。一旦 worker 找到链接，就可以将它们添加到队列中。这允许其他可用的 worker 将链接放入队列并进行访问，将遇到的任何链接添加回队列。

让我们构建一个执行此操作的爬虫。将创建一个无边界队列(如果你担心内存溢出，你可能希望对其进行边界设定)来保存 URL 以供下载。然后，worker 将从队列中提取 URL 并使用 aiohttp 下载它们。下载后，将使用流行的 HTML 解析器 Beautiful Soup 来提取链接，从而放回队列中。

至少对于这个应用程序，我们不想扫描整个互联网，所以只扫描 root 页面之外的一组页面。我们将其称为“最大深度”。如果最大深度设置为 3，这意味着将只获取 root 页面以下 3 层的链接。

首先，让我们使用以下命令安装 Beautiful Soup 4.9.3：

```
pip install -Iv beautifulsoup4==4.9.3
```

你可在 https://www.crummy.com/ software/BeautifulSoup/bs4/doc 的文档中阅读关于 Beautiful Soup 的更多内容。

我们准备创建一个 worker 协程，它将从队列中获取一个页面，并使用 aiohttp 下载它。完成此操作后，将使用 Beautiful Soup 从页面中获取表单<ahref="url">的所有链接，并将它们添加回队列中。

代码清单 12-4　基于队列的爬虫

```
import asyncio
import aiohttp
import logging
from asyncio import Queue
from aiohttp import ClientSession
from bs4 import BeautifulSoup

class WorkItem:
    def __init__(self, item_depth: int, url: str):
        self.item_depth = item_depth
        self.url = url

async def worker(worker_id: int, queue: Queue, session: ClientSession,
     max_depth: int):
    print(f'Worker {worker_id}')
    while True:
        work_item: WorkItem = await queue.get()
        print(f'Worker {worker_id}: Processing {work_item.url}')
        await process_page(work_item, queue, session, max_depth)
        print(f'Worker {worker_id}: Finished {work_item.url}')
        queue.task_done()

async def process_page(work_item: WorkItem, queue: Queue, session:
     ClientSession, max_depth: int):
    try:
        response = await asyncio.wait_for(session.get(work_item.url),
timeout=3)
        if work_item.item_depth == max_depth:
            print(f'Max depth reached, '
                  f'for {work_item.url}')
        else:
            body = await response.text()
            soup = BeautifulSoup(body, 'html.parser')
            links = soup.find_all('a', href=True)
            for link in links:
                queue.put_nowait(WorkItem(work_item.item_depth + 1,
                                                   link['href']))
```

从队列中获取一个 URL 进行处理，然后开始下载它。

下载 URL 内容，并解析页面中的所有链接，将它们放回队列中。

```
    except Exception as e:
        logging.exception(f'Error processing url {work_item.url}')


async def main():
    start_url = 'http://example.com'
    url_queue = Queue()
    url_queue.put_nowait(WorkItem(0, start_url))
    async with aiohttp.ClientSession() as session:
        workers = [asyncio.create_task(worker(i, url_queue, session, 3))
                   for i in range(100)]
        await url_queue.join()
        [w.cancel() for w in workers]


asyncio.run(main())
```

创建一个队列和 100 个 worker 任务来处理 URL。

在代码清单 12-4 中，我们首先定义了一个 WorkItem 类。这是一个简单的数据类，用于保存 URL 和该 URL 的深度。然后定义 worker，它从队列中获取一个 WorkItem，并调用 process_page。如果可以的话，process_page 协程函数会下载 URL 的内容(可能会发生超时或异常，我们只是记录并忽略这些错误)。然后使用 Beautiful Soup 获取所有链接，并将它们添加回队列，供其他 worker 处理。

在主协程中创建队列并使用第一个 WorkItem 引导它。在这个例子中，对 example.com 进行硬编码，因为它是 root 页面，所以深度为 0。然后创建一个 aiohttp 会话，并创建 100 个 worker，这意味着可同时下载 100 个 URL，我们将其最大深度设置为 3。然后等待队列被清空，并且所有 worker 都使用 Queue.join 完成相关工作。完成队列处理后，取消所有 worker 任务。当你运行此代码时，应该会看到 100 个 worker 任务启动，并开始从它下载的每个 URL 中查找链接。你将看到如下输出：

```
Found 1 links from http://example.com
Worker 0: Finished http://example.com
Worker 0: Processing https://www.iana.org/domains/example
Found 68 links from https://www.iana.org/domains/example
Worker 0: Finished https://www.iana.org/domains/example
Worker 0: Processing /
Worker 2: Processing /domains
Worker 3: Processing /numbers
Worker 4: Processing /protocols
Worker 5: Processing /about
```

```
Worker 6: Processing /go/rfc2606
Worker 7: Processing /go/rfc6761
Worker 8: Processing http://www.icann.org/topics/idn/
Worker 9: Processing http://www.icann.org/
```

worker 将继续下载页面并处理链接，将它们添加到队列中，直到达到我们指定的最大深度。

现在已经通过构建一个虚拟的超市结账队伍，以及构建一个订单管理 API 和一个网络爬虫来了解异步队列的基础知识。到目前为止，worker 对队列中的每个元素都给予了同等的优先级，他们只是把排在最前面的元素获取出并进行处理。如果希望一些任务尽快发生，即使它们排在队列的后面怎么办？让我们看一下优先级队列，看看如何实现这一点。

12.2　优先级队列

之前的队列示例以 FIFO(先进先出)的顺序处理队列中的元素。谁先排队，谁先被处理。这在许多情况下都很有效，无论是在软件工程中还是在生活中。

然而，在某些应用程序中，将所有任务视为平等的未必是可取的。假设我们正在构建一个数据处理管道，其中每个任务都是一个长时间运行的查询，可能需要运行几分钟。假设两个任务大致同时运行。第一个任务是低优先级的数据查询，而第二个任务是关键的数据更新，应尽快处理。使用简单的队列，将首先处理第一个任务，让第二个更重要的任务等待直到第一个任务完成。如果第一个任务需要几个小时，或者如果所有 worker 都很忙，第二个任务可能会等待很长时间。

可使用优先队列来解决这个问题，让 worker 首先处理最重要的任务。在后台，优先级队列由堆(使用 heapq 模块)支持，而不是像简单队列那样使用 Python 列表。为了创建一个 asyncio 优先级队列，我们创建了一个 asyncio.PriorityQueue 实例。

我们不会在这里过多讨论数据结构的细节，但堆是一棵二叉树，其属性是每个父节点的值都小于其所有子节点的值(如图 12-1 所示)。这与通常用于排序和搜索问题的二叉搜索树不同，二叉搜索树的唯一属性是节点的左侧子节点小于其父节点，而节点的右侧子节点比其父节点大。堆的特性是最顶部的节点总是树中的最小元素。如果总是让最小节点成为最高优先级的节点，那么高优先级的节点将永远是队列中的第一个。

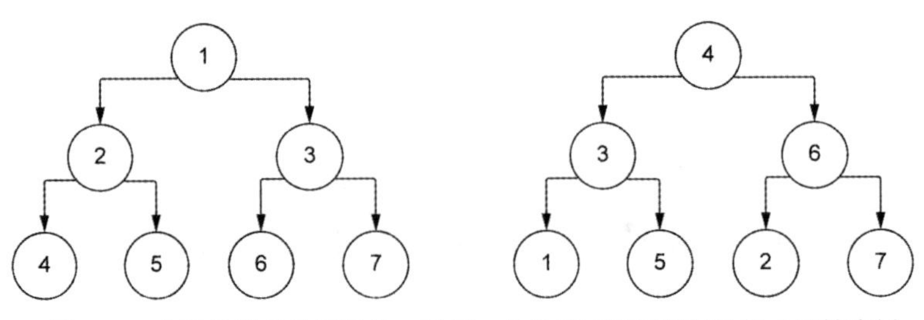

图 12-1 左边是满足堆属性的二叉树，右边是不满足堆属性的二叉搜索树

放入队列中的工作项不太可能是纯整数，因此我们需要某种方法来构造具有合理优先级规则的工作项。一种方法是使用元组，其中第一个元素是表示优先级的整数，第二个元素是任何类型的任务数据。默认队列实现通过查找元组的第一个值来决定优先级，其中最低的数字具有最高的优先级。让我们看一个将元组作为工作项的示例，以了解优先级队列如何工作。

代码清单 12-5 使用元组的优先级队列

```
import asyncio
from asyncio import Queue, PriorityQueue
from typing import Tuple

async def worker(queue: Queue):
    while not queue.empty():
        work_item: Tuple[int, str] = await queue.get()
        print(f'Processing work item {work_item}')
        queue.task_done()


async def main():
    priority_queue = PriorityQueue()

    work_items = [(3, 'Lowest priority'),
                  (2, 'Medium priority'),
                  (1, 'High priority')]

    worker_task = asyncio.create_task(worker(priority_queue))

    for work in work_items:
        priority_queue.put_nowait(work)

    await asyncio.gather(priority_queue.join(), worker_task)
```

```
asyncio.run(main())
```

在代码清单 12-5 中，我们创建了三个工作项，分别具有高优先级、中等优先级和低优先级。然后以相反的优先级顺序将它们添加到优先级队列中，这意味着首先插入最低优先级的项目，最后插入最高优先级的项目。在普通队列中，这意味着将首先处理优先级最低的项目；但如果运行此代码，将看到以下输出：

```
Processing work item (1, 'High priority')
Processing work item (2, 'Medium priority')
Processing work item (3, 'Lowest priority')
```

这表明按优先级顺序处理工作项，而不是按它们插入队列的顺序进行处理。元组适用于简单的情况，但如果工作项中有大量数据，元组可能变得混乱和难以控制。有没有办法创建一个可按我们想要的顺序处理堆的类？事实上，可以实现这一点，最简单的方法是使用数据类(如果不能选择数据类，也可实现适当的 dunder 方法__lt__、__le__、__gt__和__ge__)。

代码清单 12-6　使用数据类的优先级队列

```
import asyncio
from asyncio import Queue, PriorityQueue
from dataclasses import dataclass, field

@dataclass(order=True)
class WorkItem:
    priority: int
    data: str = field(compare=False)

async def worker(queue: Queue):
    while not queue.empty():
        work_item: WorkItem = await queue.get()
        print(f'Processing work item {work_item}')
        queue.task_done()

async def main():
    priority_queue = PriorityQueue()

    work_items = [WorkItem(3, 'Lowest priority'),
                  WorkItem(2, 'Medium priority'),
```

```
                    WorkItem(1, 'High priority')]

    worker_task = asyncio.create_task(worker(priority_queue))

    for work in work_items:
        priority_queue.put_nowait(work)

    await asyncio.gather(priority_queue.join(), worker_task)

asyncio.run(main())
```

在代码清单 12-6 中，我们创建了一个 dataclass，并将 order 设置为 True。然后添加一个优先级整数和一个字符串数据字段，并将其从比较中排除。这意味着将这些工作项添加到队列中时，将只根据优先级字段进行排序。运行上面的代码，将按正确顺序进行处理：

```
Processing work item WorkItem(priority=1, data='High priority')
Processing work item WorkItem(priority=2, data='Medium priority')
Processing work item WorkItem(priority=3, data='Lowest priority')
```

现在已经了解了优先级队列的基础知识，让我们将其转换回前面的订单管理 API 示例。假设有一些“超级用户”，他们在电子商务网站上消费额较高。我们希望确保他们的订单总是首先得到处理，从而确保提供最佳体验。让我们调整前面的示例，为这些用户使用优先级队列。

代码清单 12-7　在 Web 应用程序中使用优先级队列

```
import asyncio
from asyncio import Queue, Task
from dataclasses import field, dataclass
from enum import IntEnum
from typing import List
from random import randrange
from aiohttp import web
from aiohttp.web_app import Application
from aiohttp.web_request import Request
from aiohttp.web_response import Response

routes = web.RouteTableDef()
```

```
QUEUE_KEY = 'order_queue'
TASKS_KEY = 'order_tasks'

class UserType(IntEnum):
    POWER_USER = 1
    NORMAL_USER = 2

@dataclass(order=True)
class Order:
    user_type: UserType
    order_delay: int = field(compare=False)

async def process_order_worker(worker_id: int, queue: Queue):
    while True:
        print(f'Worker {worker_id}: Waiting for an order...')
        order = await queue.get()
        print(f'Worker {worker_id}: Processing order {order}')
        await asyncio.sleep(order.order_delay)
        print(f'Worker {worker_id}: Processed order {order}')
        queue.task_done()

@routes.post('/order')
async def place_order(request: Request) -> Response:
    body = await request.json()
    user_type = UserType.POWER_USER if body['power_user'] == 'True' else
     UserType.NORMAL_USER
    order_queue = app[QUEUE_KEY]
    await order_queue.put(Order(user_type, randrange(5)))
    return Response(body='Order placed!')

async def create_order_queue(app: Application):
    print('Creating order queue and tasks.')
    queue: Queue = asyncio.PriorityQueue(10)
    app[QUEUE_KEY] = queue
    app[TASKS_KEY] = [asyncio.create_task(process_order_worker(i, queue))
                      for i in range(5)]

async def destroy_queue(app: Application):
    order_tasks: List[Task] = app[TASKS_KEY]
```

一个 Order 类，用于表示基于用户类型的优先级工作项。

将请求解析为一个 Order。

```
    queue: Queue = app[QUEUE_KEY]
    print('Waiting for pending queue workers to finish....')
    try:
        await asyncio.wait_for(queue.join(), timeout=10)
    finally:
        print('Finished all pending items, canceling worker tasks...')
        [task.cancel() for task in order_tasks]

app = web.Application()
app.on_startup.append(create_order_queue)
app.on_shutdown.append(destroy_queue)

app.add_routes(routes)
web.run_app(app)
```

代码清单 12-7 看起来类似于与慢速订单管理系统交互的初始 API，不同之处在于使用优先级队列，并创建一个 Order 类来表示传入的订单。当收到一个传入订单时，我们希望它具有一个有效负载。对于 VIP 用户，将 power_user 设置为 True，对其他用户设置为 False。可以像这样通过 cURL 访问这个端点：

```
curl -X POST -d '{"power_user":"False"}' localhost:8080/order
```

传入所需的 power_user 值。如果用户是高级用户，他们的订单将始终由任何可用的 worker 在普通用户之前处理。

优先级队列的一个有趣的极端情况是，当同时将两个具有相同优先级的工作项添加到队列中时，会发生什么。按插入顺序被 worker 处理吗？让我们用一个简单例子来验证一下。

代码清单 12-8　工作项的优先级关系

```
import asyncio
from asyncio import Queue, PriorityQueue
from dataclasses import dataclass, field

@dataclass(order=True)
class WorkItem:
    priority: int
    data: str = field(compare=False)

async def worker(queue: Queue):
```

```
    while not queue.empty():
        work_item: WorkItem = await queue.get()
        print(f'Processing work item {work_item}')
        queue.task_done()

async def main():
    priority_queue = PriorityQueue()

    work_items = [WorkItem(3, 'Lowest priority'),
                  WorkItem(3, 'Lowest priority second'),
                  WorkItem(3, 'Lowest priority third'),
                  WorkItem(2, 'Medium priority'),
                  WorkItem(1, 'High priority')]

    worker_task = asyncio.create_task(worker(priority_queue))

    for work in work_items:
        priority_queue.put_nowait(work)

    await asyncio.gather(priority_queue.join(), worker_task)

asyncio.run(main())
```

在代码清单 12-8 中，首先将三个低优先级任务放入队列中。我们可能希望按插入顺序处理任务，但是当我们运行时，运行顺序并没有按照我们的想法进行：

```
Processing work item WorkItem(priority=1, data='High priority')
Processing work item WorkItem(priority=2, data='Medium priority')
Processing work item WorkItem(priority=3, data='Lowest priority third')
Processing work item WorkItem(priority=3, data='Lowest priority second')
Processing work item WorkItem(priority=3, data='Lowest priority')
```

事实证明，以插入它们的相反顺序处理低优先级项目。发生这种情况是因为底层堆排序算法不是稳定的排序算法。对于具有优先级的排序可能不是问题，但如果你关心具体的排序问题，你需要添加一个 tie-breaker 键，来提供想要的顺序。执行此操作并保留插入顺序的一种简单方法是将项目计数添加到工作项中，也有很多其他方法可实现这一点。

代码清单 12-9 打破优先级队列中的关系

```
import asyncio
from asyncio import Queue, PriorityQueue
from dataclasses import dataclass, field

@dataclass(order=True)
class WorkItem:
    priority: int
    order: int
    data: str = field(compare=False)

async def worker(queue: Queue):
    while not queue.empty():
        work_item: WorkItem = await queue.get()
        print(f'Processing work item {work_item}')
        queue.task_done()

async def main():
    priority_queue = PriorityQueue()

    work_items = [WorkItem(3, 1, 'Lowest priority'),
                  WorkItem(3, 2, 'Lowest priority second'),
                  WorkItem(3, 3, 'Lowest priority third'),
                  WorkItem(2, 4, 'Medium priority'),
                  WorkItem(1, 5, 'High priority')]

    worker_task = asyncio.create_task(worker(priority_queue))

    for work in work_items:
        priority_queue.put_nowait(work)

    await asyncio.gather(priority_queue.join(), worker_task)

asyncio.run(main())
```

在代码清单 12-9 中，向 WorkItem 类添加一个 order 字段。然后，当插入工作项时，我们添加一个整数，表示将其插入队列的顺序。当优先级相同时，将使用 order 来区分顺序。在本例中，这提供了低优先级项目所需的插入顺序：

```
Processing work item WorkItem(priority=1, order=5, data='High priority')
Processing work item WorkItem(priority=2, order=4, data='Medium priority')
Processing work item WorkItem(priority=3, order=1, data='Lowest priority')
Processing work item WorkItem(priority=3, order=2, data='Lowest priority
second')
Processing work item WorkItem(priority=3, order=3, data='Lowest priority
third')
```

我们现在已经了解了如何以 FIFO 队列顺序和优先队列顺序处理工作项。如果想首先处理最近添加的工作项怎么办？接下来，让我们看看如何使用 LIFO 队列来执行此操作。

12.3 LIFO 队列

LIFO 队列在计算机科学领域更常被称为堆栈。可将它们想象成一堆扑克筹码：当你下注时，你从筹码顶部取出筹码(或“pop”它们)，当你赢得新的筹码时，你将新的筹码放回筹码堆顶部(或“push”它们)。如果希望 worker 首先处理最近添加的项目，可使用这种队列。

我们将构建一个简单的示例来演示 worker 处理元素的顺序。至于何时使用 LIFO 队列，则取决于应用程序处理队列中项目的顺序。是否需要先处理队列中最近插入的项目？

代码清单 12-10 LIFO 队列

```
import asyncio
from asyncio import Queue, LifoQueue
from dataclasses import dataclass, field

@dataclass(order=True)
class WorkItem:
    priority: int
    order: int
    data: str = field(compare=False)

async def worker(queue: Queue):
    while not queue.empty():
        work_item: WorkItem = await queue.get()
        print(f'Processing work item {work_item}')
```

从队列中获取一个项目，或者从堆栈中“pop”它。

```
        queue.task_done()

async def main():
    lifo_queue = LifoQueue()

    work_items = [WorkItem(3, 1, 'Lowest priority first'),
                  WorkItem(3, 2, 'Lowest priority second'),
                  WorkItem(3, 3, 'Lowest priority third'),
                  WorkItem(2, 4, 'Medium priority'),
                  WorkItem(1, 5, 'High priority')]

    worker_task = asyncio.create_task(worker(lifo_queue))

    for work in work_items:
        lifo_queue.put_nowait(work)      ◄── 将一个项目放入队列中，或将其"push"到堆栈上。

    await asyncio.gather(lifo_queue.join(), worker_task)

asyncio.run(main())
```

在代码清单 12-10 中，创建了一个 LIFO 队列和一组工作项。将它们逐一插入队列中，然后从队列取出并处理它们。运行代码清单 12-10，你将看到以下输出：

```
Processing work item WorkItem(priority=1, order=5, data='High priority')
Processing work item WorkItem(priority=2, order=4, data='Medium priority')
Processing work item WorkItem(priority=3, order=3, data='Lowest priority third')
Processing work item WorkItem(priority=3, order=2, data='Lowest priority second')
Processing work item WorkItem(priority=3, order=1, data='Lowest priority first')
```

注意，处理队列中的项目的顺序与将它们插入队列的顺序相反。因为这是一个堆栈，所以首先处理最近添加到队列中的工作项。

现在已经看到了 asyncio 队列库提供的所有类型的队列。使用这些队列有什么缺陷吗？可以只在应用程序中需要队列时使用它们吗？我们将在第 13 章讨论这些问题。

12.4　本章小结

在本章中，我们学习了以下内容：

- asyncio 队列是任务队列，在工作流中很有用。在这些工作流中，有生成数据的协程和负责处理该数据的协程。
- 队列将数据生成与数据处理进行分离，因为我们可以让 producer 将项目放入队列中，然后可以分别同时处理多个 worker。
- 可使用优先级队列为某些任务调整优先级。这对于那些更重要的工作以及需要优先处理的工作来说非常重要。
- asyncio 队列不是分布式的，也不是持久的。如果你需要那些功能的支持，则需要寻找一个单独的架构组件，如 Celery 或 RabbitMQ。

第13章 管理子进程

本章内容：

- 异步运行多个子进程
- 处理子流程的标准输出
- 使用标准输入与子流程通信
- 避免子流程的死锁和其他缺陷

许多应用程序将永远不需要离开 Python 环境。我们将调用来自其他 Python 库和模块的代码，或使用 multiprocessing 或多线程来并发运行 Python 代码。然而，并不是所有我们想要交互的组件都是用 Python 编写的。我们可能已经使用了一个用 C++、Go、Rust 或其他语言编写的应用程序，这些语言提供了更好的运行时特征，或者可以提供很优秀的实现方式，而无需我们重新实现。可能还希望使用操作系统提供的命令行实用工具，例如 GREP 用于搜索大型文件，cURL 用于发出 HTTP 请求。

在标准 Python 中，可使用 subprocess 模块在单独的进程中运行不同的应用程序。与大多数其他 Python 模块一样，标准子进程 API 是阻塞的，这使得它在没有多线程或 multiprocessing 的情况下与 asyncio 不兼容。asyncio 提供了一个以 subprocess 模块为模型的模块，从而使用协程异步创建和管理子进程。

13.1 创建子进程

假设你想扩展现有 Python Web API 的功能。组织中的另一个团队已经为他们拥有的批处理机制在命令行应用程序中构建了你想要的功能，但主要问题是该应用程序是用 Rust 编写的。鉴于应用程序已经存在，你不希望在 Python 中重新实现。有没有办法让我们仍然可以在现有的 Python API 中使用这个应用程序的功能？

由于这个应用程序有一个命令行界面，我们可使用子进程来重用这个应用程序。将通过其命令行界面调用应用程序，并在单独的子进程中运行它。然后可读取应用程序的结果，并根据需要在现有 API 中使用它，从而省去了重新实现应用程序的麻烦。

那么如何创建一个子流程并执行它呢？asyncio 提供了两个开箱即用的协程函数来创建子进程：asyncio.create_subprocess_shell 和 asyncio.create_subprocess_exec。这些协程函数都返回一个 Process 实例，它具有让我们等待进程完成和终止进程的方法。为什么要用两个协程来完成看似相同的任务？在什么情况下使用？create_subprocess_shell 协程函数在操作系统上的 shell 中创建一个子进程，例如 zsh 或 bash。一般来说，除非你需要使用 shell 的功能，否则最好使用 create_subprocess_exec。使用 shell 可能会有一些陷阱，例如不同的机器使用不同的 shell，或者相同的 shell 配置不同。这使得很难保证应用程序在不同的机器上具有相同的表现。

要了解创建子进程的基础知识，让我们编写一个异步应用程序来运行一个简单的命令行程序。将从 ls 程序开始，它可以列出当前目录中的内容(尽管我们不太可能在现实世界中这样做)。如果在 Windows 机器上运行，请将 ls -l 替换为 cmd /c dir。

代码清单 13-1　在子进程中运行一个简单命令

```
import asyncio
from asyncio.subprocess import Process

async def main():
    process: Process = await asyncio.create_subprocess_exec('ls',
'-l')
    print(f'Process pid is: {process.pid}')
    status_code = await process.wait()
    print(f'Status code: {status_code}')

asyncio.run(main())
```

在代码清单 13-1 中，我们创建了一个 Process 实例来使用 create_subprocess_exec 运行 ls 命令。还可通过在后面添加其他参数来指定传递给程序的参数。这里传入-l，添加一些关于文件的额外信息。创建进程后，输出进程 ID，然后调用 wait 协程。这个协程会一直等到进程完成，一旦完成就会返回子进程的状态码。这种情况下，它应该为零。默认情况下，子进程的标准输出将通过管道传输到我们自己的应用程序的标准输出。当运行它时，你应该会看到如下内容，具体输出结果取决于目录中的内容：

```
Process pid is: 54438
total 8
drwxr-xr-x 4 matthewfowler staff 128 Dec 23 15:20 .
drwxr-xr-x 25 matthewfowler staff 800 Dec 23 14:52 ..
-rw-r--r-- 1 matthewfowler staff 0 Dec 23 14:52 __init__.py
-rw-r--r-- 1 matthewfowler staff 293 Dec 23 15:20 basics.py
Status code: 0
```

注意，wait 协程将阻塞，直到应用程序终止，并且无法保证进程需要多长时间才能终止，以及它是否会终止。如果你担心进程失控，则需要通过用 asyncio.wait_for 引入超时。然而，对此有一个警告。回顾一下，wait_for 在超时时将终止正在运行的协程。你可能认为这将终止进程，但事实并非如此，它只终止等待进程完成的任务，而不终止底层进程。

我们需要一种更好的方法来在超时时关闭该进程。幸运的是，Process 有两种方法可以帮助我们解决这个问题：terminate 和 kill。terminate 方法将向子进程发送 SIGTERM 信号，而 kill 将发送 SIGKILL 信号。请注意，这两种方法都不是协程，并且是非阻塞的。它们只是发送信号。如果你想在终止子进程后尝试获取返回码，或者想等待任何清理动作，则需要再次调用 wait。

让我们测试一下使用 sleep 命令行应用程序终止长时间运行的应用程序(对于 Windows 用户，将 'sleep'、'3' 替换为更复杂的 'cmd', 'start', '/wait', 'timeout', '3')。我们将创建一个休眠几秒钟的子进程，并尝试在它有机会完成之前终止它。

代码清单 13-2　终止一个子进程

```python
import asyncio
from asyncio.subprocess import Process


async def main():
    process: Process = await asyncio.create_subprocess_exec('sleep', '3')
    print(f'Process pid is: {process.pid}')
    try:
        status_code = await asyncio.wait_for(process.wait(), timeout=1.0)
        print(status_code)
    except asyncio.TimeoutError:
        print('Timed out waiting to finish, terminating...')
        process.terminate()
```

```
        status_code = await process.wait()
        print(status_code)

asyncio.run(main())
```

在代码清单 13-2 中，我们创建了一个需要 3 秒才能完成的子进程，但将其包装在一个带有 1 秒超时的 wait_for 中。1 秒后，wait_for 将抛出 TimeoutError，在 except 块中我们终止进程并等待它完成，输出它的状态码。我们将得到如下输出结果：

```
Process pid is: 54709
Timed out waiting to finish, terminating...
-15
```

编写代码时，要注意的一件事是 except 块内的 wait 仍然有可能需要很长时间，如果出现这种情况，需要将其包装在 wait_for 中。

13.1.1 控制标准输出

在前面的示例中，子进程的标准输出直接进入应用程序的标准输出。如果不想要这种行为怎么办？也许我们想对输出做额外处理，或者输出是无关紧要的(我们可放心地忽略它)。create_subprocess_exec 协程有一个 stdout 参数，可让我们指定希望输出到哪里。这个参数接收一个 enum，让我们指定要将子进程的输出重定向到标准输出，将其通过管道传输到 StreamReader，还是通过将其重定向到/dev/null 来完全忽略输出结果。

假设我们计划同时运行多个子进程，并生成输出。我们想知道哪个子进程生成了输出，以避免混淆。为使此输出易于阅读，将添加一些额外的数据，从而了解哪个子进程在将输出写入应用程序的标准输出之前生成了输出内容。将输出打印之前，将预先设置生成输出的命令。

为此，需要做的第一件事是将 stdout 参数设置为 asyncio.subprocess.PIPE。这告诉子进程创建一个新的 StreamReader 实例，可使用它来读取进程的输出。然后可使用 Process.stdout 字段访问这个流读取器。让我们将 ls-la 命令放在程序中，查看程序运行的结果。

代码清单 13-3 使用标准输出流读取器

```
import asyncio
from asyncio import StreamReader
from asyncio.subprocess import Process
```

```
async def write_output(prefix: str, stdout: StreamReader):
    while line := await stdout.readline():
        print(f'[{prefix}]: {line.rstrip().decode()}')

async def main():
    program = ['ls', '-la']
    process: Process = await asyncio.create_subprocess_exec(*program,
                                                  stdout=asyncio
                                                  .subprocess.PIPE)
    print(f'Process pid is: {process.pid}')
    stdout_task = asyncio.create_task(write_output(' '.join(program),
     process.stdout))

    return_code, _ = await asyncio.gather(process.wait(), stdout_task)
    print(f'Process returned: {return_code}')

asyncio.run(main())
```

在代码清单 13-3 中，我们首先创建一个协程 write_output，从而逐行在流读取器的输出前面加上一个前缀。然后在主协程中创建一个子进程，指定想要在管道进行标准输出。还创建了一个任务来运行 write_output，用来传入进程的标准输出流读取器，并与 wait 同时运行该任务。当运行这个命令时，你会看如下结果，在具体输出行中，将 ls- la 作为前缀：

```
Process pid is: 56925
[ls -la]: total 32
[ls -la]: drwxr-xr-x 7 matthewfowler staff 224 Dec 23 09:07 .
[ls -la]: drwxr-xr-x 25 matthewfowler staff 800 Dec 23 14:52 ..
[ls -la]: -rw-r--r-- 1 matthewfowler staff 0 Dec 23 14:52 __init__.py
Process returned: 0
```

使用管道以及处理子进程输入和输出的一个关键方面是它们容易出现死锁。如果子进程生成大量输出，而我们没有正确使用它，那么 wait 协程特别容易受到这种影响。为证明这一点，让我们看一个简单示例，它生成一个 Python 应用程序；该应用程序将大量数据写入标准输出，并一次性刷新所有数据。

代码清单 13-4　生成大量输出

```
import sys
```

```
[sys.stdout.buffer.write(b'Hello there!!\n') for _ in range(1000000)]

sys.stdout.flush()
```

代码清单 13-4 将输出“Hello there!!”，发送到标准输出缓冲区 1 000 000 次，然后一次性全部刷新。让我们看看如果对这个应用程序使用管道，将会发生什么。

代码清单 13-5 管道与死锁

```
import asyncio
from asyncio.subprocess import Process

async def main():
    program = ['python3', 'listing_13_4.py']
    process: Process = await asyncio.create_subprocess_exec(*program,
                                                            stdout=asyncio
                                                            .subprocess.PIPE)
    print(f'Process pid is: {process.pid}')

    return_code = await process.wait()
    print(f'Process returned: {return_code}')

asyncio.run(main())
```

如果运行代码清单 13-5，你将看到进程 pid 被输出。该应用程序将永远挂起，你需要强制终止它。如果你在运行该代码时，没有看到这样的结果，只需要增加应用程序中输出数据的次数，你终将遇到这个问题。

应用程序看起来很简单，那么为什么会遇到这种死锁呢？问题在于流读取器的缓冲区是如何工作的。当流读取器的缓冲区被填满时，写入它的其他任何调用都会被阻塞，直到缓冲区中有更多可用空间。虽然流读取器缓冲区因缓冲区已满而被阻塞，但进程仍在尝试将其大量输出写入流读取器。这使得进程可依赖于流读取器，但流读取器永远不会正常运行，因为我们永远不会释放缓冲区中的任何空间。这种循环依赖造成了死锁。

以前，通过在等待进程完成时同时读取标准输出流读取器来完全避免这个问题。这意味着即使缓冲区已满，也可将其排空，这样进程就不会无限期地阻塞等待写入额外数据的进程。在处理管道时，需要小心使用流数据，以免发生死锁。

还可通过避免使用 wait 协程来解决此问题。此外，Process 类有一个协程方法，称为通信(communicate)，可以完全避免死锁。这个协程一直阻塞，直到子进程完成，并同时使用标准输出和标准错误，一旦应用程序完成就返回完整输出。让我们修改之前的示例，使用通信来解决问题。

代码清单 13-6　使用 communicate

```
import asyncio
from asyncio.subprocess import Process

async def main():
    program = ['python3', 'listing_13_4.py']
    process: Process = await asyncio.create_subprocess_exec(*program,
                                                             stdout=asyncio
                                                             .subprocess.PIPE)
    print(f'Process pid is: {process.pid}')

    stdout, stderr = await process.communicate()
    print(stdout)
    print(stderr)
    print(f'Process returned: {process.returncode}')

asyncio.run(main())
```

运行代码清单 13-6 时，你会立即看到所有应用程序的输出显示在控制台(会将None，因为我们没有向标准输出写入任何内容)。在后台，communicate 创建了一些任务，这些任务不断将标准输出和标准错误读入内部缓冲区，从而避免所有死锁问题。虽然避免了潜在的死锁，但存在一个严重的缺点，即不能交互式地处理标准输出的内容。如果你需要对应用程序的输出做出反应(可能需要在遇到某个消息或生成另一个任务时终止)，则需要使用 wait，但要注意适当地从流读取器读取输出结果，从而避免死锁。

另一个缺点是 communicate 将标准输出和标准输入的所有数据缓存在内存中。如果你正在使用可能产生大量数据的子进程，将面临内存不足的风险。我们将在下一节中看到如何解决这些问题。

13.1.2　同时运行子进程

我们已经了解了创建、终止和读取子进程输出的基础知识，可以使用现有的知识来同时运行多个应用程序了。假设需要对内存中的多个文本进行加密，出于安全目的，我们希望使用 Twofish 密码算法。hashlib 模块不支持该算法，因此我们需要一个替代方法。可使用 gpg 命令行应用程序(GNU Privacy Guard 的缩写，是 PGP 的免费替代软件)。你可以在 https://gnupg.org/download/下载 gpg。

首先定义要用于加密的命令。可通过定义密码，并使用命令行参数设置算法来使用 gpg。然后，就是将文本回显到应用程序的步骤。例如，要加密文本“encrypt this!”，可运行以下命令：

```
    echo 'encrypt this!' | gpg -c --batch --passphrase 3ncryptm3
--cipher-algo TWOFISH
```

运行之后，将获得如下所示的加密结果：

```
?
Q+??/??*??C??H`??`)R??u??7þ_{f{R;n?FE .?b5??(?i??????o\k?b<????`%
```

这将在命令行上运行，但如果使用 create_subprocess_exec，它将无法运行，因为我们无法使用管道运算符(如果你确实需要使用管道技术，可使用 create_subprocess_shell 来实现)。那么如何传入我们想要加密的文本呢？除了允许对标准输出和标准错误进行管道处理外，communicate 和 wait 也允许对标准输入进行管道处理。communicate 协程也允许我们在启动应用程序时指定输入字节。如果在创建进程时使用了管道传输标准输入，则这些字节将被发送到应用程序。这对我们来说很好，我们将简单地通过 communicate 协程来传递想要加密的字符串。

让我们通过生成随机文本片段，并同时对它们加密来做个练习。将创建一个包含 100 个随机文本字符串的列表，每个字符串有 1000 个字符，并对每个字符串并行运行 gpg。

代码清单 13-7　并行加密文本

```
import asyncio
import random
import string
import time
from asyncio.subprocess import Process

async def encrypt(text: str) -> bytes:
    program = ['gpg', '-c', '--batch', '--passphrase', '3ncryptm3',
        '--cipher-algo', 'TWOFISH']

    process: Process = await asyncio.create_subprocess_exec(*program,
```

```
                                                    stdout=asyncio
                                                    .subprocess.PIPE,
                                                    stdin=asyncio
                                                    .subprocess.PIPE)
        stdout, stderr = await process.communicate(text.encode())
        return stdout

    async def main():
        text_list = [''.join(random.choice(string.ascii_letters) for _ in
         range(1000)) for _ in range(100)]

        s = time.time()
        tasks = [asyncio.create_task(encrypt(text)) for text in text_list]
        encrypted_text = await asyncio.gather(*tasks)
        e = time.time()

        print(f'Total time: {e - s}')
        print(encrypted_text)

    asyncio.run(main())
```

在代码清单 13-7 中，我们定义了一个名为 encrypt 的协程，它创建一个 gpg 进程并发送我们想要通过 communicate 加密的文本。为简单起见，只返回标准输出结果，不做任何错误处理；在现实世界的应用程序中，你可能希望程序更加健壮。然后，在主协程中创建一个随机文本列表，并为每个文本创建一个 encrypt 任务。同时运行它们，收集并输出总运行时间和加密的文本内容。你可通过将 await 放在 asyncio.create_task 前面，并删除 gather，来比较并发运行和同步运行，你应该会看到合理的加速效果。

代码清单 13-7 中只有 100 条文本。如果我们有数千个或更多呢？当前的代码使用 100 条文本，并尝试同时加密它们。这意味着我们同时创建了 100 个进程。这带来了挑战，因为机器资源有限，一个进程可能会占用大量内存。此外，启动成百上千个进程会产生严重的上下文切换开销。

在我们的例子中，gpg 带来了另一个问题，因为它依赖于共享状态来加密数据。如果使用代码清单 13-7 中的代码，并将文本的数量增加到数千，可能会输出以下标准错误的信息：

```
gpg: waiting for lock on '/Users/matthewfowler/.gnupg/random_seed'...
```

因此，不仅创建了很多进程，以及与之相关的开销，还创建了一些进程，这些进程实际上在 gpg 所需的共享状态上被阻塞了。那么如何限制运行进程的数量来规避这个问题呢？使用信号量就可完美解决这个问题。由于我们的工作是 CPU 密集型的，因此添加一个信号量将进程数限制为可用的 CPU 核数是有意义的。让我们将信号量限制为系统中 CPU 的核数，然后对 1000 条文本进行加密，看看这能否提高性能。

代码清单 13-8　带有信号量的子进程

```
import asyncio
import random
import string
import time
import os
from asyncio import Semaphore
from asyncio.subprocess import Process

async def encrypt(sem: Semaphore, text: str) -> bytes:
    program = ['gpg', '-c', '--batch', '--passphrase', '3ncryptm3',
     '--cipher-algo', 'TWOFISH']

    async with sem:
        process: Process = await asyncio.create_subprocess_exec(*program,
                                                                 stdout=asyncio
                                                                .subprocess.PIPE,
                                                                 stdin=asyncio
                                                                .subprocess.PIPE)
        stdout, stderr = await process.communicate(text.encode())
        return stdout

async def main():
    text_list = [''.join(random.choice(string.ascii_letters) for _ in
      range(1000)) for _ in range(1000)]
    semaphore = Semaphore(os.cpu_count())
    s = time.time()
    tasks = [asyncio.create_task(encrypt(semaphore, text)) for text in
text_list]
    encrypted_text = await asyncio.gather(*tasks)
    e = time.time()
```

```
    print(f'Total time: {e - s}')

asyncio.run(main())
```

运行代码清单 13-8 时，使用 1000 条文本的运行时间与一组无限的子进程进行比较，你应该会看到一些性能改进，同时内存使用量将下降。你可能认为这类似于我们在第 6 章中看到的 ProcessPoolExecutor 的最大 worker 概念，其实就是这样。在后台，ProcessPoolExecutor 使用信号量来管理并发运行的进程数。

我们现在已经了解了有关同时创建、终止和运行多个子进程的基础知识。接下来，将分析如何以更具交互性的方式与子流程通信。

13.2 与子进程进行通信

到目前为止，我们一直在使用单向、非交互式的进程通信。但是，如果正在使用可能需要用户输入的应用程序怎么办？例如，可能会被要求输入密码、用户名或任何其他信息。

在知道只需要处理一个输入的情况下，使用 communicate 是理想的。以前看到过使用 gpg 发送文本进行加密，现在看一下在子进程显式请求输入时会发生什么。首先创建一个简单的 Python 程序来请求用户名，并将其回显到标准输出。

代码清单 13-9 回显用户输入

```
username = input('Please enter a username: ')
print(f'Your username is {username}')
```

现在，可以使用 communicate 来输入用户名。

代码清单 13-10 使用 communicate 和标准输入

```
import asyncio
from asyncio.subprocess import Process

async def main():
    program = ['python3', 'listing_13_9.py']
    process: Process = await asyncio.create_subprocess_exec(*program,
                                                            stdout=asyncio
                                                            .subprocess.PIPE,
                                                            stdin=asyncio
```

```
                                                    .subprocess.PIPE)

        stdout, stderr = await process.communicate(b'Zoot')
        print(stdout)
        print(stderr)

asyncio.run(main())
```

运行代码清单 13-10 时，将看到 b'Please enter a username: Your username is Zoot\n' 输出到控制台，应用程序在第一次用户输入后立即终止。如果需要一个更具交互性的应用程序，上面的方法将无法满足我们的要求。以这个应用程序为例，它反复询问用户输入并回显它，直到用户键入 quit 为止。

代码清单 13-11　回显应用程序

```
user_input = ''

while user_input != 'quit':
    user_input = input('Enter text to echo: ')
    print(user_input)
```

由于 communicate 会一直等到进程终止，所以需要使用 wait 同时处理标准输出和标准输入。Process 类在我们为 PIPE 设置标准输入时在 stdin 字段中公开 StreamWriter。我们可以同时使用它和标准输出 StreamReader 来处理这些类型的应用程序。让我们看看如何使用代码清单 13-12 来执行此操作，将在其中创建一个应用程序将文本写入子进程。

代码清单 13-12　使用带有子进程的 echo 应用程序

```
import asyncio
from asyncio import StreamWriter, StreamReader
from asyncio.subprocess import Process

async def consume_and_send(text_list, stdout: StreamReader, stdin:
     StreamWriter):
    for text in text_list:
        line = await stdout.read(2048)
        print(line)
        stdin.write(text.encode())
        await stdin.drain()
```

```
async def main():
    program = ['python3', 'listing_13_11.py']
    process: Process = await asyncio.create_subprocess_exec(*program,
                                                             stdout=asyncio
                                                             .subprocess.PIPE,
                                                             stdin=asyncio
                                                             .subprocess.PIPE)

text_input = ['one\n', 'two\n', 'three\n', 'four\n', 'quit\n']

await asyncio.gather(consume_and_send(text_input, process.stdout,
 process.stdin), process.wait())

asyncio.run(main())
```

在代码清单 13-12 中，我们定义了一个 consume_and_send 协程，它读取标准输出，直至收到预期消息(要求用户指定输入)。收到此消息后，将数据转储到我们自己的应用程序的标准输出，并将“text_list”中的字符串写入标准输入。重复这个过程，直到将所有数据发送到子进程中。运行它时，应该看到所有输出都被发送到子进程，并正确地回显：

```
b'Enter text to echo: '
b'one\nEnter text to echo: '
b'two\nEnter text to echo: '
b'three\nEnter text to echo: '
b'four\nEnter text to echo: '
```

当前运行的应用程序可以产生确定性输出，并在确定性点停止请求输入。这使得管理标准输出和标准输入相对简单。如果在子进程中运行的应用程序有时只要求输入，或者可能在请求输入之前写入大量数据，该怎么办？调整示例 echo 程序，使其更复杂一些。让它随机回显用户输入 1 到 10 次，每次回显之间将休眠半秒。

代码清单 13-13　更复杂的 echo 应用

```
from random import randrange
import time

user_input = ''
```

```
    while user_input != 'quit':
        user_input = input('Enter text to echo: ')
        for i in range(randrange(10)):
            time.sleep(.5)
            print(user_input)
```

如果采用与代码清单 13-12 类似的方法将这个应用程序作为子进程运行，将得到我们想要的效果；因为仍然具有确定性，我们最终会要求输入一段已知的文本。然而，使用这种方法的缺点是从标准输出读取和写入标准输入的代码是强耦合的。结合输入/输出逻辑日益复杂的情况，将使代码难以管理和维护。

可通过将“读取标准输出”与“将数据写入标准输入”分离来解决这个问题。将创建一个协程来读取标准输出，另一个协程将文本写入标准输入。读取标准输出的协程将在收到预期的输入提示后，设置一个事件。写入标准输入的协程将等待该事件被设置，然后一旦完成设置，它将写入指定的文本。最后将获取这两个协程，并用 gather 并发地运行它们。

代码清单 13-14　解耦输出读和输入写

```
import asyncio
from asyncio import StreamWriter, StreamReader, Event
from asyncio.subprocess import Process

async def output_consumer(input_ready_event: Event, stdout:
StreamReader):
    while (data := await stdout.read(1024)) != b'':
        print(data)
        if data.decode().endswith("Enter text to echo: "):
            input_ready_event.set()

async def input_writer(text_data, input_ready_event: Event, stdin:
     StreamWriter):
    for text in text_data:
        await input_ready_event.wait()
        stdin.write(text.encode())
        await stdin.drain()
        input_ready_event.clear()

async def main():
    program = ['python3', 'interactive_echo_random.py']
```

```
    process: Process = await asyncio.create_subprocess_exec(*program,
                                                  stdout=asyncio
                                                  .subprocess.PIPE,
                                                  stdin=asyncio
                                                  .subprocess.PIPE)

    input_ready_event = asyncio.Event()

    text_input = ['one\n', 'two\n', 'three\n', 'four\n', 'quit\n']

    await asyncio.gather(output_consumer(input_ready_event,
process.stdout),
                         input_writer(text_input, input_ready_event,
                         process.stdin),
                         process.wait())

asyncio.run(main())
```

在代码清单 13-14 中，首先定义一个 output_consumer 协程函数。此函数接收一个 input_ready_event 和一个 StreamReader，该 StreamReader 将引用标准输出，并从标准输出读取，直至遇到文本 Enter text to echo:。一旦看到这个文本，我们就知道子流程的标准输入已准备好接收输入了，因此我们设置了 input_ready_event。

input_writer 协程函数在输入列表上进行迭代，并等待标准输入就绪的事件。一旦标准输入准备好，就写出输入内容，并清除事件，以便在 for 循环的下一次迭代中阻塞，直到标准输入再次准备好。通过这个实现，现在有了两个协程函数，每个函数都有明确的职责：一个向标准输入写入，另一个从标准输出读取，从而提高了代码的可读性和可维护性。

13.3 本章小结

在本章中，我们学习了以下内容：

- 可使用 asyncio 的 subprocess 模块通过 create_subprocess_shell 和 create_subprocess_exec 异步启动子进程。尽可能使用 create_subprocess_exec，因为它可以跨硬件并让结果保持一致性。

- 默认情况下，子进程的输出将成为应用程序的标准输出。如果需要读取标准输入和标准输出，并与其交互，则需要配置，通过管道连接到 StreamReader 和 StreamWriter 实例。
- 使用管道处理标准输出或标准错误时，需要小心地使用输出。如果不这样做，会导致应用程序死锁。
- 有大量的子进程要并发运行时，使用信号量可避免滥用系统资源和创建不必要的争用。
- 可使用 communicate 协程方法将输入发送到子进程上的标准输入。

第14章 高级 asyncio

本章内容：

- 为协程和函数设计 API
- 协程上下文局部变量
- 配置事件循环
- 使用不同的事件循环实现
- 协程和生成器的关系
- 使用自定义可等待对象创建自己的事件循环

我们已经了解了 asyncio 提供的大部分功能。使用前面章节中介绍的 asyncio 模块，你应该能完成几乎所有你需要完成的任务。但对于更高级的使用场景，你可能还需要使用一些鲜为人知的技术，在设计自己的 asyncio API 时尤其如此。

在本章中，我们将学习 asyncio 中的更高级技术。我们将学习如何设计可以同时处理协程和常规 Python 函数的 API，如何强制事件循环的迭代，以及如何在不传递参数的情况下，在任务之间传递状态。我们还将深入了解 asyncio 究竟如何使用生成器来充分了解幕后发生的事情。为此，将实现定制的可等待对象，并使用它们来构建我们自己的事件循环的简单实现，该实现可以同时运行多个协程。

除非你正在构建依赖于异步编程内部工作方式的新 API 或框架，否则在你的日常开发任务中不太可能需要使用本章涉及的内容。本章中提到的技术主要针对依赖于异步编程内部工作方式的新 API 或框架的应用程序，以及那些想要更深入地理解异步 Python 内部原理的读者。

14.1 带有协程和函数的 API

如果我们自己构建 API，不要假设用户在他们自己的异步应用程序中使用我们的库。他们可能还没有进行整合，或者可能没有从异步堆栈中获得任何好处，并且永远不会进行整合。如何设计一个既能接收协程又能接收普通 Python 函数的 API 来满足这些用户的需求？

asyncio 提供了两个方便的函数来帮助我们实现这一点：asyncio.iscoroutine 和 asyncio.iscoroutinefunction。这些函数让我们判断可调用对象是否为协程，从而对它们使用不同的逻辑。这些函数是 Django 无缝处理同步和异步视图的基础，正如我们在第 9 章看到的那样。

为了解这一点，让我们构建一个同时接收函数和协程的示例任务运行器类。这个类允许用户将函数添加到一个内部列表中，当用户在任务运行器上调用 start 方法时，将并发运行(如果是协程)或串行运行(如果是普通函数)。

代码清单 14-1 任务运行器类

```
import asyncio

class TaskRunner:

    def __init__(self):
        self.loop = asyncio.new_event_loop()
        self.tasks = []

    def add_task(self, func):
        self.tasks.append(func)

    async def _run_all(self):
        awaitable_tasks = []

        for task in self.tasks:
            if asyncio.iscoroutinefunction(task):
                awaitable_tasks.append(asyncio.create_task(task()))
            elif asyncio.iscoroutine(task):
                awaitable_tasks.append(asyncio.create_task(task))
            else:
                self.loop.call_soon(task)
```

```
        await asyncio.gather(*awaitable_tasks)

    def run(self):
        self.loop.run_until_complete(self._run_all())

if __name__ == "__main__":

    def regular_function():
        print('Hello from a regular function!')

    async def coroutine_function():
        print('Running coroutine, sleeping!')
        await asyncio.sleep(1)
        print('Finished sleeping!')

    runner = TaskRunner()
    runner.add_task(coroutine_function)
    runner.add_task(coroutine_function())
    runner.add_task(regular_function)

    runner.run()
```

在代码清单 14-1 中，任务运行器创建了一个新的事件循环和一个空的任务列表。然后定义一个 add 方法，它只是将一个函数(或协程)添加到待处理的任务列表中。然后，一旦用户调用 run()方法，我们就在事件循环中启动_run_all 方法。_run_all 方法将遍历任务列表，并检查所涉及的函数是否为协程。如果是协程，则创建一个任务。否则，使用事件循环 call_soon 方法来调度普通函数在事件循环的下一次迭代中运行。然后，一旦创建了所有需要的任务，调用 gather，并等待其全部完成。

然后定义了两个函数：一个是普通的 Python 函数，名为 regular_function；另一个是协程，名为 coroutine_function。我们创建一个 TaskRunner 实例并添加三个任务，调用 coroutine_function 两次来演示可在 API 中引用协程的两种不同方式。将得到如下输出：

```
Running coroutine, sleeping!
Running coroutine, sleeping!
Hello from a regular function!
Finished sleeping!
Finished sleeping!
```

这表明已经成功地运行了协程和普通的 Python 函数。现在已经构建了一个 API，它可以处理协程以及普通的 Python 函数，增加了最终用户使用 API 的方式。接下来，我们将查看上下文变量，它使我们能够存储任务本地的状态，而无需将其作为函数参数显式传递。

14.2 上下文变量

假设我们正在使用一个基于线程请求的 Web 服务器 REST API。向 Web 服务器发出请求时，可能有关于发出请求的用户的公共数据，需要跟踪这些数据，如用户 ID、访问令牌或其他信息。可能试图在 Web 服务器的所有线程中全局存储这些数据，但这存在问题。主要缺点是，需要处理从线程到其数据的映射，以及所有锁定，以防止竞态条件。可通过使用线程局部变量的概念来解决这个问题。线程局部变量是特定于一个线程的全局状态。对于在线程本地设置的数据，只能被设置它的线程看到，从而避免了线程到数据的映射发生的竞态条件。虽然我们不会深入讨论线程局部变量的细节，但你可在 https://docs.python.org/3/library/threading.html#thread-local-data 的线程模块文档中了解更多信息。

当然，在 asyncio 应用程序中，通常只有一个线程，所以作为线程本地存储的任何内容都可以在应用程序的其他地方使用。PEP-567(https://www.python.org/dev/peps/pep-0567)中引入了上下文变量的概念，从而处理单线程并发模型中的局部线程问题。上下文变量类似于线程局部变量，区别在于它们是特定任务的局部变量，而不是线程的局部变量。这意味着，如果一个任务创建了一个上下文变量，初始任务中的任何内部协程或任务都可访问该变量，而其他任何任务都不能看到或修改该变量。这让我们可以跟踪特定任务的状态，而不必将其作为显式参数进行传递。

为查看这方面的示例，我们将创建一个简单的服务器来监听来自已连接客户端的数据。将创建一个上下文变量来跟踪已连接用户的地址，当用户发送消息时，将输出他们的地址和他们发送的消息。

代码清单 14-2 带有上下文变量的服务器

```
import asyncio
from asyncio import StreamReader, StreamWriter
from contextvars import ContextVar


class Server:
    user_address = ContextVar('user_address')
```

创建一个名为“user_address”的上下文变量。

```
    def __init__(self, host: str, port: int):
        self.host = host
        self.port = port
    async def start_server(self):
        server = await asyncio.start_server(self._client_connected,
                                            self.host, self.port)
        await server.serve_forever()

    def _client_connected(self, reader: StreamReader, writer:
StreamWriter):
        self.user_address.set(writer.get_extra_info('peername'))
        asyncio.create_task(self.listen_for_messages(reader))

    async def listen_for_messages(self, reader: StreamReader):
        while data := await reader.readline():
            print(f'Got message {data} from {self.user_address.get()}')

async def main():
    server = Server('127.0.0.1', 9000)
    await server.start_server()

asyncio.run(main())
```

在上下文变量中显示用户的消息和地址。

当客户端连接时，将客户端的地址存储在上下文变量中。

在代码清单 14-2 中，首先创建一个 ContextVar 实例来保存用户的地址信息。上下文变量要求我们提供一个字符串名称，所以这里给它一个描述性名称 user_address，这主要用于调试目的。然后在_client_connected 回调中，将上下文变量的数据设置为客户端的地址。这将允许从该父任务产生的任何任务都可以访问我们设置的信息；这种情况下，这将是监听来自客户端消息的任务。

在 listen_for_messages 协程方法中，我们监听来自客户端的数据；当得到数据时，将它与我们存储在上下文变量中的地址一起输出。当运行此应用程序并连接多个客户端，并且发送一些消息时，应该会看到如下输出：

```
Got message b'Hello!\r\n' from ('127.0.0.1', 50036)
Got message b'Okay!\r\n' from ('127.0.0.1', 50038)
```

注意，地址的端口号不同，表明我们从 localhost 上的两个不同客户端获取了消息。即使只创建了一个上下文变量，我们仍能访问特定于每个客户端的唯一数据。这为我们提供了一种在任务之间传递数据的简洁方式，而不必显式地将数据传递给任务或该任务中的其他方法调用。

14.3 强制事件循环迭代

事件循环内部的运行方式在很大程度上超出了我们的控制范围。它决定何时以及如何执行协程和任务。也就是说，如有必要，有一种方法可以触发事件循环迭代。对于长时间运行的任务来说，这很方便，因为可避免阻塞事件循环(这种情况下，你还应该考虑线程)或确保任务立即启动。

回顾一下，如果我们要创建多个任务，在遇到 await 之前，它们都不会开始运行，await 将触发事件循环来调度，并开始运行它们。如果我们想让每个任务马上开始运行呢？

asyncio 提供了一个优化的习惯用法，通过将 0 传递给 asyncio.sleep 来暂停当前协程，并强制事件循环的迭代。让我们看看如何使用它在创建任务后立即开始运行任务。我们将创建两个函数：一个不使用休眠，另一个使用休眠，从而比较程序运行的顺序。

代码清单 14-3 强制事件循环迭代

```
import asyncio
from util import delay

async def create_tasks_no_sleep():
    task1 = asyncio.create_task(delay(1))
    task2 = asyncio.create_task(delay(2))
    print('Gathering tasks:')
    await asyncio.gather(task1, task2)

async def create_tasks_sleep():
    task1 = asyncio.create_task(delay(1))
    await asyncio.sleep(0)
    task2 = asyncio.create_task(delay(2))
    await asyncio.sleep(0)
    print('Gathering tasks:')
    await asyncio.gather(task1, task2)

async def main():
    print('--- Testing without asyncio.sleep(0) ---')
```

```
        await create_tasks_no_sleep()
        print('--- Testing with asyncio.sleep(0) ---')
        await create_tasks_sleep()

    asyncio.run(main())
```

运行代码清单 14-3 时，将看到以下输出：

```
--- Testing without asyncio.sleep(0) ---
Gathering tasks:
sleeping for 1 second(s)
sleeping for 2 second(s)
finished sleeping for 1 second(s)
finished sleeping for 2 second(s)
--- Testing with asyncio.sleep(0) ---
sleeping for 1 second(s)
sleeping for 2 second(s)
Gathering tasks:
finished sleeping for 1 second(s)
finished sleeping for 2 second(s)
```

首先创建两个任务，然后在不使用 asyncio.sleep(0)的情况下使用 gather 调用它们，这会按照通常预期的方式运行，两个 delay 协程不会被运行(直到遇到 gather 语句)。接下来，在创建每个任务后插入一个 asyncio.sleep(0)。在输出中，你会注意到 delay 协程的消息在调用任务之前立即输出。使用 sleep 会强制进行事件循环迭代，这会导致任务中的代码立即执行。

14.4　使用不同的事件循环实现

asyncio 提供了事件循环的默认实现，我们到目前为止一直在使用该实现，但完全有可能使用具有不同特征的其他实现。有几种方法可以使用不同的实现。一个是子类化 AbstractEventLoop 类，并实现它的方法，创建一个实例，然后用 asyncio.set_event_loop 将其设置为事件循环。如果正在构建自己的实现，可以使用这种方法，也可以使用现成的事件循环。让我们来看一个名为 uvloop 的实现。

那么，什么是 uvloop，为什么要使用它？uvloop 是一个事件循环的实现，它严重依赖于 libuv 库(https://libuv.org)，是 node.js 运行时的核心。由于 libuv 是用 C 实现的，因此比纯解释型 Python 代码具有更好的性能。uvloop 可以比默认的 asyncio 事件循环更快。在编写基于套接字和流的应用程序时，它往往表现得非常出众。你可以在该项目的 Github 站点 https://github.com/magicstack/uvloop 上阅读有关基准测试的更多信息。请注意，在撰写本书时，uvloop 仅在*Nix 平台上可用。

首先，让我们使用以下命令安装最新版本的 uvloop:

```
pip -Iv uvloop==0.16.0
```

一旦安装了 libuv，就可以使用它了。将制作一个简单的回显服务器，并将使用事件循环的 uvloop 实现。

代码清单 14-4　使用 uvloop 作为事件循环

```
import asyncio
from asyncio import StreamReader, StreamWriter
import uvloop


async def connected(reader: StreamReader, writer: StreamWriter):
    line = await reader.readline()
    writer.write(line)
    await writer.drain()
    writer.close()
    await writer.wait_closed()


async def main():
    server = await asyncio.start_server(connected, port=9000)
    await server.serve_forever()


uvloop.install()        ← 安装 uvloop 事件循环。
asyncio.run(main())
```

在代码清单 14-4 中，我们调用了 uvloop.install()，它将切换事件循环。如果愿意，可使用以下代码手动执行此操作，而不是调用 install:

```
loop = uvloop.new_event_loop()
asyncio.set_event_loop(loop)
```

重要的是在调用 asyncio.run(main())之前调用它。在后台，asyncio.run 调用 get_event_loop，如果不存在事件循环，则创建一个事件循环。如果在正确安装 uvloop 之前这样做，将得到一个典型的 asyncio 事件循环，但如果在调用之后再安装，则不会有任何效果。

如果诸如 uvloop 的事件循环有助于应用程序的性能提升，你可能需要进行一个基准测试。Github 上的 uvloop 项目的代码可以在吞吐量和每秒请求数方面运行基准测试。

我们现在已经看到了如何使用现有的事件循环实现,而不是默认的事件循环实现。接下来，将看到如何完全在 asyncio 之外创建自己的事件循环。这将使我们更深入地了解 asyncio 事件循环以及协程、任务和 future 在底层是如何工作的。

14.5　创建自定义事件循环

对于 asyncio，它在概念上不同于 async/await 语法和协程。协程类定义甚至不在 asyncio 库模块中!

协程和 async/await 语法与 asyncio 是不同的概念。Python 带有一个默认的事件循环实现，asyncio，这是我们迄今为止一直用来运行事件循环的方法；我们可以使用任何事件循环实现,甚至是自定义事件循环实现。在上一节中,我们看到了如何将 asyncio 事件循环替换为具有更好性能的不同实现。现在，分析一下如何构建自己的可以处理非阻塞套接字的简单事件循环实现。

14.5.1　协程和生成器

在 Python 3.5 引入 async 和 await 语法之前，协程和生成器之间的关系是显而易见的。让我们使用装饰器和生成器构建一个简单协程，它使用旧语法休眠 1 秒来解释这一点。

代码清单 14-5　基于生成器的协程

```
import asyncio

@asyncio.coroutine
def coroutine():
    print('Sleeping!')
    yield from asyncio.sleep(1)
    print('Finished!')

asyncio.run(coroutine())
```

我们使用@asyncio.coroutine 装饰器代替 async 关键字来指定函数是协程函数，而不是使用 await 关键字。目前，async 和 await 关键字只是围绕这个结构的语法糖(syntactic sugar)。

14.5.2　不建议使用基于生成器的协程

请注意，基于生成器的协程目前计划在 Python 3.10 版本中完全删除。你可能会在遗留代码库中遇到它们，但你不应该再以这种风格编写新的异步代码。

那么为什么生成器对单线程并发模型有意义呢？回顾一下，协程在遇到阻塞操作时需要暂停执行，从而允许其他协程运行。生成器在达到屈服点(yield point)时会暂停执行，从而有效地在中途暂停它们。这意味着如果有两个生成器，可以交错执行它们。让第一个生成器运行直到它到达一个屈服点(或者，在协程语言中，一个等待点——await point)，然后让第二个生成器运行到它的屈服点；重复这种方式，直到两个生成器都执行完成。为观察这一点，让我们构建一个非常简单的示例，该示例将两个生成器交错执行，使用某些用来构建事件循环的后台方法。

代码清单 14-6　交错执行生成器

```
from typing import Generator

def generator(start: int, end: int):
    for i in range(start, end):
        yield I

one_to_five = generator(1, 5)
five_to_ten = generator(5, 10)

def run_generator_step(gen: Generator[int, None, None]):
    try:
        return gen.send(None)
    except StopIteration as si:
        return si.value

while True:            ← 两个生成器交错执行。
    one_to_five_result = run_generator_step(one_to_five)
    five_to_ten_result = run_generator_step(five_to_ten)
    print(one_to_five_result)
    print(five_to_ten_result)
```

```
    if one_to_five_result is None and five_to_ten_result is None:
        break
```

在代码清单 14-6 中，我们创建了一个简单的生成器，它从 start 整数计数到 end 整数，并在此过程中生成值。然后创建该生成器的两个实例：一个从 1 计数到 4，另一个从 5 计数到 9。

还创建了一个方便的方法 run_generator_step 来处理生成器的运行步骤。generator 类有一个 send 方法，该方法将生成器推进到下一个 yield 语句，运行该语句之前的所有代码。在调用 send 之后，可以考虑暂停生成器，直到再次调用 send，这样就可以在其他生成器中运行代码。send 方法接收一个参数，可以接收要发送给生成器的任何值。这里没有设定参数，所以传入 None。一旦生成器到达它的末端，就会引发一个 StopIteration 异常。这个异常包含生成器的所有返回值，我们在这里返回它。最后创建一个循环，并逐步运行每个生成器。这样做的效果是让两个生成器交错运行，得到如下输出：

```
1
5
2
6
3
7
4
8
None
9
None
None
```

想象一下，我们没有得到数字，而是采取了一些缓慢的操作。当缓慢的操作完成后，可以恢复生成器，从之前停止的地方继续执行，而其他没有被暂停的生成器可运行其他代码。这是事件循环工作的核心。我们跟踪在慢速操作中暂停执行的生成器。然后，任何其他生成器都可在另一个生成器暂停时运行。一旦慢速操作完成，可通过再次调用 send 来唤醒上一个生成器，并推进到它的下一个屈服点。

如前所述，async 和 await 只是生成器周围的语法糖。可通过创建一个协程实例，并在其上调用 send 来演示这一点。在下面的例子中，有两个只输出简单消息的协程，第三个协程用 await 语句调用另外两个协程。然后使用生成器的 send 方法来查看如何调用协程。

代码清单 14-7 使用带有 send 的协程

```
async def say_hello():
    print('Hello!')

async def say_goodbye():
    print('Goodbye!')

async def meet_and_greet():
    await say_hello()
    await say_goodbye()

coro = meet_and_greet()

coro.send(None)
```

运行代码清单 14-7 时，将看到以下输出：

```
Hello!
Goodbye!
Traceback (most recent call last):
  File "chapter_14/listing_14_7.py", line 16, in <module>
    coro.send(None)
StopIteration
```

协程上调用 send 会运行 meet_and_greet 中的所有协程。因为在等待结果时，我们实际上并没有“暂停”什么，因为所有代码都是立即运行的，即使在 await 语句中也是如此。

那么如何让协程暂停并在慢速操作中唤醒呢？为此，让我们定义如何创建一个自定义的可等待对象，这样就可以使用 await 语法，而不是生成器风格的语法。

14.5.3 自定义可等待对象

如何定义可等待对象，它们是如何工作的？可通过在类上实现__await__方法来定义一个可等待对象，但如何实现这个方法呢？它应该返回什么？

__await__方法的唯一要求是它返回一个迭代器，而这个要求本身并不是很有帮助。我们能让迭代器的概念在事件循环中有意义吗？为理解这是如何工作的，将实现我们自己的 asyncio future，我们将调用 CustomFuture，然后在自己的事件循环实现中使用它。

回顾一下，future 是对未来某个时间点可能存在的值的包装，它具有两种状态：完整和不完整。想象一下，我们处于一个无限事件循环中，我们想检查一个 future 是否用迭代器完成。如果操作完成，可以只返回结果，迭代器就完成了。如果没有完成，我们需要某种方式表达“我还没有完成，请稍后再试”。这种情况下，迭代器可以直接让出。

这就是为 CustomFuture 类实现__await__方法的方式。如果还没有结果，迭代器只返回 CustomFuture 本身；如果结果在那里，则返回结果，迭代器完成。如果没有完成，程序将进行让出。如果结果不存在，下次尝试推进迭代器时，将再次运行__await__内的代码。在这个实现中，还将实现一个方法向 future 添加一个回调，该回调在设置值时运行。稍后在实现事件循环时会用到它。

代码清单 14-8　自定义 future 的实现

```
class CustomFuture:

    def __init__(self):
        self._result = None
        self._is_finished = False
        self._done_callback = None

    def result(self):
        return self._result

    def is_finished(self):
        return self._is_finished

    def set_result(self, result):
        self._result = result
        self._is_finished = True
        if self._done_callback:
            self._done_callback(result)

    def add_done_callback(self, fn):
        self._done_callback = fn

    def __await__(self):
        if not self._is_finished:
```

```
            yield self
        return self.result()
```

在代码清单 14-8 中，定义了 CustomFuture 类，其中定义了__await__以及设置结果、获取结果和添加回调的方法。__await__方法用来检查 future 是否完成。如果是，我们只返回结果，迭代器就完成了。如果没有完成，我们返回 self，这意味着迭代器将继续无限地返回自身，直到值被设置。就生成器而言，这意味着可以一直调用__await__，直到值被设置为止。

让我们看一个简单示例，以了解流在事件循环中可能是什么样子。将创建一个自定义 future，并在几次迭代后设置它的值，并在每次迭代时调用__await__。

代码清单 14-9　在循环中自定义 future

```
from listing_14_8 import CustomFuture

future = CustomFuture()

i = 0

while True:
    try:
        print('Checking future...')
        gen = future.__await__()
        gen.send(None)
        print('Future is not done...')
        if i == 1:
            print('Setting future value...')
            future.set_result('Finished!')
        i = i + 1
    except StopIteration as si:
        print(f'Value is: {si.value}')
        break
```

在代码清单 14-9 中，我们创建了一个自定义 future 和一个调用 await 方法的循环，然后尝试推进迭代器。如果 future 完成了，则会抛出一个 StopIteration 异常，并带有 future 的结果。否则，迭代器将只返回 future，然后继续执行循环的下一次迭代。在本例中，在几次迭代后设置了该值，得到以下输出：

```
Checking future...
Future is not done...
Checking future...
Future is not done...
Setting future value...
Checking future...
Value is: Finished!
```

这个例子只是为了强化对可等待对象的理解，在现实工作中我们不会编写这样的代码，因为我们通常希望用其他内容来设置 future 的结果。接下来对其进行扩展，以使用套接字和选择器模块做一些更有用的事情。

14.5.4　使用带有 future 的套接字

在第 3 章中，我们学习了一些关于选择器模块的知识，它允许我们在套接字事件(如新连接或准备读取的数据)发生时注册回调函数。现在，将通过使用自定义 future 类与选择器交互来扩展这一知识，在套接字事件发生时设置 future 的结果。

回顾一下，选择器允许注册回调函数，以便在套接字上发生事件(如读或写)时运行这些函数。这个概念非常适合我们构建 future。在套接字上发生读取时，可将 set_result 方法注册为回调。当想要异步等待来自套接字的结果时，创建一个新的 future，用套接字的 selector 模块注册该 future 的 set_result 方法，并返回 future。然后可以等待它，当 selector 自动调用回调时，我们将得到结果。

要了解实际情况，让我们构建一个应用程序，它监听来自非阻塞套接字的连接。一旦获得一个连接，将返回它，并让应用程序终止。

代码清单 14-10　带有自定义 future 的套接字

```
import functools
import selectors
import socket
from listing_14_8 import CustomFuture
from selectors import BaseSelector

def accept_connection(future: CustomFuture, connection: socket):
    print(f'We got a connection from {connection}!')
    future.set_result(connection)
```

当客户端连接时，为 future 设置连接套接字。

```
async def sock_accept(sel: BaseSelector, sock) -> socket:
    print('Registering socket to listen for connections')
    future = CustomFuture()
    sel.register(sock, selectors.EVENT_READ,
     functools.partial(accept_connection, future))
    print('Pausing to listen for connections...')
    connection: socket = await future
    return connection


async def main(sel: BaseSelector):
    sock = socket.socket()
    sock.setsockopt(socket.SOL_SOCKET, socket.SO_REUSEADDR, 1)

    sock.bind(('127.0.0.1', 8000))
    sock.listen()
    sock.setblocking(False)

    print('Waiting for socket connection!')
    connection = await sock_accept(sel, sock)
    print(f'Got a connection {connection}!')

selector = selectors.DefaultSelector()

coro = main(selector)

while True:
    try:
        state = coro.send(None)

        events = selector.select()

        for key, mask in events:
            print('Processing selector events...')
            callback = key.data
            callback(key.fileobj)
    except StopIteration as si:
        print('Application finished!')
        break
```

向选择器注册accept_connection函数，并暂停以等待客户端连接。

等待客户端连接。

无限循环，在主协程上调用send。每次发生选择器事件时，运行注册的回调。

在代码清单 14-10 中，首先定义一个 accept_connection 函数。这个函数接收一个

CustomFuture 和一个客户端套接字。输出一条消息，表明我们有一个套接字，然后将该套接字设置为 future 的结果。定义 sock_accept，这个函数接收一个服务器套接字和一个选择器，并将 accept_connection(绑定到一个 CustomFuture)注册为来自服务器套接字的读取事件的回调。等待 future，并暂停直到我们获得连接，然后返回它。

此后定义一个主协程函数。在这个函数中，创建一个服务器套接字，然后等待 sock_accept 协程(直到我们收到一个连接)，记录一条消息，一旦完成这些操作就终止。这样就可以构建一个最低限度可行的事件循环。创建主协程函数的一个实例，传入一个选择器，然后永远循环。在循环中，首先调用 send 将主协程推进到它的第一个 await 语句，然后调用 selector.select，它将阻塞，直到客户端连接。然后调用任何已注册的回调函数，在我们的例子中，这将始终是 accept_connection。一旦有人连接，将第二次调用 send，这将再次推进所有协程，并让应用程序执行完成。如果运行上述代码并通过 telnet 连接，会看到如下的输出：

```
Waiting for socket connection!
Registering socket to listen for connections
Pausing to listen for connections...
Processing selector events...
We got a connection from <socket.socket fd=4, family=AddressFamily.AF_INET,
    type=SocketKind.SOCK_STREAM, proto=0, laddr=('127.0.0.1', 8000)>!
Got a connection <socket.socket fd=4, family=AddressFamily.AF_INET,
    type=SocketKind.SOCK_STREAM, proto=0, laddr=('127.0.0.1', 8000)>!
Application finished!
```

现在，我们已经构建了一个基本的异步应用程序，只使用 async 和 await 关键字，而不使用任何 asyncio 内容，最后的 while 循环是一个简单的事件循环，并演示了 asyncio 事件循环如何工作的关键概念。当然，如果没有创建任务的能力，就不能同时做很多事情。

14.5.5　任务的实现

任务是 future 和协程的组合。当它包装的协程完成时，任务的 future 就完成了。可通过继承 CustomFuture 类，并编写一个接收协程的构造函数来包装 future 的协程，但我们仍然需要一种方法来运行该协程。可通过构建一个将调用 step 的方法来做到这一点，该方法将调用协程的 send 方法并跟踪结果，每次调用有效地运行协程的一个 step。

在实现这个方法时，需要记住的一件事是，send 也可能返回其他 future。要处理这个问题，我们需要使用所有 send 返回 future 的 add_done_callback 方法。将注册一个回调函数，当 future 完成时，它将用结果值调用任务协程的 send 方法。

代码清单 14-11 任务实现

```
from chapter_14.listing_14_8 import CustomFuture

class CustomTask(CustomFuture):

    def __init__(self, coro, loop):
        super(CustomTask, self).__init__()
        self._coro = coro
        self._loop = loop
        self._current_result = None
        self._task_state = None
        loop.register_task(self)        # 用事件循环注册任务。

    def step(self):        # 运行协程的一个步骤。
        try:
            if self._task_state is None:
                self._task_state = self._coro.send(None)
            if isinstance(self._task_state, CustomFuture):        # 如果协程产生一个future，则添加一个done 回调。
                self._task_state.add_done_callback(self._future_done)
        except StopIteration as si:
            self.set_result(si.value)

    def _future_done(self, result):        # 一旦 future 完成，将结果发送到协程。
        self._current_result = result
        try:
            self._task_state = self._coro.send(self._current_result)
        except StopIteration as si:
            self.set_result(si.value)
```

在代码清单 14-11 中，创建了 CustomFuture 的子类，并创建了一个接收协程和事件循环的构造函数，通过调用 loop.register_task 将任务注册到循环中。然后，在 step 方法中在协程上调用 send 方法，如果协程产生 CustomFuture，添加一个 done 回调。这种情况下，done 回调将获取 future 的结果，将其发送到我们包装的协程，并在 future 完成时推进它。

14.5.6 实现事件循环

我们现在知道了如何运行协程，并创建了 future 和任务的实现，这为我们提供了构建事件循环需要的所有构建块。要构建异步套接字应用程序，事件 API 需要是什么样子的？将需要一些具有不同功能的方法：

- 需要一个方法来接收主入口协程，就像 asyncio.run 一样。
- 需要一些方法来接收连接、接收数据和关闭套接字。这些方法将使用选择器注册和注销套接字。
- 需要一个方法来注册一个 CustomTask，这只是我们之前在 CustomTask 构造函数中用过的方法的实现。

首先谈谈主要切入点，将这个方法称为 run。这是事件循环的原动力。这个方法将接收一个主入口点协程，并在其上调用 send，在一个无限循环中跟踪生成器的结果。如果主协程产生了一个 future，将添加一个 done 回调，以便在 future 完成时跟踪其结果。之后，将运行所有已注册任务的 step 方法，然后调用选择器，等待任何套接字事件被触发。一旦它们运行，将运行相关的回调函数，并触发循环的另一次迭代。如果主协程在任何时候抛出一个 StopIteration 异常，我们就知道应用程序已经完成，并且可以退出以及返回异常中的值。

接下来，需要使用协程方法来接收套接字连接，并从客户端套接字接收数据。这里的策略是创建一个 CustomFuture 实例，回调将设置其结果，并将这个回调注册到选择器中，以便在读取事件时触发。然后，我们将等待这个 future。

最后，需要一个方法向事件循环注册任务。此方法将简单地接收一个任务并将其添加到列表中。然后，在事件循环的每次迭代中，将对在事件循环中注册的任何任务调用 step 方法，如果它们准备好，则推进它们。实现所有这些将产生一个最小的可行事件循环。

代码清单 14-12 事件循环的实现

```
import functools
import selectors
from typing import List
from chapter_14.listing_14_11 import CustomTask
from chapter_14.listing_14_8 import CustomFuture


class EventLoop:
    _tasks_to_run: List[CustomTask] = []
def __init__(self):
```

```
        self.selector = selectors.DefaultSelector()
        self.current_result = None

    def _register_socket_to_read(self, sock, callback):
        future = CustomFuture()
        try:
            self.selector.get_key(sock)
        except KeyError:
            sock.setblocking(False)
            self.selector.register(sock, selectors.EVENT_READ,
functools.partial(callback, future))
        else:
            self.selector.modify(sock, selectors.EVENT_READ,
functools.partial(callback, future))
        return future

    def _set_current_result(self, result):
        self.current_result = result

    async def sock_recv(self, sock):
        print('Registering socket to listen for data...')
        return await self._register_socket_to_read(sock, self.recieved_data)

    async def sock_accept(self, sock):
        print('Registering socket to accept connections...')
        return await self._register_socket_to_read(sock,
self.accept_connection)

    def sock_close(self, sock):
        self.selector.unregister(sock)
        sock.close()

    def register_task(self, task):
        self._tasks_to_run.append(task)

    def recieved_data(self, future, sock):
        data = sock.recv(1024)
        future.set_result(data)
```

使用选择器为读取事件注册一个套接字。

注册一个套接字以接收来自客户端的数据。

注册一个套接字以接收来自客户端的连接。

向事件循环注册任务。

```
def accept_connection(self, future, sock):
    result = sock.accept()
    future.set_result(result)

def run(self, coro):
    self.current_result = coro.send(None)

    while True:
        try:
            if isinstance(self.current_result, CustomFuture):
                self.current_result.add_done_callback(
  self._set_current_result)
                if self.current_result.result() is not None:
                    self.current_result =
  coro.send(self.current_result.result())
        else:
            self.current_result = coro.send(self.current_result)
    except StopIteration as si:
        return si.value

    for task in self._tasks_to_run:
        task.step()

    self._tasks_to_run = [task for task in self._tasks_to_run if not
task.is_finished()]

    events = self.selector.select()
    print('Selector has an event, processing...')
    for key, mask in events:
        callback = key.data
        callback(key.fileobj)
```

运行一个主协程，直到它完成，在每次迭代中执行任何待处理的任务。

首先定义一个_register_socket_to_read 简便方法。此方法接收一个套接字和一个回调，如果套接字尚未注册，则将它们注册到选择器。如果套接字已注册，将替换回调。回调的第一个参数需要一个 future，在这个方法中我们创建一个新参数，并将其部分应用于回调。最后返回绑定到回调的 future，这意味着方法的调用者现在可以等待它，并暂停执行，直到回调完成。

然后定义协程方法来接收套接字数据和接收新的客户端连接，这些方法分别为 sock_recv 和 sock_accept。这些方法调用我们刚定义的_register_socket_to_read 简便方法，传入处理数据和新连接可用的回调(这些方法只是将这些数据设置为 future)。

接着构建 run 方法。这个方法接收主入口点协程，并在它上面调用 send 方法，将它推进到第一个暂停点，并存储来自 send 方法的结果。然后开始一个无限循环，首先检查主协程的当前结果是不是 CustomFuture。如果是，注册一个回调来存储结果，如有必要，可将其发送回主协程。如果结果不是 CustomFuture，只需要将其发送给协程。一旦控制了主协程的流程，就可通过调用 step 方法来运行在事件循环中注册的任何任务。一旦运行了任务，就会从任务列表中删除任何已完成的任务。

然后调用 selector.select，阻塞到在我们注册的套接字上触发任何事件为止。一旦有了一个套接字事件或一组事件，就会遍历它们，调用在_register_socket_to_read 中为该套接字注册的回调。在实现中，任何套接字事件都会触发事件循环的迭代。现在已经实现了 EventLoop 类，并准备创建第一个没有 asyncio 的异步应用程序。

14.5.7 使用自定义事件循环实现服务器

现在有了一个事件循环，我们将构建一个非常简单的服务器应用程序来记录从连接的客户端收到的消息。将创建一个服务器套接字，并编写一个协程函数在无限循环中监听连接。建立连接后，将创建一个任务从该客户端读取数据，直到它们断开连接为止。这看起来与我们在第 3 章中构建的非常相似，主要区别在于这里使用自己的事件循环而不是 asyncio 提供的事件循环。

代码清单 14-13 实现服务器

```
import socket

from chapter_14.listing_14_11 import CustomTask
from chapter_14.listing_14_12 import EventLoop


async def read_from_client(conn, loop: EventLoop):
    print(f'Reading data from client {conn}')
    try:
        while data := await loop.sock_recv(conn):
            print(f'Got {data} from client!')
```

从客户端读取数据，并记录下来。

```
    finally:
        loop.sock_close(conn)

async def listen_for_connections(sock, loop: EventLoop):
    while True:
        print('Waiting for connection...')
        conn, addr = await loop.sock_accept(sock)
        CustomTask(read_from_client(conn, loop), loop)
        print(f'I got a new connection from {sock}!')


async def main(loop: EventLoop):
    server_socket = socket.socket()
    server_socket.setsockopt(socket.SOL_SOCKET, socket.SO_REUSEADDR, 1)

    server_socket.bind(('127.0.0.1', 8000))
    server_socket.listen()
    server_socket.setblocking(False)

    await listen_for_connections(server_socket, loop)


event_loop = EventLoop()
event_loop.run(main(event_loop))
```

监听客户端连接，创建一个任务在客户端连接时读取数据。

创建一个事件循环实例，并运行主协程。

在代码清单 14-13 中，首先定义一个协程函数，以循环方式从客户端读取数据，并在得到结果时输出结果。还定义了一个协程函数在无限循环中监听来自服务器套接字的客户端连接，创建一个 CustomTask 来同时监听来自该客户端的数据。在主协程中，创建一个服务器套接字，并调用 listen_for_connections 协程函数。然后创建一个事件循环实现的实例，将主协程传递给 run 方法。

运行代码清单 14-13，你应该能通过 telnet 同时连接多个客户端，并向服务器发送消息。例如，两个客户端连接，并发送一些测试消息可能得到如下结果：

```
Waiting for connection...
Registering socket to accept connections...
Selector has an event, processing...
I got a new connection from <socket.socket fd=4, family=AddressFamily.AF_INET,
    type=SocketKind.SOCK_STREAM, proto=0, laddr=('127.0.0.1', 8000)>!
Waiting for connection...
Registering socket to accept connections...
Reading data from client <socket.socket fd=7, family=AddressFamily.AF_INET,
```

```
    type=SocketKind.SOCK_STREAM, proto=0, laddr=('127.0.0.1', 8000),
    raddr=('127.0.0.1', 58641)>
Registering socket to listen for data...
Selector has an event, processing...
Got b'test from client one!\r\n' from client!
Registering socket to listen for data...
Selector has an event, processing...
I got a new connection from <socket.socket fd=4, family=AddressFamily.AF_INET,
    type=SocketKind.SOCK_STREAM, proto=0, laddr=('127.0.0.1', 8000)>!
Waiting for connection...
Registering socket to accept connections...
Reading data from client <socket.socket fd=8, family=AddressFamily.AF_INET,
    type=SocketKind.SOCK_STREAM, proto=0, laddr=('127.0.0.1', 8000),
    raddr=('127.0.0.1', 58645)>
Registering socket to listen for data...
Selector has an event, processing...
Got b'test from client two!\r\n' from client!
Registering socket to listen for data...
```

在上面的输出中，一个客户端连接，触发选择器在 loop.sock_accept 上从它的挂起点恢复 listen_for_connections。为 read_from_client 创建任务时，这也将客户端连接注册到选择器。第一个客户端发送消息“test from client one!”，这再次触发选择器，从而触发相关回调。在本例中，我们推进 read_from_client 任务，将客户端的消息输出到控制台。然后，第二个客户端连接，同样的过程再次发生。

虽然这不是一个在生产环境中使用的事件循环(我们并没有正确地处理异常，且只允许套接字事件触发事件循环迭代，当然还有其他缺点)，但这应该有助于你了解 Python 中事件循环和异步编程的内部工作原理。可采用此处的概念，构建一个用于生产的事件循环。也许可通过我们所学的技术创建下一代异步 Python 框架。

14.6 本章小结

在本章中，我们学习了以下内容：

- 可以检查一个可调用参数是不是一个协程，从而创建同时处理协程和常规函数的 API。

- 如果有需要在协程之间传递的状态，但希望这个状态独立于参数，可使用上下文局部变量。
- asyncio 的 sleep 协程可用于强制事件循环的迭代。当需要触发事件循环来完成一些工作，但没有一个合适的等待点(await point)时，这很有帮助。
- asyncio 只是 Python 对事件循环的标准实现。也有其他实现，比如 uvloop，我们可按自己的意愿修改它们，但仍使用 async 和 await 语法。如果想设计一些具有不同特征的程序，从而更好地满足我们的需求，也可以创建自己的事件循环。